1日1ページで身につく

＼イラストでわかる／

宇宙の教養365

監修：縣 秀彦

はじめに

宇宙に対する人びとの関心ははるか昔からつづいてきました。人はなぜ、宇宙に興味をもつのでしょうか？　それはきっと、星ぼしのかがやきが私たちになにかを伝えようとしていると感じるからにちがいありません。

日本でも古くから太陽や月を身近に感じて、人は過ごしてきました。初日の出を見たり、お月見をしたりといったことや、なぜ1日は24時間なの？　なぜうるう年があるの？　なぜ日食が見られるの？　といったことも、地球と太陽や月が、宇宙でどんな関係になっているかによって決まっています。生活と結びついたところでも、宇宙は深く関わっています。

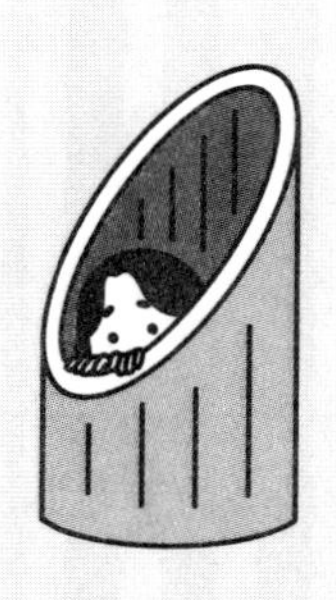

現代は、人が地球の大気圏をはなれ、宇宙空間に行くことができる時代です。国際宇宙ステーションに出かけ、約半世紀ぶりにふたたび、人類は月に着陸しようとしています。また火星に行くことも検討されています。その一方で、宇宙のことがわかるようになるにつれて、しだいに人は、地球がとても貴重な惑星であることに気づくようになりました。宇宙にはまだ、地球のように生きものがいる星は見つかっていないのです。

いまも昔も「好奇心」をもって想像し、探究することで、宇宙の新しい発見が積み重ねられてきました。宇宙に少しでも興味をもったら、夜空の星や月をながめてみてください。本書を手にとって、少しでも宇宙を身近に感じていただけたら幸いです。

国立天文台
縣秀彦

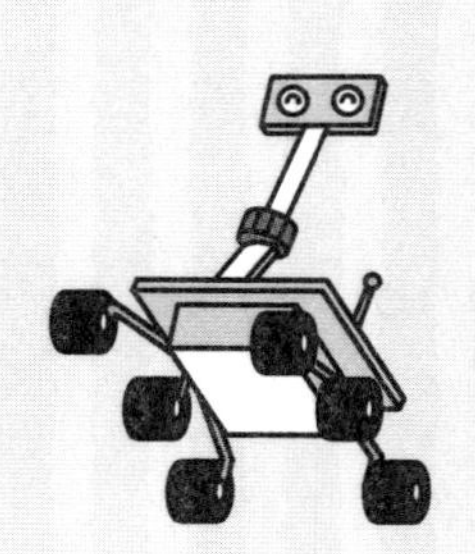

この本のつかい方

1月1日から12月31日まで、宇宙のギモンに毎日ひとつずつ答えていきますよ。説明のためにたくさんイラストが使われていて、わかりやすくなっているんです。きちんと覚えて、まわりのみんなにジマンしちゃいましょう！

テーマ

地球や水星、金星、火星といった惑星について解説。

太陽と月について解説。

星や、銀河、ブラックホールについて解説。

望遠鏡や、ロケット、人工衛星や探査機について解説。

国際宇宙ステーションについて解説。

季節の星座について解説。

宇宙にかかわる人たちについて紹介。

地球ってどんなところ？

身のまわりのギモンが1日にひとつ出題されるよ。

ギモンをカイケツ！

太陽のまわりをまわる天体だよ。

ギモンについて、簡単にまとめて答えているよ。クイズになっている場合もあるよ。

これがヒミツ！

地球は誕生してからいままで、ずっと動きつづけているんだ

太陽
月
地球

ちょっと難しいお話はイラストで説明するよ。

①地球はどこにある？

地球は宇宙にうかんでいて、太陽のまわりをまわっています。さらに、地球のまわりを月がまわっています。

②地球の自転

また同時に、地球はそれ自体がこまのように……といいます。地球の自転によって、太陽は空を東から西へと動いているように見えます。また、昼と夜があるのも、地球がくるくるとまわっているおかげです。

③生命がいる

さらに、地球はいまのところ、生命が見つかっているただひとつの天体です。生命は地球の70%をしめる海で成長し、地球上に広がりました。わたしたちに必要な空気にふくまれる酸素は、海の中の植物によってつくられたものです。酸素の多い天体も、地球以外ではまだ発見されていません。

18

そのページのテーマについて、重要なポイントを3つ紹介しているよ。

もくじ

はじめに … 2 ／この本のつかい方 … 4

1月

1日 地球ってどんなところ？ …… 18
2日 太陽はもえているの？ …… 19
3日 「星」ってなに？ …… 20
4日 天文台はなにをするところなの？ …… 21
5日 国際宇宙ステーションはどれくらい大きいの？ …… 22
6日 星座は全部でいくつあるの？ …… 23
7日 秦の始皇帝の時代 …… 24
8日 太陽系ってなに？ …… 25
9日 太陽の光はなぜあたたかいの？ …… 26
10日 星はどんな形をしているの？ …… 27
11日 世界の巨大望遠鏡はどんなところにあるの？ …… 28
12日 国際宇宙ステーションは地球から見られるの？ …… 29
13日 なぜ日本から見えない星座があるの？ …… 30
14日 エラトステネス …… 31
15日 太陽系の惑星はいくつあるの？ …… 32
16日 太陽はどうやってできたの？ …… 33
17日 星が見えやすいのはどんなところ？ …… 34
18日 日本がもつ世界最大級の望遠鏡はどこにあるの？ …… 35
19日 国際宇宙ステーションはどれくらいの高さを飛んでいるの？ …… 36
20日 しずまない星座があるってほんとう？ …… 37
21日 ヒッパルコス …… 38
22日 太陽系は天の川銀河のどのあたりにあるの？ …… 39
23日 太陽はどれくらい遠くにあるの？ …… 40
24日 どこからが宇宙なの？ …… 41
25日 宇宙に望遠鏡があるってほんとう？ …… 42
26日 国際宇宙ステーションはどれくらい速く動くの？ …… 43
27日 冬の大三角をつくる星座はなに？ …… 44
28日 クラウディオス・プトレマイオス …… 45

29日 重力ってなに？ 46
30日 太陽はいつできたの？ 47
31日 恒星はどれくらい遠いところにあるの？ 48

2月

1日 宇宙飛行士にはどうやったらなれるの？ 50
2日 国際宇宙ステーションにはどうやって入るの？ 51
3日 おうし座のおうしはだれが変身したすがた？ 52
4日 藤原定家 53
5日 なぜ惑星は丸いの？ 54
6日 どうして太陽は東からのぼって西にしずむの？ 55
7日 宇宙空間に空気はあるの？ 56
8日 宇宙飛行士になるためにプールで訓練をするってほんとう？ 57
9日 国際宇宙ステーションにはどれくらいいられるの？ 58
10日 おうし座の「すばる」ってなに？ 59
11日 ニコラウス・コペルニクス 60
12日 惑星はなぜ「惑う星」というの？ 61
13日 太陽の光は何色？ 62
14日 宇宙を高速で移動するごみがあるってほんとう？ 63
15日 NASAって、なにをしている組織なの？ 64
16日 国際宇宙ステーションではなにをしているの？ 65
17日 なぜ冬の星座は夏に見られないの？ 66
18日 ガリレオ・ガリレイ 67
19日 ふだん地球を丸く感じないのはなぜ？ 68
20日 太陽は見えない光を出しているってほんとう？ 69
column 01 電磁波 70
21日 宇宙の温度はどれくらいなの？ 71
22日 JAXAって、なにをしている組織なの？ 72
23日 国際宇宙ステーションの羽みたいな部分はなに？ 73
24日 北極星になる星はいつも同じなの？ 74
25日 ヨハネス・ケプラー 75
26日 惑星と惑星が近づくのはどんなとき？ 76
27日 太陽の表面の温度はどれくらい？ 77
28日 なぜ星は時間がたつと、別のところに動いているの？ 78

3月

1日 宇宙に初めて行った生きものはなに？ 80
2日 国際宇宙ステーションには人がどれくらいいるの？ 81
3日 北斗七星の斗ってなんのこと？ 82
4日 ヨハネス・ヘベリウス 83
5日 なぜ地球は、昔は星といわなかったの？ 84
6日 「日の出」はいつのことをいうの？ 85
7日 恒星がまたたくのはなぜ？ 86
8日 日本でたくさんロケットを打ち上げている島はどこ？ 87
9日 国際宇宙ステーションに参加している国の数は？ 88
10日 星の観察にあると便利な道具はどんなもの？ 89
11日 クリスティアーン・ホイヘンス 90
12日 地球はどのように動いているの？ 91
13日 太陽の光をあびるとできる栄養素はなに？ 92
14日 流れ星はなにでできているの？ 93
15日 ロケットの中にはなにが入っているの？ 94
16日 国際宇宙ステーションでは何語で話しているの？ 95
17日 春の大曲線ってなに？ 96
18日 ジョバンニ・ドメニコ・カッシーニ 97
19日 地球の1日はなぜ24時間で1年は365日なの？ 98
20日 太陽の表面の黒いところはどうなっているの？ 99
21日 流星群ってなに？ 100
22日 ロケットはどれくらいの速さで飛ぶの？ 101
23日 国際宇宙ステーションはいつからつくりはじめたの？ 102
24日 春の大三角ってなに？ 103
25日 渋川春海 104
26日 なぜ地球がまわっていることを感じとれないの？ 105
27日 太陽は動かないの？ 106
28日 宇宙で風船をふくらませるとどうなるの？ 107
29日 飛行機は宇宙に行けるの？ 108
30日 国際宇宙ステーションはどうやって組み立てたの？ 109
31日 おおぐま座とこぐま座は関係があるの？ 110

4月

1日 アイザック・ニュートン ---- 112
2日 なぜ季節が変わるの？ ---- 113
3日 オーロラはどうしてできるの？ ---- 114
column 02 太陽風 ---- 115
4日 隕石ってどんなもの？ ---- 116
5日 日本のロケットの発射前のカウントダウンは何秒前から始めるの？ ---- 117
6日 国際宇宙ステーションにある日本のつくった実験棟の名前は？ ---- 118
7日 ヘルクレスに退治された春の星座はなに？ ---- 119
8日 エドモンド・ハレー ---- 120
9日 うるう年はなぜ必要なの？ ---- 121
10日 日食のときの天体のならび方は？ ---- 122
11日 隕石が落ちてくるとどうなるの？ ---- 123
12日 ロケットは打ち上がったあとどのように飛ぶの？ ---- 124
13日 国際宇宙ステーションのキューポラってどんなところ？ ---- 125
14日 肉眼で見える星の数が一番多い星座はなに？ ---- 126
15日 シャルル・メシエ ---- 127
16日 昔の日本は、1年が13か月の年もあったってほんとう？ ---- 128
17日 皆既日食になるとどうなるの？ ---- 129
18日 「はやぶさ2」も向かった小惑星ってどんなもの？ ---- 130
19日 いままでで一番多く打ち上げられたロケットはなに？ ---- 131
20日 国際宇宙ステーションから見る月は満ち欠けをするの？ ---- 132
21日 おとめ座のおとめはだれのこと？ ---- 133
22日 ウィリアム・ハーシェル ---- 134
23日 なぜ地球の空は青いの？ ---- 135
24日 皆既日食のときに太陽のまわりに見える青白いものはなに？ ---- 136
25日 「たこやき」という名前の小惑星があるってほんとう？ ---- 137
26日 日本のロケットH3のHはなに？ ---- 138
27日 国際宇宙ステーションの中ではどうしてからだがうくの？ ---- 139
28日 てんびん座はなにをはかる天びんなの？ ---- 140
29日 伊能忠敬 ---- 141
30日 地球の空気はどうしてなくならないの？ ---- 142

5月

1日 日本の神話で太陽の神がかくれたときに起こったことはなに？ …… 144
2日 彗星と流れ星のちがいはなに？ …… 145
3日 ロケットと宇宙船はなにがちがうの？ …… 146
4日 国際宇宙ステーションではトイレはどうしているの？ …… 147
5日 かんむり座のかんむりはだれのかんむり？ …… 148
6日 エルンスト・フローレンス・フリードリヒ・クラドニ …… 149
7日 どうやって地球はできたの？ …… 150
8日 太陽はずっとあるの？ …… 151
9日 なぜ彗星は光っているの？ …… 152
10日 ロケットの打ち上げが失敗したときはどうしているの？ …… 153
11日 国際宇宙ステーションの中は静かなの？ …… 154
12日 星座の星の結び方に決まりはあるの？ …… 155
13日 デニソン・オルムステッド …… 156
14日 地球以外で雨が降る惑星はあるの？ …… 157
15日 太陽や日食を観察したいときはどうすればいいの？ …… 158
16日 彗星の名前にはどんなルールがあるの？ …… 159
17日 宇宙船はどうやって地球にもどってくるの？ …… 160
18日 国際宇宙ステーションで出たトイレの水はどうするの？ …… 161
19日 星座に入っていない星はあるの？ …… 162
20日 ユルバン・ジャン・ジョセフ・ルヴェリエ …… 163
21日 1年より1日が長い惑星があるってほんとう？ …… 164
22日 太陽の光で車を走らせることはできるの？ …… 165
23日 地動説と天動説、地球が動いているのはどっち？ …… 166
24日 将来「宇宙港」をつくるとどんなことができるの？ …… 167
25日 宇宙酔いになるとどうなるの？ …… 168
26日 一番大きい星座はなに？ …… 169
27日 ジュール・ヴェルヌ …… 170
28日 水星の昼と夜の温度のちがいはどれくらい？ …… 171
29日 大昔の人も太陽を観測していたってほんとう？ …… 172
30日 恒星の明るさはいつも同じなの？ …… 173
31日 人工衛星ってどんなもの？ …… 174

6月

1日 国際宇宙ステーションではどんな服を着ているの？ 176
2日 夏の大三角をつくる星座はなに？ 177
column 03 等級（何等星） 178
3日 H・G・ウェルズ 179
4日 地球から水星は見えづらいってほんとう？ 180
5日 どんな星が衛星ってよばれているの？ 181
6日 1等星は6等星よりどれくらい明るいの？ 182
7日 人工衛星は調べたことをどうやって地球にとどけているの？ 183
8日 国際宇宙ステーションではふろはどうしているの？ 184
9日 虫の名前のついた星座があるってほんとう？ 185
10日 ウジェーヌ・デルポルト 186
11日 「明けの明星」、「宵の明星」ってなんの星のこと？ 187
12日 月はどうして形が変わるの？ 188
13日 「何等星」と「等級」はなにかちがうの？ 189
14日 テレビに人工衛星が使われているってほんとう？ 190
15日 国際宇宙ステーションの中ではどんなご飯を食べるの？ 191
16日 こと座のことはどんな楽器？ 192
17日 オスカー・フォン・ミラー 193
18日 「金星に人は住めない」というのはほんとう？ 194
19日 月が一晩中見えない日があるのはどうして？ 195
20日 宇宙にも雲はあるの？ 196
21日 人工衛星はどうやって飛んでいるの？ 197
22日 国際宇宙ステーションで飲みものをコップに入れるとどうなるの？ 198
23日 星座の形はずっと同じなの？ 199
24日 コンスタンチン・ツィオルコフスキー 200
25日 金星にある、食べものの名前のついた火山はなに？ 201
26日 月のよび名ってどれくらいあるの？ 202
27日 天の川は川なの？ 203
28日 天気予報に使われる日本の気象衛星はなに？ 204
29日 国際宇宙ステーションにも塩、こしょう、ケチャップはあるの？ 205
30日 へびつかい座はへびを使ってなにをしていたの？ 206

7月

1日 カール・シュバルツシルト …… 208
2日 方位磁針が北をさすのはなぜ？ …… 209
3日 月はなぜ落ちてこないの？ …… 210
4日 天の川銀河はどんな形をしているの？ …… 211
5日 人工衛星はどれくらいの高さを飛んでいるの？ …… 212
6日 宇宙食以外の食べものを宇宙に持っていけるの？ …… 213
7日 七夕の織姫星と彦星はどの星座の星なの？ …… 214
8日 アルベルト・アインシュタイン …… 215
9日 惑星も月みたいに満ち欠けをするの？ …… 216
10日 昼に月が見えることがあるのはなぜ？ …… 217
11日 夏に天の川がはっきりと見えるのはなぜ？ …… 218
12日 使われなくなった人工衛星はどうなるの？ …… 219
13日 無重力でドレッシングをふると水と油はどうなるの？ …… 220
14日 いままでになくなった星座があるってほんとう？ …… 221
15日 山崎正光 …… 222
16日 火星はなぜ赤いの？ …… 223
17日 月の中はどうなっているの？ …… 224
18日 天の川銀河のほかにも、目で見える銀河はあるの？ …… 225
19日 地球に人工衛星をたくさん落としている場所があるってほんとう？ …… 226
20日 国際宇宙ステーションで洗たくはするの？ …… 227
21日 星座早見はどうやって使うの？ …… 228
22日 エドウィン・ハッブル …… 229
23日 太陽系で一番高い山ってどこにあるの？ …… 230
24日 どうして月には丸い形をしたでこぼこがあるの？ …… 231
25日 三大流星群はいつ見ることができるの？ …… 232
26日 日本が初めて人工衛星を打ち上げたのはいつ？ …… 233
27日 国際宇宙ステーションではどうやってねるの？ …… 234
28日 流星群の名前にはどんな星座の名前がついているの？ …… 235
29日 サン＝テグジュペリ …… 236
30日 昔は火星に水があったってほんとう？ …… 237
31日 「月の海」には水はあるの？ …… 238

8月

1日 宇宙服を着ないで宇宙空間に出るとどうなるの？ 240
2日 「人工衛星」と「探査機」のちがいはなに？ 241
3日 国際宇宙ステーションの中でうかないようにできないの？ 242
4日 さそり座の赤色の星はなに？ 243
5日 ジョージ・ガモフ 244
6日 火星では夕日は何色なの？ 245
7日 なぜ月は追いかけてくるように見えるの？ 246
8日 地球から目で見える星の数はどれくらい？ 247
9日 「はやぶさ 2」ってなにをしたの？ 248
10日 国際宇宙ステーションの中で運動はするの？ 249
11日 誕生日の星座はどんな星座なの？ 250
12日 カール・ジャンスキー 251
13日 火星の北極と南極にある白いところはなに？ 252
14日 月は地球からどれくらいはなれているの？ 253
15日 星の数はずっと同じなの？ 254
16日 「はやぶさ 2」がおこなったサンプルリターンってなに？ 255
17日 無重力で汗をかくとどうなるの？ 256
18日 誕生日の星座は、ほんとうに誕生日の月に見えるの？ 257
19日 クライド・トンボー 258
20日 火星人はいないの？ 259
21日 月の温度はどれくらい？ 260
22日 どうやって恒星は生まれるの？ 261
23日 宇宙にヨットがあるってほんとう？ 262
24日 無重力では身長がのびるってほんとう？ 263
25日 星空保護区ってなに？ 264
26日 糸川英夫 265
27日 ハビタブルゾーンってなに？ 266
28日 月では体重がどれくらいになるの？ 267
29日 一番星ってなに？ 268
30日 地球を小惑星から守るための探査機があるってほんとう？ 269
31日 国際宇宙ステーションでは髪をどうやって洗うの？ 270

9月

1日 秋の四辺形になっている星座はなに？ 272
2日 小山ひさ子 273
3日 太陽系のなかで一番大きい惑星は？ 274
4日 中秋の名月ってどんな月？ 275
5日 どうして恒星は光るの？ 276
6日 探査車が行ったことのある惑星は？ 277
7日 国際宇宙ステーションではどうやって髪の毛を切るの？ 278
8日 なぜ、うお座の魚は２匹いるの？ 279
9日 小柴昌俊 280
10日 木星に見えるもようはなにでできている？ 281
11日 月のもようをウサギだと思っている国は日本だけなの？ 282
12日 恒星にも寿命があるの？ 283
column 04 恒星の一生 284
13日 火星でヘリコプターを飛ばしたってほんとう？ 286
14日 国際宇宙ステーションにいる宇宙飛行士は朝何時に起きるの？ 287
15日 みずがめ座のみずがめにはなにが入っていたの？ 288
16日 ベラ・ルービン 289
17日 太陽系のなかで一番衛星を多くもっている天体はなに？ 290
18日 月までのきょりはなにを使ってはかるの？ 291
19日 太陽の次に地球に近い恒星はなに？ 292
20日 一番遠くまで飛んでいる探査機はなに？ 293
column 05 フライバイ 294
21日 国際宇宙ステーションにいる宇宙飛行士に自由時間はあるの？ 295
22日 星はどれも同じ大きさなの？ 296
23日 フランク・ドレイク／カール・セーガン 297
24日 木星の衛星に水があるってほんとう？ 298
25日 いつも月が表側を向けているのはなぜ？ 299
26日 夜空で一番明るい恒星はなに？ 300
27日 宇宙飛行士はロケットでどこに向かっているの？ 301
28日 宇宙服を着て、国際宇宙ステーションの外に出たときはなにをしているの？ 302
29日 星座はいつからあるの？ 303
30日 ユーリ・ガガーリン 304

10月

11月

1日 月面車は、いつ月に行ったの？ 338
2日 国際宇宙ステーションで病気になったらどうするの？ 339
3日 カシオペヤ座のカシオペヤはだれ？ 340
4日 スティーブン・ホーキング 341
5日 太陽系の惑星で一番風が強いのはどこ？ 342
6日 月はどうやってできたの？ 343
7日 銀河どうしがぶつかるとどうなるの？ 344
column 06 銀河の種類 345
8日 宇宙旅行ができるようになるのはいつ？ 346
9日 無重力でグランドピアノをひくとどうなるの？ 347
10日 やぎ座のヤギはなんで後ろあしがひれになっているの？ 348
11日 ミシェル・ギュスターヴ・マイヨール 349
12日 冥王星はなぜ惑星ではなくなったの？ 350
13日 地球の海はなぜ満ちたりひいたりするの？ 351
14日 どうやって宇宙はできたの？ 352
15日 宇宙で発電した電気を地球にもってくる計画があるってほんとう？ 353
16日 無重力で紙飛行機を飛ばすとどうなるの？ 354
17日 川を表した星座の名前はなに？ 355
18日 秋山豊寛 356
19日 日本語の惑星の名前はどうやってつけられたの？ 357
20日 月の満ち欠けに合わせて行動をする生きものがいるってほんとう？ 358
21日 宇宙の年齢はどれくらい？ 359
22日 アルテミス計画ってどんなことをするの？ 360
23日 無重力でヨーヨーをするとどうなるの？ 361
24日 南十字星はおもにどんな目印として使われた？ 362
25日 毛利衛 363
26日 太陽系の惑星で一番重い惑星はなに？ 364
27日 月は衛星のなかでどれくらい大きいの？ 365
28日 宇宙に終わりはあるの？ 366
29日 火星に行こうとしているってほんとう？ 367
30日 無重力の中で植物を育てるとどうなるの？ 368

12月

1日 オリオン座のオリオンってだれ？ 370
2日 向井千秋 371
3日 太陽系の惑星で一番寒い惑星はなに？ 372
4日 月はいつも同じ大きさなの？ 373
5日 宇宙には物質以外なにもないの？ 374
6日 月の宇宙ステーション「ゲートウェイ」ってなに？ 375
7日 国際宇宙ステーションでういたままうで相撲をするとどうなるの？ 376
column 07 無重量状態 377
8日 オリオン座は明るい星がたくさんあるってほんとう？ 378
9日 土井隆雄 379
10日 地球と似ている惑星はどれ？ 380
11日 月はどんどんはなれているってほんとう？ 381
12日 宇宙ってひとつだけなの？ 382
13日 100人乗りの宇宙船をつくるってほんとう？ 383
14日 国際宇宙ステーションで水鉄砲をうつとどうなるの？ 384
15日 星座に日本でつけた別の名前があるってほんとう？ 385
16日 若田光一 386
17日 ガスからできた惑星があるってほんとう？ 387
18日 月で宇宙飛行士が初めてしたスポーツはなに？ 388
19日 宇宙の歴史のなかで人間のいる長さはどれくらい？ 389
20日 宇宙エレベーターってなに？ 390
21日 国際宇宙ステーションから地球にもどるときに宇宙飛行士が必ずしていることはなに？ 391
22日 ふたご座は姉妹、兄弟どっち？ 392
23日 野口聡一 393
24日 地球以外で地震は起きるの？ 394
25日 月には住めるの？ 395
26日 地球以外の星に生きものはいるの？ 396
27日 テラフォーミングってなに？ 397
28日 国際宇宙ステーション（ISS）はずっと飛んでいるの？ 398
29日 ぎょしゃ座のぎょしゃってどういう人？ 399
30日 デニス・チトー 400
31日 太陽系の果てはどこ？ 401

ジャンル別索引…402 ／用語索引／…413 ／参考資料…415

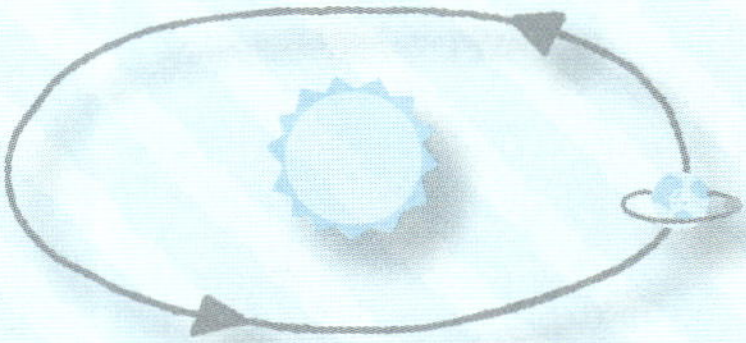

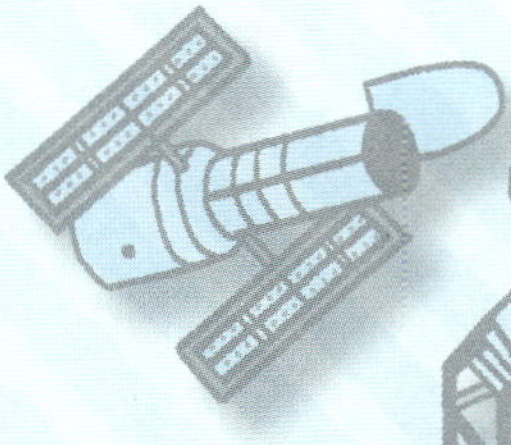

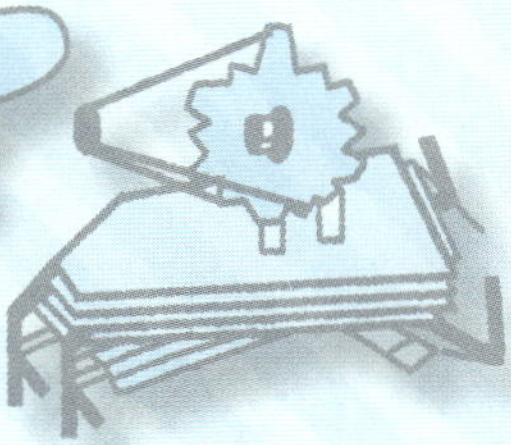

1月（がつ）

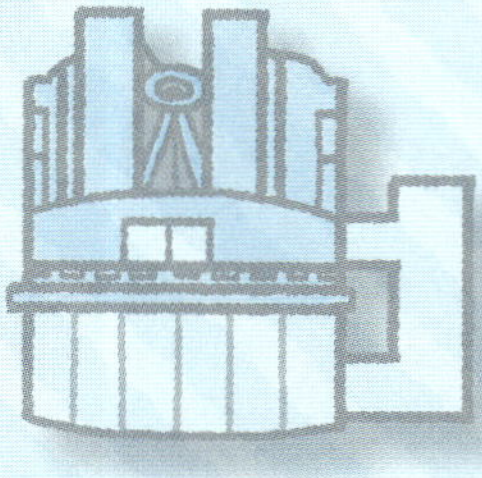

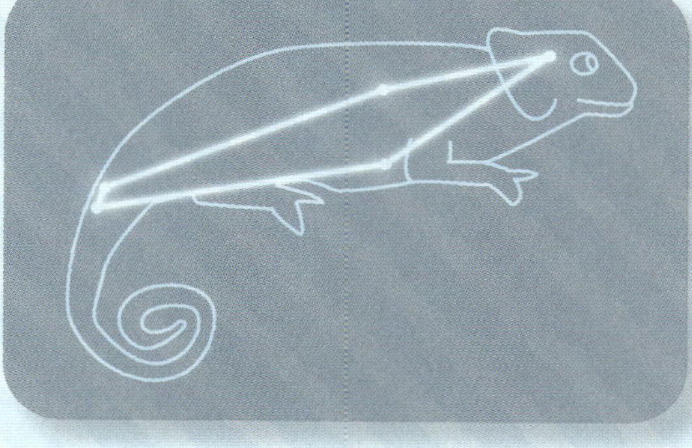

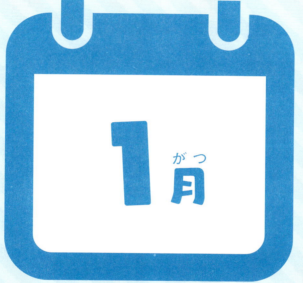

1月 1日（ついたち）

地球ってどんなところ？

地球のような天体はなかなか見つからないのじゃ

ギモンをカイケツ！

太陽のまわりをまわる天体だよ。

これがヒミツ！

地球は誕生してからいままで、ずっと動きつづけているんだ

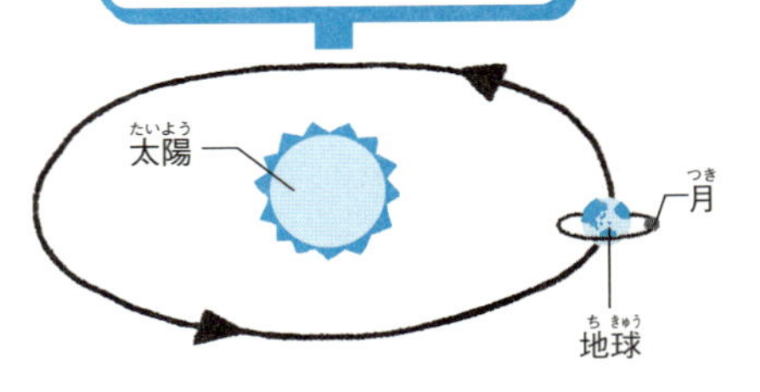

①地球はどこにある？

地球は宇宙にうかんでいて、太陽のまわりをまわっています。さらに、地球のまわりを月がまわっています。

②地球の自転

また同時に、地球はそれ自体がこまのようにまわっています。この動きを「自転」といいます。地球の自転によって、太陽は空を東から西へと動いているように見えます。また、昼と夜があるのも、地球がくるくるとまわっているおかげです。

③生命がいる

さらに、地球はいまのところ、生命が見つかっているただひとつの天体です。生命は地球の70％をしめる海で成長し、地球上に広がりました。わたしたちに必要な空気にふくまれる酸素は、海の中の植物によってつくられたものです。酸素の多い天体も、地球以外ではまだ発見されていません。

太陽はもえているの？

ギモンをカイケツ！

科学的には、もえているとはいえないんだ。

太陽と同じように、自分で光や熱を出す星を「恒星（→ P.20）」というのよ

これがヒミツ！

太陽の光が地球にとどくまでには８分ほどかかるのよ

①もえているように見える太陽

太陽は、光と熱をさかんに出しているため、もえているように見えます。しかし、科学的に説明すると、太陽は「もえている」とはいえないのです。

②太陽はもえることができない

「もえている」という状態は、ものが酸素と結びつくことをいいます。たとえば、紙や木がもえるときには、紙や木の成分が空気中の酸素と結びついているのです。しかし、太陽には酸素がないので、もえることはできません。

③「核融合」で光と熱を出す

太陽は、おもに水素というものでできています。水素は、ヘリウムというものに変わるとき、とても強い光や熱を出します。これを「核融合」といいます。太陽は、この水素の核融合という反応で、光と熱を生みだしているのです。

1月3日（みっか）

「星」ってなに？

クイズ

❶ 地球と太陽と月のこと。
❷ 土星より遠くにある天体のこと。
❸ 宇宙にある天体のこと。

➡ こたえ ❸ 宇宙にある天体のこと。

これがヒミツ！

①夜空にかがやく星

星は宇宙にある天体の１つの種類です。天体とは宇宙にある観察できるもののことをいいます。地球まで遠くの星の光がとどくことで、わたしたちは遠くの星を見ることができます。

②自分から光る星

夜空にかがやく天体はいくつか種類があります。宇宙でみずから明るくかがやく星のことを「恒星」といいます。太陽も恒星の１つです。太陽以外の恒星は、星座を形づくっています。

③太陽の光が当たってかがやく星

他にも、空には火星や金星といった「惑星」（→ P.32）や、月のように惑星のまわりをまわる「衛星」（→ P.181）も見えます。これらの惑星や衛星も星です。ですから、地球も宇宙の中の天体であり、星の１つです。

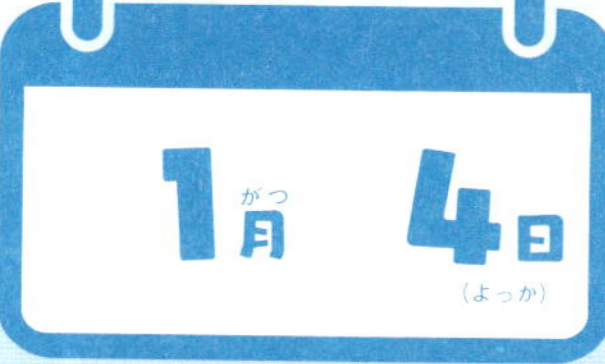

天文台はなにをするところなの？

ギモンをカイケツ！

天体や宇宙の観測と研究をおこなうところだよ。

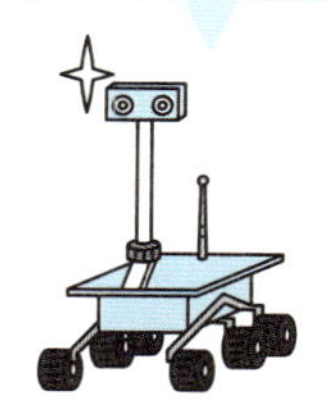

これがヒミツ！

①宇宙の天体を調べる

天文台は、天体や宇宙の観測をおこなう施設です。研究者が大きな天体望遠鏡を使って、宇宙について調べています。

②見に行ける天文台

天文台には研究者以外の人も見ることができるところもあり、「公開天文台」とよばれています。日本は1926年から公開天文台がつくられており、現在300か所以上の施設を見に行くことができます。

③大きい望遠鏡で夜空の観察ができる

公開天文台は、望遠鏡で天体の観望をおこなう「天体観望会」をしています。月や惑星、遠くの星などさまざまな天体を見ることができます。

プラネタリウムがついた公開天文台もありますよ

1月 5日

国際宇宙ステーションはどれくらい大きいの？

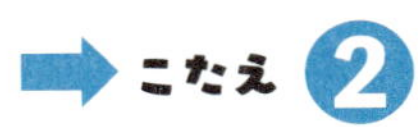

①プールくらい。

②サッカーコートくらい。

③バスケットボールのコートくらい。

最大7人の宇宙飛行士が
生活をしているんだよ

→ こたえ ② サッカーコートくらい。

これがヒミツ！

① 15か国が協力してつくった国際宇宙ステーション

「国際宇宙ステーション（ISS）」は日本やアメリカなどの国ぐにが協力してつくりました。本体は、その国ぐにがそれぞれ別べつに開発したパーツを組み合わせることでできています。

②サッカーコートと同じくらいの大きさ

国際宇宙ステーションは、長さが約108.5m、幅が約72.8mほどの大きさです。これはサッカーのコートと同じくらいの大きさです。

こんなに大きいものが
飛んでいるんだよ

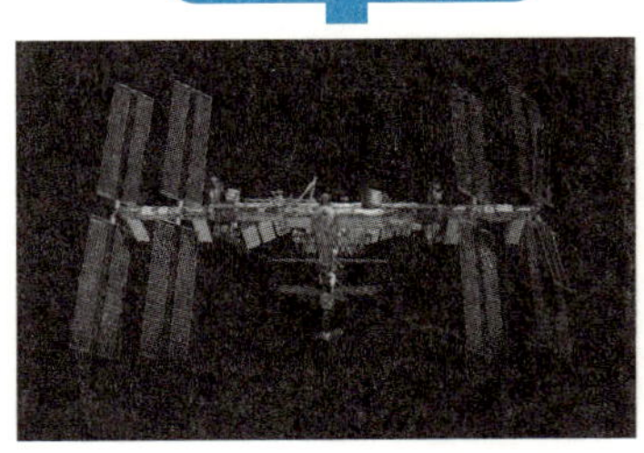

©JAXA/NASA

③学校のプールふたつ分くらいの体積

国際宇宙ステーションの体積は、約935m³です。これは、学校のプールふたつ分と同じくらいになります。また、重さは電車10両分と同じくらいの約420トンです。

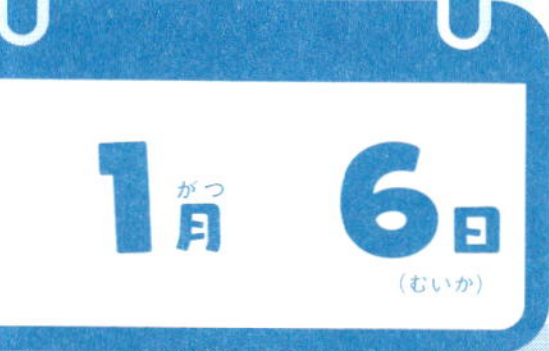

星座は全部でいくつあるの？

ギモンをカイケツ！

正式には、88個がみとめられているんだ。

長い時間をかけてたくさんの星座がつくられてきたんだぞ

これがヒミツ！

①プトレマイオスが48の星座を考えた

いまの星座のもとになったのは、いまから2000年近く前に古代ギリシャのプトレマイオス（トレミー）がつくった48個の星座です。この星座には、星占いに使われている12星座なども、すでにふくまれていました。この星座は「トレミーの48星座」とよばれています。

プトレマイオスは、地理（地図などについて調べる学問）や数学（むずかしい算数）などの研究もしていたんだぞ

②多くの学者がさまざまな星座を考えた

その後、多くの人たちがさまざまな星座をつくり出しました。しかし、人びとがあまりにも勝手に星座をつくったことから、しっかりとした決まりをつくろうという動きが生まれました。

③88個の星座が正式にみとめられた

1930年、国際天文学連合（IAU）が、トレミーの48星座をもとに、88の星座を正式にみとめました。このときにみとめられた星座が、いまの星座です。

1月 7日

秦の始皇帝の時代

どんな人？

初めて中国をひとつの国にまとめ、天文の研究を進めさせたよ。

当時の人が彗星について、向きや現れた時間の長さを記録しているよ

こんなスゴイ人！

始皇帝は天体の動きをもとに、占星術を発展させて、政治にもいかしたんだって

①古代中国の天文学をみちびいた

大昔に、中国を統一した秦の始皇帝の時代には、天文学が発展しました。古代中国の人びとは宇宙に関心が高く、暦や占いにも天体現象が関わっていました。

②中国で初めて暦を統一した

古代中国で暦は、月の満ち欠けや天体の位置や動きをもとに決められていました。暦は農業や国家行事に重要な役割を果たし、始皇帝は「顓頊暦」という暦を、全国で統一して使用するようにしました。

③世界最古のハレー彗星を観測した

歴史書『史記』のなかにある始皇帝の時代の記録「秦始皇本紀」に見られる彗星発見の記録が、ハレー彗星が地球に接近した年と重なっています。記録された観測コースも正確だったため、世界最古のハレー彗星の観測と認められています。

1月 8日（ようか）

太陽系ってなに？

ギモンをカイケツ！

太陽を中心とした惑星などの集まりだよ。

地球は太陽系のなかの1つの惑星なのじゃ

これがヒミツ！

①太陽が中心

太陽系は太陽を中心にまわる天体をまとめた言い方です。その多くは太陽が誕生したときとほぼ同時に生まれており、できてから約46億年が経っています。

②太陽系にあるもの

太陽系をつくるものには、太陽と惑星のほか、衛星や彗星、小惑星などの天体があります。流れ星となる太陽系空間のチリも太陽系をつくるもののひとつです。

③太陽のまわりにできた

太陽系は太陽ができたあとに、つくられました。太陽のまわりに残されたチリやガスが集まって、惑星や衛星、小惑星、彗星になりました。

1月 9日（ここのか）

太陽の光はなぜあたたかいの？

ギモンをカイケツ！

太陽から出ている光が熱に変わるからだよ。

赤外線はウィリアム・ハーシェル（→ P.134）によって発見されたのよ

これがヒミツ！

①宇宙では熱は伝わらない

太陽からは、たくさんの光や熱が出ています。しかし、熱はなにもない宇宙では伝わりません。それなのになぜ、わたしたちは太陽をあたたかく感じることができるのでしょうか。

②赤外線はものに当たると熱に変わる

太陽の光が、地面にぶつかると、目に見えない赤外線という光に変わります。この赤外線は、熱線ともいい、ものをあたためる性質があります。

このような、赤外線による熱の伝わり方を「放射」というのよ

③あたたかく感じるのは赤外線のおかげ

太陽から宇宙を通って地球にとどいた光は、わたしたちのからだに当たると、熱に変化します。わたしたちは、この熱によって、太陽をあたたかく感じているのです。

1月10日（とおか）

星はどんな形をしているの？

クイズ

❶ぎざぎざした形。
❷球のような形。
❸紙のように平べったい形。

星形ではないのさ

➡ こたえ ② ほとんどの星は球のような形だよ。

天体の形は大きさで（→ P.54）決まるんだよ

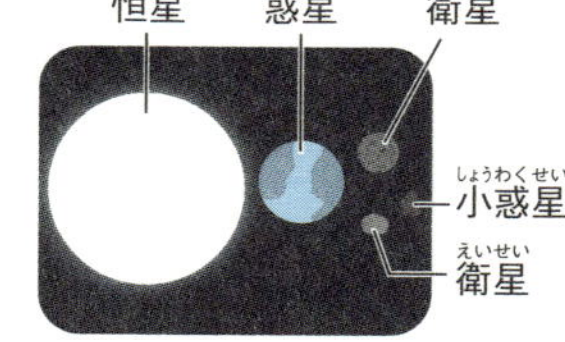

これがヒミツ！

①星は球体になっている

夜空の星のほとんどは、球体（ボールのような形）をしています。太陽などの恒星（→ P.20）のほとんどはこの形です。恒星は光をつくりだします。そのときにふくらもうとする力と縮もうとする力がつり合うので、球体になっています。

②回転によってつぶれた形になる

惑星（→ P.32）も球体です。しかし、回転をすることで少し横にのびています。特に土星は、望遠鏡で見てもわかるくらいつぶれた形をしています。

③宇宙には丸くない形の星もある

地球のまわりをまわる衛星（→ P.181）である月は、球体をしています。しかし、丸い形ではない衛星もあります。火星の衛星フォボスはいびつな形をしています。また、「彗星」も、丸くない形をしています。さらに、つぶれたりふくらんだりした形をした「小惑星」（→ P.130）のような星もあります。小さな星は丸くありません。

1月11日

世界の巨大望遠鏡はどんなところにあるの？

ギモンをカイケツ！

チリのアタカマ砂漠やハワイ島のマウナケアといった高いところだよ。

日本の天文台もつくられているのですよ

これがヒミツ！

①天体観測をするところ

巨大望遠鏡をもつ天文台は、空気のうすい山の上によくつくられます。晴れの日が多く、空気のかわいているところも、観測に向いています。

世界一高いところにつくられた天文台は東京大学アタカマ天文台で、チリにありますよ

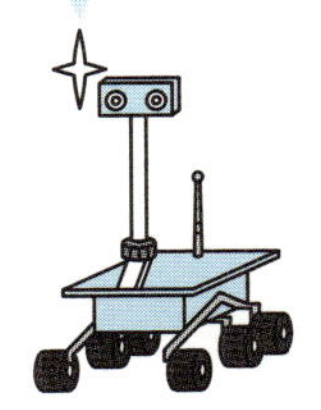

②砂漠の天文台

南アメリカのチリには、世界のたくさんの天文台が集まっています。世界でもっとも乾燥した場所といわれるアタカマ砂漠が広がる標高 5000 mのところに大型の天文台がいくつも建設されています。

③ハワイ島にある天文台

ハワイ島もたくさんの天文台があるところです。標高 4205 mのマウナケアの山頂付近で観測をしています。日本がつくった「すばる望遠鏡」もあります。

1月 12日

国際宇宙ステーションは地球から見られるの？

クイズ

1. いつでも見ることができる。
2. ときどき見ることができる。
3. 見られない。

→ **こたえ 2** ときどき見ることができる。

90分かけて地球のまわりをまわっているんだよ

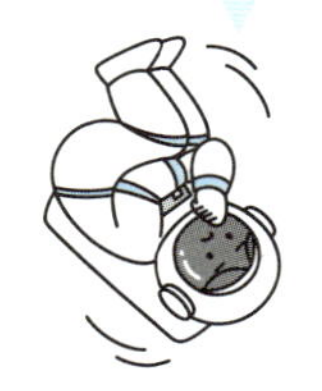

これがヒミツ！

①天気のよい夜に見ることができる

国際宇宙ステーション（ISS）は、地球からも見ることができます。見ることができるのは、天気がよく、地上が夜で、しかも国際宇宙ステーションに太陽の光が当たっている夕方か朝方の時間帯です。

双眼鏡などよりも、肉眼のほうが探しやすいんだよ

②見える方角は日によってことなる

日時によって国際宇宙ステーションは見やすさが変わります。どのようなコースを通っているかはインターネットなどを使って調べることができます。

③木星より明るく見えることもある

夜空にあらわれたときには、止まって見えるほかの星とはことなり、飛行機のように夜空を動いて見えます。明るいときには、金星と同じくらいの明るさになります。飛行機は点めつしますが、国際宇宙ステーションは点めつしません。

1月13日

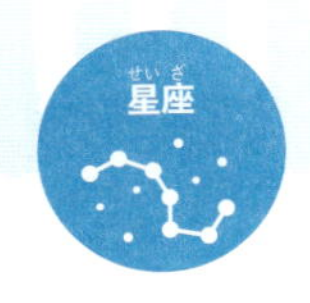

なぜ日本から見えない星座があるの？

ギモンをカイケツ！

カメレオン座、テーブルさん座、はちぶんぎ座の3つは見えないんだ。

テーブルさん座は実際にある山の名前だぞ

これがヒミツ！

南半球に行くと見ることができる星座だよ

カメレオン座

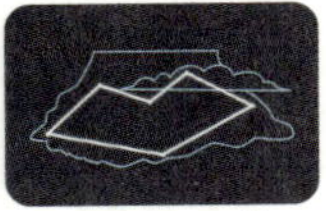
テーブルさん座

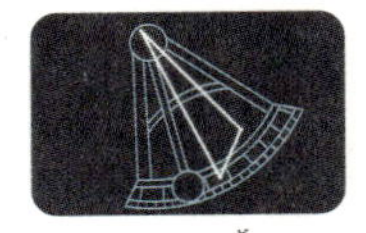
はちぶんぎ座

①日本からは見えない星座がある

日本は北半球にあるので、天の南極（地球の自転のじくをま南にのばした場所）の近くにある星は、日本から見ることができません。そのため、日本からは見えない星座もあります。

②見えない星座は３つ

日本から見えない星座は、カメレオン座、テーブルさん座、はちぶんぎ座の３つです。また、とびうお座やはえ座、ふうちょう座、みなみのさんかく座、くじゃく座、みずへび座などは、一部だけが見えます。

③南に行くほど、多くの星座が見える

日本では、南に行くほど、見える星座の数が多くなります。そのため、北海道よりは沖縄のほうが、多くの星座や星を見ることができます。

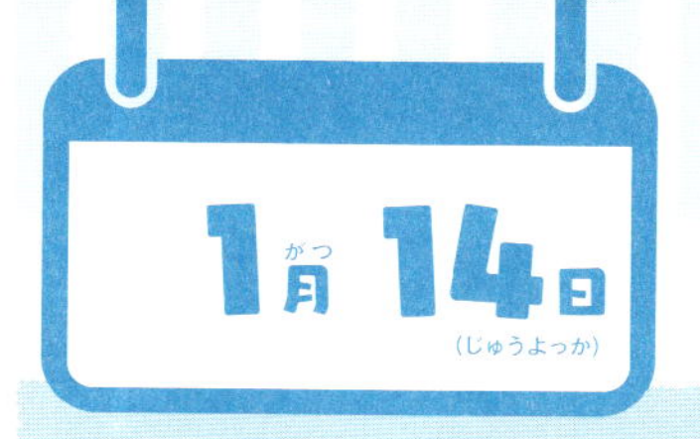

エラトステネス

？どんな人？

**地球の大きさを
ほぼ正確に計算したよ。**

天文学にかぎらず、いろいろな分野で活やくしたんだって

こんなスゴイ人！

①地球の周囲の長さを計算した

古代ギリシャの地理学者、数学者、天文学者であるエラトステネスは、太陽の影と地球の地面の間にできる角度から、地球の１周の長さをもとめました。

エラトステネスは、文化の中心だったアレクサンドリア図書館の館長もしていたんだって

②正確な長さをもとめた

エラトステネスが測った地球の長さは約４万 6000km でした。これは、現在の地球のまわりの長さの約４万 km と近いものでした。

③地球のじくがかたむいていることを示した

また、エラトステネスは、夏至のときの太陽光の角度をもとに、地球のじくがかたむいていることを示し、そのかたむきの角度を測定しました。彼の測定結果は、現在知られている値（約 23.4 度）に非常に近いことがわかっています。

1月15日

地球と惑星

太陽系の惑星はいくつあるの？

ギモンをカイケツ！

ぜんぶで８つあるんだよ。

水星、金星、地球、火星、木星、土星、天王星、海王星の８つの惑星があるのじゃ

これがヒミツ！

太陽から遠い惑星になるほど１周するまでに時間がかかるんだよ

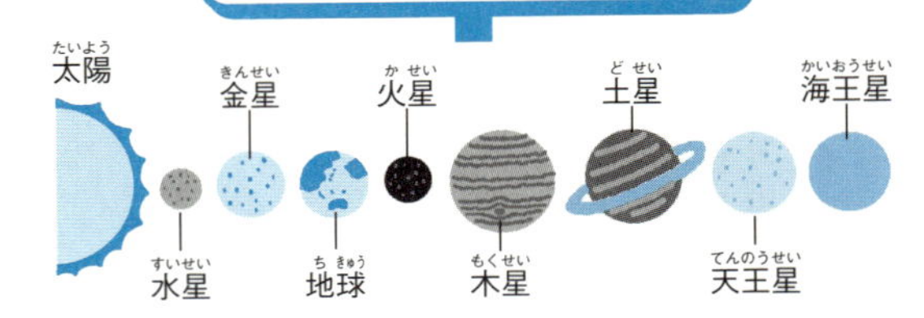

①太陽のまわりをまわる

惑星は、太陽のまわりをほぼ円に近いような通り道（軌道）でまわっています。いくつかは衛星をもっているものもあります。地球は太陽から３番目に近いところをまわっている惑星です。

②惑星のきょり

太陽系の惑星はそれぞれ、はなれたところを動いています。太陽から地球までは約1億5000万kmです。天王星と海王星の間が一番きょりが遠くなっています。

③天体が惑星とよばれるには

太陽系の惑星の条件は2006年に決められました。太陽のまわりをまわり、丸い形をした、まわりに似た天体がないものを惑星とよんでいます。

1月16日

太陽はどうやってできたの？

クイズ

1. ガスが集まってできた。
2. 木星から分かれてできた。
3. ブラックホールから出てきた。

太陽は最初から光を放つ天体ではなかったのよ

こたえ 1 ガスが集まってできた。

これがヒミツ！

水素の核融合が起こったときの中心温度は、約1000万℃だったといわれているのよ

①ガスが集まりはじめた

いまから46億年以上前、太陽系（いまの太陽と惑星がある場所）にただよっていた水素でできたうすいガス（ガス星雲）が、自分自身の重力（重さによって生まれる、ものを引っぱる力）で少しずつ集まりはじめました。

②太陽のもとができた

やがて、ガスのかたまりは成長し、46億年前に太陽になりました。太陽は重力でおしちぢめられ、中心の圧力（おす力）がとても高くなりました。

③「水素の核融合」がはじまった

すると、中心部で水素がヘリウムに変わる「水素の核融合」が起こりました。水素の核融合は、とても多くの光や熱を生みだします。こうして、太陽はかがやきはじめたのです。

1月17日

星と宇宙空間

星が見えやすいのはどんなところ？

クイズ

①月の出ているところ。
②明かりの多いところ。
③空気のきれいなところ。

山の上も星の観察にむいているのさ

→こたえ ③ 空気のきれいなところ。

これがヒミツ！

「すばる望遠鏡」などの天文台（→P.21）も空気のすんだところによくつくられるのさ

①明かりが少ないと見えやすい

街明かりの少ないところに行くと、星がよく見えます。いっぽう、満月のときは空が明るすぎてしまうため、星の観察には向きません。

②空気がきれいなところが見えやすい

また、空気がきれいではないところでは、上空のチリやよごれが、街の光をさまざまな方向に反射してしまいます。そのため、空が明るくなって、星が見えづらくなってしまいます。

③星の観測は冬がおすすめ

日本の太平洋側の地域では、冬は夏とくらべて、星が見えやすい季節です。冬は空気がかわいていて、水蒸気が少ないので、星空を観察しやすくなるのです。また、空に強い風がふくので、空気がよく入れかわり、チリやよごれがなくなり、星が見えやすくなります。

1月18日

日本がもつ世界最大級の望遠鏡はどこにあるの？

ギモンをカイケツ！

ハワイのマウナケアという山の上にあるよ。

富士山より高いところにありますよ

これがヒミツ！

①世界最大級の望遠鏡

すばる望遠鏡は1999年につくられました。1枚の鏡で光を集めています。主鏡の大きさは端から端まで約8mあり、世界最大級となっています。

②宇宙のさまざまな天体を観測する

すばる望遠鏡は、遠い宇宙の星や銀河から、近くの太陽系の天体まで観測をしています。宇宙や太陽系のなぞを解く手がかりをあたえてくれています。

すばる望遠鏡は、日本から飛行機で約9時間かかるハワイ島にあるんだ

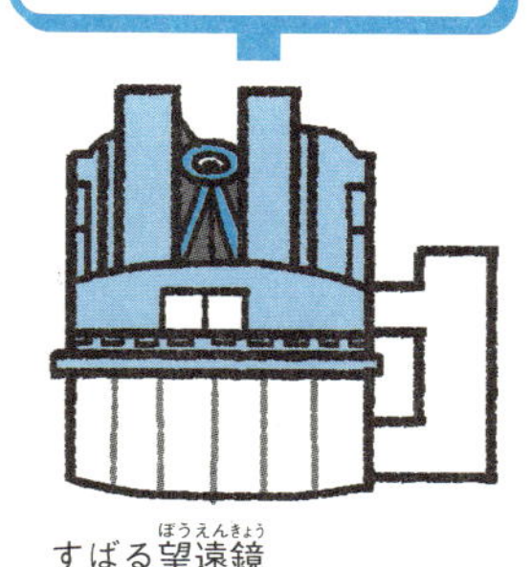

すばる望遠鏡

③天気が良い場所につくられた

すばる望遠鏡はハワイのマウナケアの山頂近くに建っており、約4200mの高さにあります。山頂は1年のうち約300日以上晴れており、天体を観測しやすい環境になっています。

1月19日

国際宇宙ステーションはどれくらいの高さを飛んでいるの？

宇宙の始まる高さは100kmくらいなんだよ

クイズ

① 約4km上空
② 約40km上空
③ 約400km上空

→ こたえ ③ 約400km上空

気象衛星「ひまわり」などは、約3万6000kmの上空にあるんだよ

これがヒミツ！

① 5つの層に分けられている地球の上空

地球の上空は、空気の層（大気）でおおわれており、「大気圏」とよばれています。大気圏は低いほうから順番に対流圏（0 ～ 10km）、成層圏（10 ～ 50km）、中間圏（50 ～ 80km）、熱圏（80 ～ 800km）、外気圏（800 ～ 1万km）に分けられています。

②約400kmの高さを飛ぶ国際宇宙ステーション

このうち、一般的に100kmより高い場所を「宇宙」といいます（→ P.41）。国際宇宙ステーションは、地上から約400kmの高さを飛んでいます。つまり、大気圏の内側を飛んでいるのです。

③飛ぶのではなくうかんでいる

ただし、国際宇宙ステーションはロケットなどで飛んでいるわけではありません。正確には地球をぐるぐるとまわりながら、うかんでいます。

しずまない星座があるってほんとう？

ギモンをカイケツ！

北の空にしずまない星座があるよ。

北極星を中心に星座がまわっているんだぞ

これがヒミツ！

①北極星は動かない

日本では北の空のまん中ぐらいの高さに、北極星が見えます。北極星は、天の北極（地球の自転のじくをのばした位置）にあるので、ほとんど動きません。

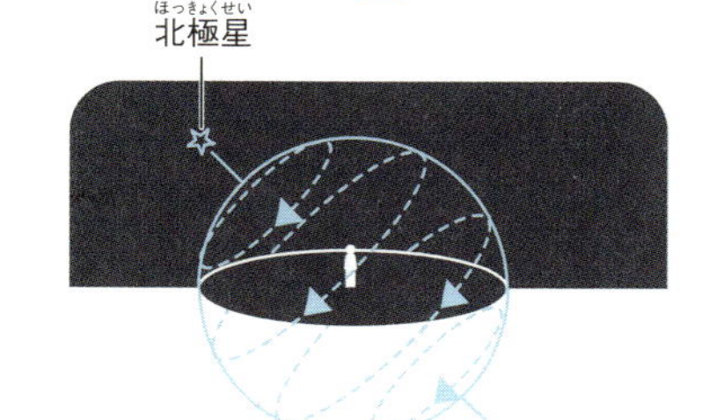

②北極星の近くの星はしずまない

北極星の近くにある星や星座は、「地平線」や「水平線」の下にしずむことはなく、どの季節でも夜になれば見ることができます。

③北極星をふくむこぐま座はしずまない

こぐま座は、北極星をふくむ星座でしずむことはありません。ほかに、日本から見たときにしずまない星座には、きりん座やケフェウス座などがあります。

1月21日

ヒッパルコス

どんな人？

星の位置を測定した表をつくり、太陽や月の動きも研究したよ。

天文学の基礎をつくったんだって

こんなスゴイ人！

①世界初の星表（恒星目録）をつくった

古代ギリシャの天文学者ヒッパルコスは、現在のトルコに生まれました。ロードス島で長年天体観測をつづけ、星の位置や明るさをまとめた「ヒッパルコスの星表」をつくりました。

「ヒッパルコスの星表」では、いまと同じように、星の明るさを6段階で表したんだって

②天体の距離をもとめた

ヒッパルコスは星や太陽や月といった天体の測定をすることで、正確な地球の公転周期（→ P.98）や、直接定規では測れないような太陽や月までのきょりをもとめました。

③緯度と経度を考えた

また、ヒッパルコスは緯度と経度を使って地球上の位置を表す方法を考え出しました。ヒッパルコスのアイデアは、現在でも使われているものが多くあります。

1月22日

太陽系は天の川銀河のどのあたりにあるの？

クイズ

❶ 天の川銀河の中心。
❷ 天の川銀河の一番はし。
❸ 天の川銀河の中心からはずれたあたり。

太陽系は、天の川銀河のなかでまわっているのじゃ

→ **こたえ ❸** 天の川銀河の中心からはずれたあたり。

これがヒミツ！

①銀河の中の星

太陽は天の川銀河の中の１つの「恒星」です。天の川銀河には、約数千億個も太陽のような恒星があります。

天の川とは天の川銀河のことなんじゃ

②太陽系が銀河をまわる

太陽系は天の川銀河の中心からはずれたところにあります。太陽系の中心で止まっているように見える太陽も、天の川銀河の中心に対して２億年かけてまわっています。

③太陽系のあるところ

天の川銀河は、台風のようなうずをまいた形をしていて、中心が丸く大きく、その外側には腕のような形をしたところがあります。太陽系のあるところは「オリオンアーム」とよばれているうずの明るい部分です。

1月23日

太陽はどれくらい遠くにあるの？

もし地球から太陽まで歩いて行くとすると、約4000年かかることになるのよ

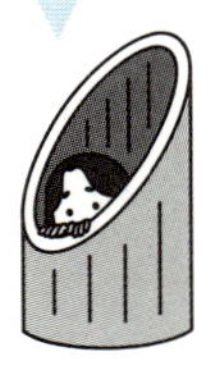

ギモンをカイケツ！

約1億5000万km はなれているよ。

これがヒミツ！

太陽の直径は地球を109個ならべたくらいの大きさなのよ

①地球と太陽のきょりは、約1億5000万km

地球と太陽のきょりは、約1億5000万kmです。これは、地球の大きさ（直径約1万3000km）の約1万2000倍、地球と月のきょり（約38万km）の約400倍にあたります。

②太陽の光は地球にくるまで約8分かかる

このように、太陽と地球はとてもはなれているため、太陽の光が地球にとどくまでには、約8分かかります。

③地球と金星のきょりは約4200万km

月以外で、もっとも地球に近い星は金星です。金星は、地球と同じように太陽のまわりをまわっているので、地球に近づいたり、地球から遠ざかったりしていますが、もっとも地球に近づいたときのきょりは約4200万kmです。これは、地球と月のきょり（約38万km）の約110倍にあたります。

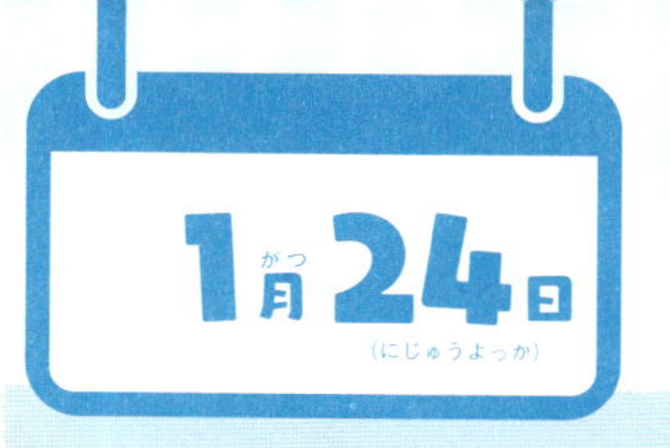

どこからが宇宙なの？

クイズ

1. 上空約 10km
2. 上空約 50km
3. 上空約 100km

こたえ 3 上空約 100km

これがヒミツ！

①地球の空気がほとんどなくなる高さ

地上から高さ 100km から先が、宇宙とよばれることが多いです。ここまでくると、地球の空気がほとんどなくなります。国際航空連盟は 100km 以下を飛ぶものを飛行機、100km より上を飛ぶものをロケットや人工衛星（→ P.174）と決めています。

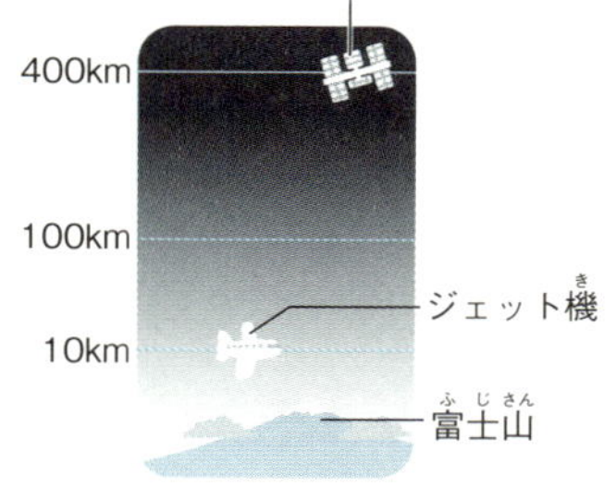

②宇宙になる高さの決まりは１つではない

ところが、80km をこえると宇宙だと決めているところもあります。アメリカ連邦航空局は、上空 80km に達した人を、宇宙飛行をした人と認定しています。

③地球の空気のあるところは、高さ 500km より上まである

じつは、地球の空気がわずかにあるところ（大気圏）は、500km をこえます。そのため、上空 400km にある国際宇宙ステーションは、とても少ないものの地球の空気のある中を飛んでいることになるのです。

1月25日

宇宙に望遠鏡があるってほんとう？

ギモンをカイケツ！

地球のまわりをまわって遠くの宇宙を観測しているよ。

知られていない宇宙のすがたを伝えてきたのですよ

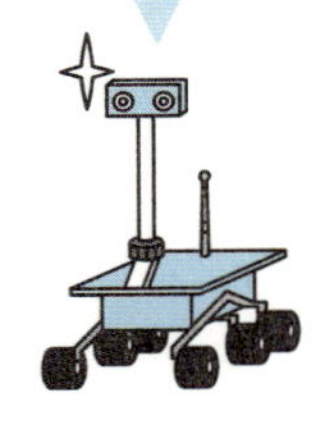

これがヒミツ！

宇宙望遠鏡は、遠くの天体まで見ることができるよ

ハッブル宇宙望遠鏡　ジェームズ・ウェッブ宇宙望遠鏡

①きれいな宇宙の姿を伝える

宇宙望遠鏡には、「ハッブル宇宙望遠鏡」や「ジェームズ・ウェッブ宇宙望遠鏡」などがあります。地球の大気の影響を受けないため、くっきりとした天体のすがたを撮影できます。

②遠くの宇宙を調べる

また、宇宙望遠鏡は地球では見ることができない遠くの銀河の発見に成功しています。地球にはとどきにくい宇宙からの「赤外線」（→ P.69）をとらえることで、銀河の誕生の秘密や地球外生命体の発見にせまろうとしています。

③故障すると直すのが大変

宇宙望遠鏡は宇宙にあるため、一度こわれると修理がむずかしいです。しかし、ハッブル宇宙望遠鏡のように宇宙飛行士が望遠鏡を直しに向かったこともあります。

1月26日

国際宇宙ステーションはどれくらい速く動くの？

クイズ

❶1秒間に770mの速さ。
❷1秒間に7.7kmの速さ。
❸1秒間に77kmの速さ。

➡ こたえ ② 1秒間に7.7kmの速さ。

国際宇宙ステーションは、1日で地球を約16周するんだよ

これがヒミツ！

①90分で地球を1周

国際宇宙ステーション（ISS）は、1秒間に7.7kmの速さで動いています。これは、約90分で地球を1周する速さで、ジェット機の約30倍、新幹線の約100倍の速さです。

②地球には重力がある

地球には、ものを引っぱる力（重力（→ P.46））があります。そのため、国際宇宙ステーションは、止まっていると地球の重力に引っぱられて落ちてしまいます。

じつは国際宇宙ステーションが地球から離れないのも重力のおかげなんだよ

③動くことで落ちないようにしている国際宇宙ステーション

そこで、1秒間に7.7kmの速さで動くことで遠心力（外側に引っぱられる力）を生みだし、地球の重力を受けても落ちないようにしているのです。

1月27日

冬の大三角をつくる星座はなに？

冬の大三角は明るい星ばかりなので、とても見つけやすいぞ

ギモンをカイケツ！

おおいぬ座とオリオン座、こいぬ座だよ。

これがヒミツ！

①明るい３つの星からなる冬の大三角

冬の夜中に南の空に、とても明るい３つの星からなる三角形が見えます。これが「冬の大三角」です。

②冬の大三角をつくるシリウス、ベテルギウス、プロキオン

冬の大三角が南の空に見えるとき、低い場所でいちばん明るくかがやいているのが、おおいぬ座のシリウスです。青白く光るシリウスは、空のなかでもっとも明るく見える星です。赤い星が、オリオン座の１等星ベテルギウス、さらに、シリウスの左ななめ上にかがやいている黄色っぽい星は、こいぬ座の１等星プロキオンです。

③６つの１等星からなる冬のダイヤモンド

プロキオンとシリウスに加えて、オリオン座の１等星リゲル、おうし座の１等星アルデバラン、ぎょしゃ座の１等星カペラ、ふたご座の１等星ポルックスを線で結んだ六角形を「冬のダイヤモンド」といいます。

1月28日

クラウディオス・プトレマイオス

どんな人？

地球が宇宙の中心にあるとする「天動説(→ P.166)」をとなえたよ。

「天動説」は、およそ1500年にわたって、天文学の常識とされていたんだって

こんなスゴイ人！

①古代天文学の教科書を書いた

プトレマイオスは古代ローマ時代の学者です。天文学の本『アルマゲスト』を書き、そのなかで地球を宇宙の中心とする「天動説」をとなえました。

「トレミーの48星座」には、こぐま座やオリオン座、誕生日の星座（→ P.250）などもあるんだって

②天動説の世界観を広めた

宇宙の中心は地球であり、そのまわりを太陽や月やほかの星がまわっているという考え方は、プトレマイオスの著書『アルマゲスト』によって広まりました。コペルニクスの登場までこの天動説の考え方はゆるぎないものとされました。

③星表をつくった

数千の星の位置を記録した「星表」も作成しました。この「星表」は、ヒッパルコスのつくった「ヒッパルコスの星表（→ P.38)」の考えをとりいれました。また、プトレマイオスのまとめた48個の星座は「トレミーの48星座」とよばれ、いまの88星座（→ P.23）のなかにものこっています。

1月29日

重力ってなに？

すべてのものにはたらく力なんじゃ

クイズ

①空を飛ぶ力
②引っ張る力
③元気が出る力

➡ こたえ ② 引っ張る力

これがヒミツ！

地球が太陽に飲みこまれないのは地球の公転による遠心力のおかげなんだよ

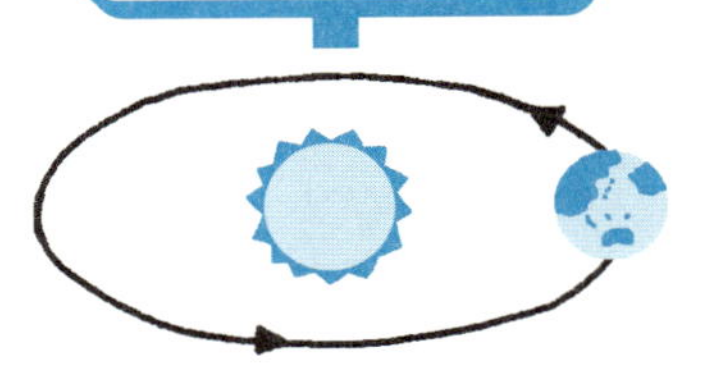

①ものを引っ張る力

重力は、イギリスの科学者であるニュートンが発見した、ものを引っ張る力です。地球では、いつでも人間は地球の中心のほうに引きつけられるため、宇宙に放りだされることはありません。

②宇宙にもある

太陽にも重力があります。太陽系の天体は、みんな太陽の重力を受けていますが、太陽のまわりをまわるときにはたらく、はなれる力（遠心力）があるおかげで、同じところをずっとまわりつづけることができるのです。

③恒星の誕生にも必要な力

星は宇宙空間にあるガスとチリが集まってつくられます。このときも、引きつけ合う重力によって、星は大きくなり、かがやき始めるようになります。

太陽はいつできたの？

ギモンをカイケツ！

約46億年前にできたんだ。

これがヒミツ！

太陽は、水素がもえつきるまでかがやきつづけるのよ

①太陽は約46億年前に生まれた

宇宙は、いまから約138億年前にできたといわれています。そして、太陽ができたのは、宇宙ができてから90億年ほどたった、約46億年前と考えられています。

②核融合で光や熱を生みだしている

いま、太陽の中では、「水素」から「ヘリウム」というものができる「水素の核融合」が起こっています。太陽は、この核融合によって、多くの光や熱を生みだしています。

③主系列星の時期にあたる太陽

いまの太陽のように、水素の核融合をおこなって光や熱を安定して生みだしている恒星（自分で光を出している星）を「主系列星」といいます。いまの太陽は、人間でいうと健康ではたらきざかりの40歳から50歳ぐらいといえるでしょう。

1月31日

恒星はどれくらい遠いところにあるの？

クイズ

❶地球を３周するくらい。
❷地球を５周するくらい。
❸地球を10周するより遠いところ。

遠くの星の光は何年もかけて地球にとどいているのさ

➡ こたえ ❸ 地球を10周するより遠いところ。

ベテルギウスの光は約640年かけて地球にとどいているのさ

①光の速さで何年もかかる

光が進む速さは秒速約30万kmです。地球の１周は約４万kmなので、１秒間に地球を７周半できる速さです。一番地球に近い天体である月までは約38万kmあり、約１秒でつきます。また、地球から太陽までの距離は約１億5000万kmあり、約８分でつきます。その他の恒星（→P.20）はさらに遠くにあるので、恒星が放った光が何年かけて地球にとどくのかを表す「光年」という単位できょりを示します。

②遠く離れた星たち

おおいぬ座のシリウス（→P.300）は8.6光年、こぐま座の北極星（→P.37）は430光年、地球からはなれています。数字が大きいほど地球から遠くなります。

③昔の光が地球にとどいている

遠くの恒星の光は何年もかかって地球にとどきます。そのため、地上から見える星は、何年も前に放った星の光を見ていることになります。

西
東
2月（がつ）

東
南
西

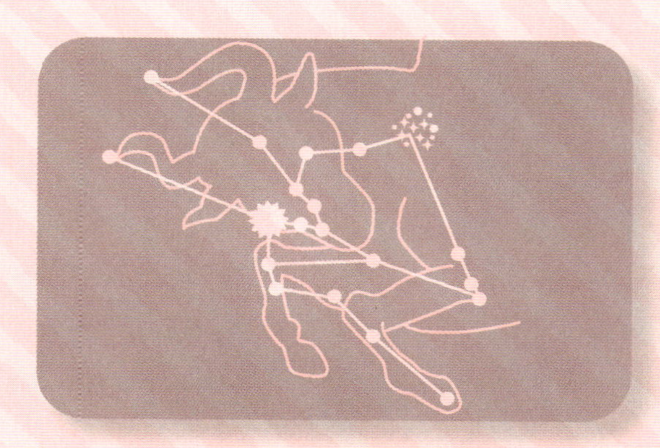

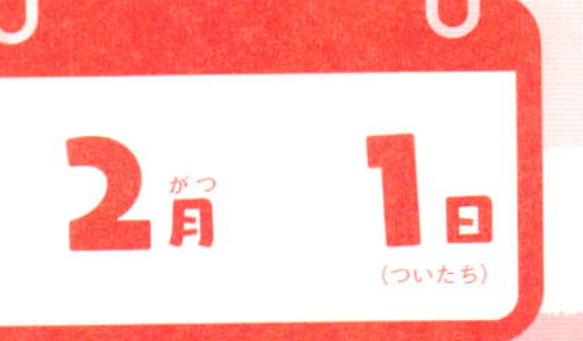

宇宙飛行士にはどうやったらなれるの？

宇宙飛行士の試験はからだと頭の両方をチェックしますよ

ギモンをカイケツ！

選抜試験に合格するとなれるよ。

選抜試験はチャレンジ精神やチームワークができるかどうかも見られますよ

これがヒミツ！

①1年以上かけておこなわれる

宇宙飛行士になるための試験は、日本では1983年から現在（2024年）まで6回おこなわれています。いまは3年以上の仕事の経験がある人から選ばれます。1年以上かけて、宇宙飛行士になれるかどうかを判断します。

②試験内容はさまざま

試験では、からだの検査をしたり、宇宙飛行士などがいる前で発表をしたりします。また体力をはかるために走ったり、泳いだりします。いっぽうで、たとえば仲間と協力をして決まった時間に折りづるを1000羽つくるなど、何人かで一緒に課題を解決する力も試されます。

③合格をしても、まだ宇宙飛行士ではない

試験を最後まで合格した人は、「宇宙飛行士候補者」となります。さらに約3年間訓練を重ねると、ようやく宇宙飛行士になることができます。

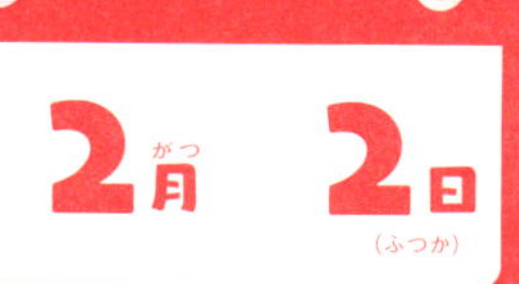

国際宇宙ステーションにはどうやって入るの？

クイズ

❶宇宙飛行士が宇宙に出て泳ぐ。
❷瞬間移動をする。
❸宇宙船から乗りかえる。

宇宙飛行士は、宇宙船に乗って宇宙に向かうんだよ

➡ こたえ ③ 宇宙船から乗りかえる。

これがヒミツ！

ドッキングしたソユーズ宇宙船は、約半年ごとに交代するんだよ

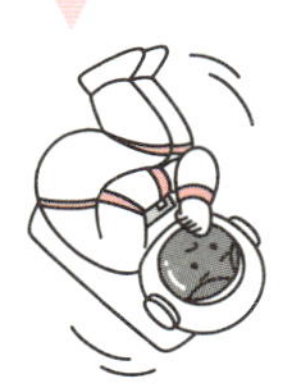

①宇宙船を使う

宇宙飛行士が地球と国際宇宙ステーションの間を行ったり来たりするためには、かつてはアメリカのスペースシャトルとロシアのソユーズ宇宙船が使われていました。現在は、ソユーズ宇宙船とスペースX社の「クルードラゴン」が使われています。

②自動そうじゅうでくっつく

宇宙船は、国際宇宙ステーションに近づいてつながります。これは「ドッキング」とよばれています。「ドッキング」は自動的におこなわれ、緊急の場合をのぞいて宇宙飛行士が操作をすることはありません。

③必ず１機はドッキングしている

ソユーズ宇宙船は、国際宇宙ステーションの緊急脱出用の宇宙船としても利用されます。そのため、少なくとも１機のソユーズ宇宙船は、必ず国際宇宙ステーションとドッキングした状態になっています。

2月

2月 3日（みっか）

おうし座のおうしはだれが変身したすがた？

ギモンをカイケツ！

ギリシャ神話の大神ゼウスが変身したすがただよ。

おうし座は、星うらないでは４月から５月にかけての星座だぞ

これがヒミツ！

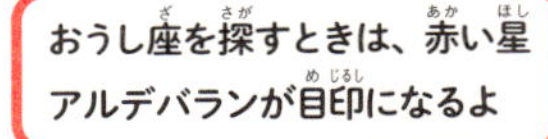

おうし座を探すときは、赤い星アルデバランが目印になるよ

おうし座

すばる

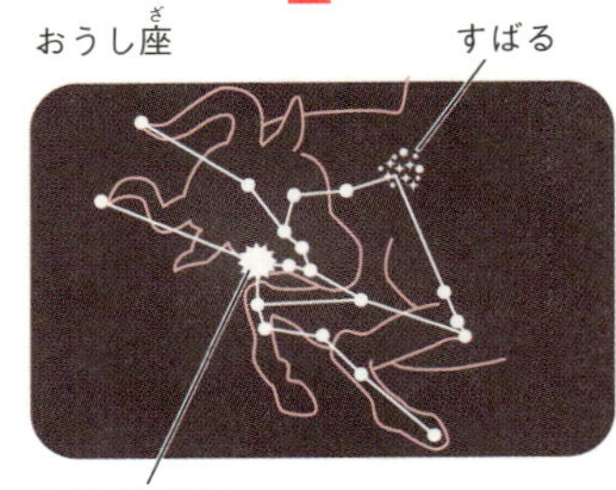

アルデバラン

①おうし座のウシの正体は大神ゼウス

おうし座は、冬の夜に南の空に見られます。この星座のオスのウシは、ギリシャ神話に登場する大神ゼウスが変身したすがただといわれています。

②ウシに変身して王女に近づく

フェニキアという国の王女であるエウロパが気に入ったゼウスは、ある日、オスのウシに変身してエウロパに近づきました。エウロパが、人なつっこいウシの背中に乗ると、ウシは突然、走りだしました。

③エウロパと結婚したゼウス

そして、クレタ島という場所に着いたとき、ゼウスはもとのすがたにもどり、愛を告白しました。その後、エウロパとゼウスは結婚し、２人の間には３人の子が生まれました。ゼウスは、これを祝っておうし座をつくったということです。

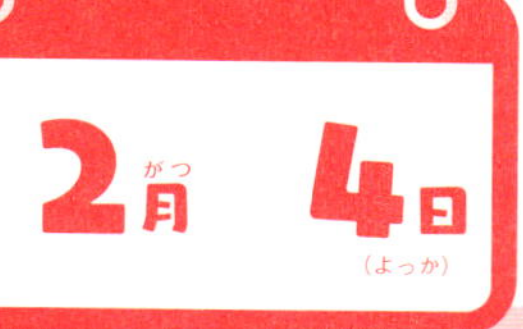

藤原定家

どんな人？

歴史や文化、天文現象についてまとめた日記を残したよ。

昔の天体の現象を、日記のなかに書き残したんだって

こんなスゴイ人！

①日本の天文学史上、重要な記録を残した

藤原定家は鎌倉時代の貴族で歌人としても有名ですが、日記『明月記』には日食や月食、彗星や星座など多岐にわたる記録が残されています。

②超新星の存在を観測した

『明月記』には、星の最期の大爆発、「超新星爆発」の観測の記録を残しています。8回の超新星爆発が確認できる古い資料は世界でも例がありません。

③当時の人びとの天体への考えがわかる

中世の日本では、見慣れない天文現象は天からのお告げ、または不吉の前兆と考えられていました。天文現象は政治との結びつきも強く、当時の人びとの強い関心を集めていたことがわかります。

藤原定家にちなみ、「Teika」と命名された小惑星があるんだって

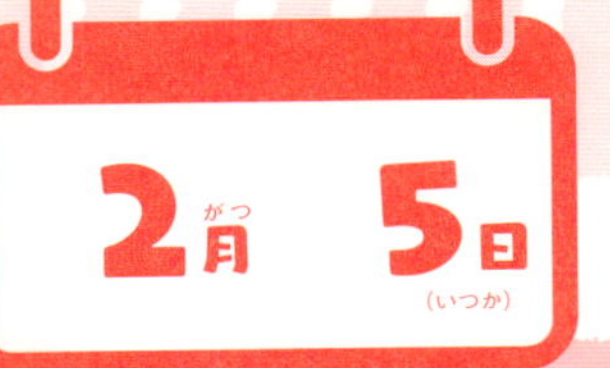

なぜ惑星は丸いの？

クイズ

❶ 重力があるから。
❷ ふくらんだから。
❸ 空気がないから。

丸い形になる力はとても強いのじゃ

➡ こたえ ❶ 重力があるから。

これがヒミツ！

①引き寄せる力のおかげ

地球をふくめ、多くの天体が丸い形をしているのは、重力が関係しています。

②大きくなることで形が変化する

太陽系の惑星が誕生したときは、天体のもととなったチリやガスが、重力でくっつき合うことで大きくなっていきました。天体のもとが育つとともに、引き寄せる力である重力はさらに強くなりました。

③丸い形で落ち着く

そして、重力が強くなった結果、集めた材料がおしつぶされて天体は丸くなりました。「重力」はすべての方向から同じだけ力がかかるため、天体は丸い形になっていくのです。

小惑星は小さくて重力が弱いから、丸くない形をしているのじゃ

2月　6日
（むいか）

どうして太陽は東からのぼって西にしずむの？

ギモンをカイケツ！

地球が西から東に自転しているからだよ。

地球は１日で１回転する速さで自転しているのよ

これがヒミツ！

①地球は自転している

地球は、北極と南極を結ぶ線をじくにしてこまのように回転しています。これを、「地球の自転」といい、自転のじくを「地じく」といいます。

②自転の向きは西から東

地球の自転の向きは、図のように西から東に動いています。つまり、わたしたちがいる場所は、西から東に動いているのです。

③自転のために太陽が動いて見える

わたしたちのいる場所から見ると、太陽は東からのぼって南の空を通り、西の空にしずむように見えます。このような、自転による太陽の１日の見かけの動きを「太陽の日周運動」といいます。

地球が動くから太陽がのぼったりしずんだりするんだ

宇宙から見た太陽と地球

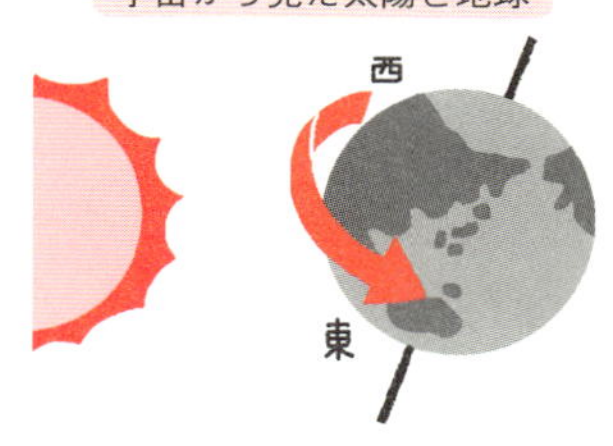

地球から見た太陽

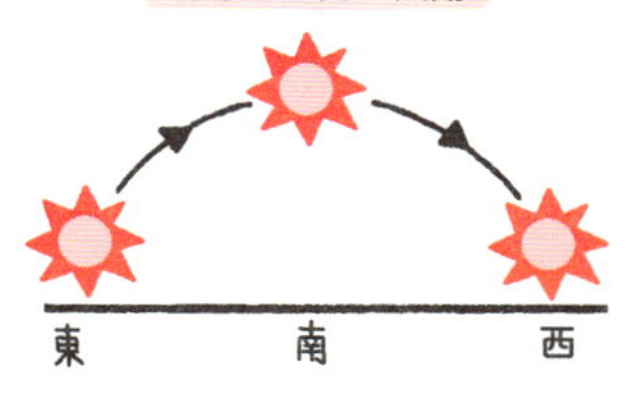

2月
7日
(なのか)

星と
宇宙空間

宇宙空間に空気はあるの？

クイズ

❶空気はまったくない。
❷空気は地球と同じくらいある。
❸空気は地球よりたくさんある。

空気は天体がもっているのさ

➡ こたえ ❶ 空気はまったくない。

空気の中の成分は、
天体によってちがっ
ているのさ

これがヒミツ！

①空気は惑星でできたもの

じつは空気は、惑星（→ P.32）がつくったものです。たとえば地球の空気は、地球から出たガスから生まれました。同じように、ほかの惑星も空気をもっています。惑星のまわりをうすく取り囲む空気のことを「大気」といいます。

②惑星が空気を引き寄せている

惑星には重力（→ P.46）があります。この重力によって、宇宙空間に空気がにげることはありません。これは、人が宇宙に飛んでいかないことと同じ理由です。

③宇宙空間に空気はない

惑星の空気は出ていかないため、宇宙空間に空気はありません。空気のない宇宙空間では、地球では見られないことが起こります。地球の青い空（→ P.135）とちがって、太陽の光が通りぬけてしまうので、星のないところは黒く見えます。また、音は空気を振動させて聞こえるので、空気がない宇宙空間で音はしません。

2月 8日(ようか)

宇宙飛行士になるためにプールで訓練をするってほんとう？

ギモンをカイケツ！

宇宙飛行士がプールの水の中で無重量状態を体験する訓練をするんだ。

プールの中で宇宙が体験できるのです

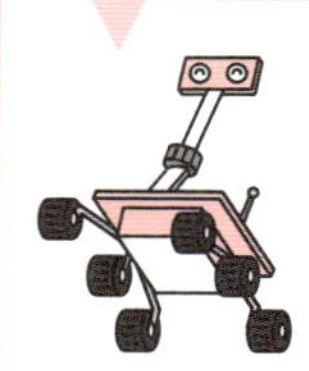

これがヒミツ！

①巨大なプールがある

アメリカのジョンソン宇宙センターには、訓練用の巨大なプールがあります。全長は62 mあり、25 mプールの2倍以上の大きさです。幅は31 m、深さは12 mもあります。

②宇宙船がしずんでいる

プールの中には、「国際宇宙ステーション（ISS）」の一部や宇宙船がしずんでいます。これらは本物と同じ大きさでつくられた訓練用のものです。

③無重量空間を体験できる

プールの中の環境は、「無重量状態」に近くなっています。宇宙飛行士はプールに入ると、6時間かけて、国際宇宙ステーションの外に出て船外活動をする練習をします。

プールには宇宙服を着て入るんだよ

プールの訓練の様子

©NASA

2月

2月 9日(ここのか)

国際宇宙ステーションにはどれくらいいられるの？

クイズ

① 5日間
② 半年
③ 1年以上

国際宇宙ステーションでは、2人から4人ずつ交代しながら生活をするんだよ

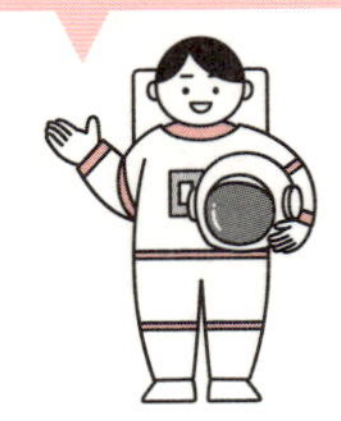

→ こたえ ③ 1年以上

これがヒミツ！

宇宙では健康を保つために、毎日2時間ほどのトレーニングが欠かせないんだよ

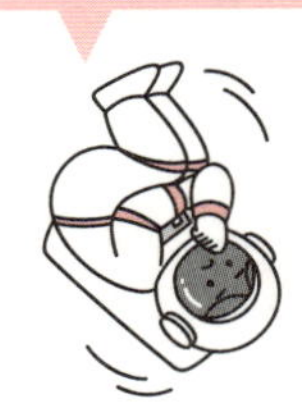

①短い場合は10日間

地球と国際宇宙ステーションの間で人を運ぶソユーズ宇宙船は、なにかあったときのひなん用として、つねに1機がステーションにドッキングしています。この宇宙船は約半年ごとに交換します。地球から宇宙船を運ぶ役割の乗組員は国際宇宙ステーションにいる期間が短く、10日間から2週間くらいで地球にもどります。

②一般的には半年で交代

いっぽう、国際宇宙ステーションの中で研究などをおこなう乗組員がステーションにいる期間は、一般的には半年です。およそ半年ごとに交代しています。

③健康なら長くいられる

ただし、元気でさえいればもっと長くいることもできます。もっとも長くいた記録は、2024年9月現在では374日間です。

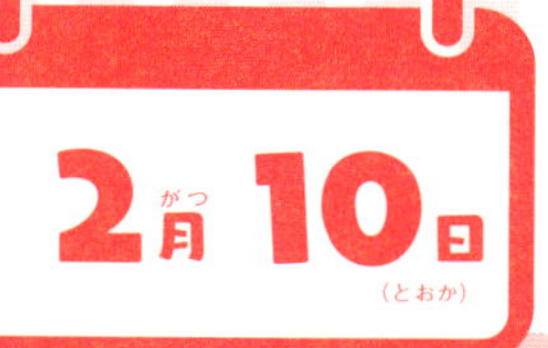

おうし座の「すばる」ってなに？

ギモンをカイケツ！

星が集まった星団のことだよ。

すばるにはまとまって1つになるという意味があるぞ

これがヒミツ！

①ウシのひたいにあるヒアデス星団

おうし座には、よく知られた星団（星の集まり）がふたつあります。ひとつは、ウシのひたいの部分にあるヒアデス星団という星団です。ヒアデス星団のすぐ横には、1等星のアルデバランがあります。

すばるという名は、いまから1200年以上前の平安時代に書かれた本にも登場するんだぞ

②「すばる」とよばれるプレアデス星団

そして、ウシのかたの部分には、プレアデス星団という星団があります。このプレアデス星団は、日本では昔から「すばる」とよばれてきました。

③明るい星が5個から7個ある

すばるは、生まれてまだあまり時間がたっていない星たちが近い場所に集まっています。これを「散開星団」といいます。肉眼でも見える特に明るい星が5個から7個ほどあります。

2月 11日

ニコラウス・コペルニクス

どんな人？

「地動説（→ P.166）」をとなえ、近代の天文学の基礎をつくったよ。

地動説は、当時地球こそが宇宙の中心と考える人びとにとっては、信じがたいことだったんだって

こんなスゴイ人！

コペルニクスは亡くなる直前まで、地動説の理論を発表しなかったんだって

①地動説をとなえた

コペルニクスはポーランドのトルンで生まれた天文学者です。地球を中心にすえた「天動説」ではなく、「太陽のまわりを地球やほかの星がまわっている」という「地動説」を考えだしました。

②『天球の回転について』という本を書いた

コペルニクスは医者などいろいろな仕事をこなしながら家につくった塔で天体観測をつづけ、『天球の回転について』という本を出版しました。地動説の考えをまとめたものです。

③宇宙の見方を変えた

この考えはあまりにも新しかったため、コペルニクスの地動説の理論は、一部の人をのぞいて受け入れられることはありませんでした。しかし、ガリレオ（→ P.67）やケプラー（→ P.75）といった天文学者の新しい発見によって、正しいと認められるようになりました。

2月 12日

惑星はなぜ「惑う星」というの？

ギモンをカイケツ！

空でいろいろな動きをして見えるからだよ。

地球から見ると変わった動きをしているんじゃ

これがヒミツ！

惑星がもどって見えることもあるのじゃ

①惑星が太陽のまわりをまわる時間

惑星は太陽のまわりを公転（→ P.91）していますが、それぞれの惑星ごとに、1周にかかる時間や速さがちがいます。太陽の近くをまわる惑星のほうが、遠くの惑星より速くまわっています。

②地球からの見え方

地球からほかの惑星を見ると、星座の中で日が経つにつれて西から東に動くときもあれば、東から西に動くときもあり、止まって見えるときもあります。この複雑な動きが、まようようなようすに見えることから、「惑う星」という意味の、惑星という名前がつけられました。

③ほかの惑星と地球の位置

惑星が複雑に動く現象は、地球がほかの惑星を追いこしたり、追いこされたりするためです。また、太陽系の外にある星座の星ぼしは地球からとても遠いため、惑星のように動きません。

2月13日

太陽の光は何色？

ギモンをカイケツ！

白色だよ。

ものが見えるのは太陽の光のおかげなのよ

これがヒミツ！

①太陽の光が白い理由

太陽の光は、白色です。この色は、さまざまな色の光が混じってできた色です。

②さまざまな色の光がまざっているから

太陽の光には、赤、オレンジ、黄、緑、青、あい、むらさきなどの光がふくまれています。これらの色がひとつになって、白色に見えているのです。

自転車のとう明な反射板に太陽の光が当たると７色に見えるのも、太陽の光が分かれるからなのよ

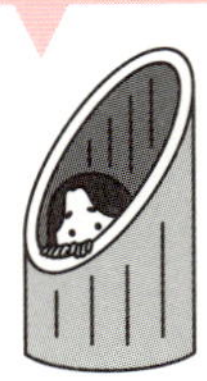

③虹が７色なのは光が分かれているから

虹が７色なのは、空気中の水のつぶで光が折れ曲がることで、太陽の光が分かれて見えるためです。太陽を背中にして霧吹きやホースなどを使って水をまくと虹ができます。また、太陽の光は、「プリズム」という三角形のガラスを使うと、虹と同じようにさまざまな色の光に分けることができます。

2月14日
(じゅうよっか)

宇宙を高速で移動するごみがあるってほんとう？

クイズ

❶ごみはまったくない。
❷地球から投げたボールがうかんでいる。
❸地球から打ち上げた人工衛星などのかけらがうかんでいる。

➡ こたえ ❸ 地球から打ち上げた人工衛星などのかけらがうかんでいる。

これがヒミツ！

スペースデブリを回収する取り組みは、まだ始まったばかりなのさ

①宇宙にあるごみ

地球のまわりの宇宙空間には、たくさんのごみがうかんでおり、「スペースデブリ」とよばれています。スペースデブリには、使い終わった人工衛星や捨てたロケットなどもふくまれます。

②すごい速さで飛ぶ

スペースデブリは、地球のまわりをまわっています。秒速約 7km と弾丸より速く飛んでいます。そのため、ぶつかるだけで使用中の人工衛星などがこわれてしまう可能性があります。

③宇宙のごみはふえる

地球からはなれたところを飛ぶごみは、ずっと落ちてきません。そして、放っておいてもごみはぶつかり合ってはくだけ、ふえつづけます。世界が協力して宇宙のごみの問題に取り組んでいますが、まだ解決策は見つけられていません。

2月15日

NASAって、なにをしている組織なの？

ギモンをカイケツ！

アメリカの宇宙開発と宇宙探査の中心になっている組織だよ。

NASAは初めて人を月に到着させたのです

これがヒミツ！

NASAとは「アメリカ航空宇宙局」のことなのですよ

①人類が宇宙に行くためにつくられた

NASAはアメリカの宇宙開発と研究をおこなう組織で、1958年につくられました。NASAの最初の計画は、人類が宇宙に行けるのかを試す「マーキュリー計画」でした。

②宇宙に行く経験を積み重ねる

1969年に「アポロ計画」によって初めて月に人を到着させたあとも、国際宇宙ステーションの計画や、火星探査、宇宙望遠鏡をつくるなど、さまざまな活動をしています。また、人間を月に送る「アルテミス計画」も、NASAが中心となって進めています。

③たくさんの施設がある

NASAは、たくさんの拠点からできています。ロケット発射場のあるフロリダの「ケネディ宇宙センター」や、宇宙飛行士の訓練に使われるヒューストンの「ジョンソン宇宙センター」など、さまざまな施設があります。日本の宇宙飛行士も、訓練やロケットの打ち上げのときに使っています。

2月16日

国際宇宙ステーションではなにをしているの？

クイズ

❶観光
❷研究や実験
❸宇宙人と会議

国際宇宙ステーションでは、野菜も育てているんだよ

→ こたえ ❷ 研究や実験

これがヒミツ！

「きぼう」は、宇宙空間で実験もできるんだよ

①地上ではできない実験ができる宇宙

宇宙は、重力（地球がものを引っぱる力）がはたらいていないほか、地上にはとどかないさまざまな電磁波（→ P.70）などが飛びかっています。また、空気がないために宇宙のようすを地上よりもくわしく観察することができます。

②さまざまな実験などをおこなう国際宇宙ステーション

このような特別な環境を利用して、国際宇宙ステーション（ISS）では、地上ではできないさまざまな実験や研究、観測などがおこなわれています。

③実験がおこなわれる実験棟

さまざまな実験がおこなわれる設備を「実験棟」といいます。国際宇宙ステーションには、日本の実験棟である「きぼう」（→ P.118）のほか、アメリカの「デスティニー」、ヨーロッパの「コロンバス」という実験棟があります。

2月17日

なぜ冬の星座は夏に見られないの？

クイズ

❶夏には太陽の近くにあるから。
❷夏には太陽の反対側にあるから。
❸夏には月の影にかくれるから。

春、夏、秋、冬それぞれに見やすい星座があるんだぞ

こたえ 1

夏には太陽の近くにあるから。

これがヒミツ！

北の空にある北斗七星（→ P.82）やカシオペヤ座（→ P.340）などは、しずむことがほとんどないので、1年中見られるんだぞ

①太陽は1年かけて天球をめぐっている

地球は、太陽のまわりを1年かけてまわっています。これを公転といいます。公転している地球から見ると、太陽は空にあるさまざまな星や星座の間を、1年かけてめぐっているように見えます。

②冬に太陽の反対側にある冬の星座

冬に太陽の反対側にある星座は、冬の夜に空にのぼり、明け方にしずんでいくため、冬に見やすくなります。このような星座を「冬の星座」といいます。おもな冬の星座には、おうし座やオリオン座、おおいぬ座などがあります。

③冬の星座は夏には太陽の方向にあるので見えない

いっぽう、夏になると太陽は、冬の星座がある位置に近づいてきます。すると、太陽の近くにある冬の星座は、昼間に空にのぼって夜にはしずんでしまうことになるので、見ることがむずかしくなります。

2月18日

ガリレオ・ガリレイ

どんな人？

地動説を支持し、画期的な考えを天文学に導入したよ。

地球が宇宙の中心ではないことを証明しようと、さまざまな観測をおこなったんだって

こんなスゴイ人！

①自作の望遠鏡で木星の４つの衛星を発見

ガリレオはイタリアのピサに生まれました。自作の望遠鏡で宇宙を観測し、木星の４つの大きな衛星などたくさんの発見をしました。

ガリレオが見つけた木星の大型の４つの衛星は、「ガリレオ衛星（→ P.290）」とよばれているよ

②地動説の正しさに気づく

また、ガリレオは金星が月と同じように、太陽の光を受けてかがやいており、大きさを変えながら満ち欠けすることを発見しました。このような観察をつづけるうちにガリレオは地球を中心とした天動説のまちがいに気づき、コペルニクスの考えた地動説が宇宙のあり方だと考えるようになりました。

③宗教裁判にかけられた

ガリレオは、コペルニクスがとなえた太陽中心の地動説を強く支持したことで、キリスト教を信じる人からは認められず、裁判にかけられ有罪となりました。しかし、ガリレオの考えは、のちの人びとに影響をあたえることになりました。

2月19日

ふだん地球を丸く感じないのはなぜ？

昔から地球の形はいろいろな人が考えてきたのじゃ

クイズ

1. 地球が平らだから。
2. 地球が大きいから。
3. 地球が四角いから。

→ こたえ ② 地球が大きいから。

地球全体の写真は、1968年に宇宙船「アポロ8号」の中からもとられたのじゃ

①じつは丸い地球

地球の1周は約4万kmあります。大きすぎるため、丸いことには気づきません。地球にいて丸い形を知る方法の1つは、海にうかぶ船を観察することです。水平線から近づくところをずっとながめていると、船の高いところからだんだんと見えてきます。

②航海をして丸いことに気づいた

昔の人は地球が平らであると思っていましたが、いまから2000年以上前の古代ギリシャで、地球は丸いという考えが生まれました。1519年から航海士のマゼランの乗った船が世界一周を初めて成功させ、地球が球体であることを示しました。

③宇宙から丸い地球を見た

宇宙から地球のすがたを見ることができるようになったのは1960年代に入ってからです。それから、宇宙からたくさんの写真をとったことで、丸い天体としての地球が多くの人に知られることになりました。

2月20日（はつか）

太陽は見えない光を出しているってほんとう？

ギモンをカイケツ！

赤外線や紫外線という光を出しているんだ。

赤外線は、人間のからだからも出ているのよ

これがヒミツ！

①太陽の光にふくまれる赤外線や紫外線

太陽の光にふくまれているのは、目に見える光だけではありません。「赤外線」や「紫外線」などの、目に見えない光もふくまれています。

テレビやエアコンのリモコンは、赤外線を使って操作しているのよ

②ものに当たると熱に変わる赤外線

光は「電磁波」（→ P.70）という波のなかまです。波の長さがもっとも長い光が赤で、オレンジ、黄、緑、青、あい、むらさきの順に波が短くなっていきます。

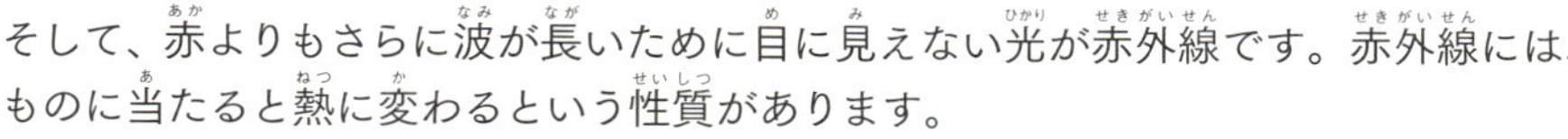

そして、赤よりもさらに波が長いために目に見えない光が赤外線です。赤外線には、ものに当たると熱に変わるという性質があります。

③日焼けの原因になる紫外線

また、目に見えない光のうち、むらさきよりもさらに波が短い光が紫外線です。紫外線はエネルギーが強い光で、日焼けの原因となります。

column 01

電磁波

これだけでわかる！
3POINT

太陽からも出ているのよ

❶ 目に見える光と目には見えない光のこと。

❷ 赤外線や紫外線などをふくんでいる。

❸ 電気の力と磁気の力が合わさった波のこと。

波のゆれの回数が多い ⟷ 波のゆれの回数が少ない

①	②	③	④	⑤
γ線、X線	紫外線	可視光線	赤外線	電波
目に見えない		目に見える	目に見えない	

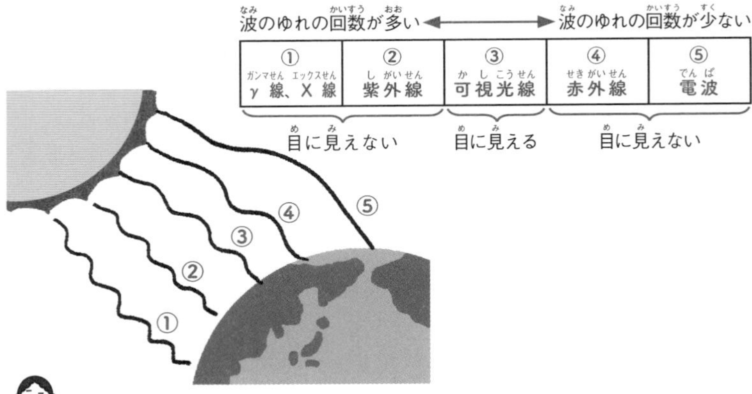

目に見える光（可視光線）も電磁波のひとつなんじゃ

X線や紫外線はほとんどが地球の大気にすいとられるのさ

X線はレントゲンに、電波はテレビやラジオやけいたい電話に使われているよ

2月21日

宇宙の温度はどれくらいなの？

ギモンをカイケツ！

とても寒かったり、暑かったりするよ。

宇宙飛行士が外で作業をするときは、宇宙服で温度調節をしているのさ

これがヒミツ！

①国際宇宙ステーションの外の温度

地上から約400kmの高さを飛ぶ国際宇宙ステーション（ISS）の外は、太陽の光の当たるところは100℃以上、太陽の光のとどかないところは－100℃以下になります。このように温度に大きくちがいがあるのは、空気がほとんどないことが関係しています。

国際宇宙ステーションでは温度差が小さくなるように、熱をためこみにくい白い素材が使われているのさ

②遠い宇宙空間の温度

太陽の光がとどかず、空気がまったくない宇宙空間の温度はどれくらいでしょうか。宇宙空間の温度はとても低く、約－270℃とされています。

③宇宙空間が寒い理由

宇宙はもともとは温度が高かったのではないかと考えられています。宇宙の温度が低くなったのは、宇宙が熱い火の玉からとてつもなく大きくなったからではないかといわれています（→ P.352）。

2月22日

JAXAって、なにをしている組織なの？

ギモンをカイケツ！

日本の宇宙開発と宇宙探査の中心となる組織だよ。

JAXAとは「宇宙航空研究開発機構」のことなのですよ

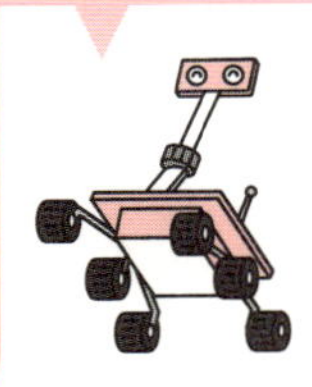

これがヒミツ！

現在の日本の宇宙飛行士は、JAXAで働く人たちなのですよ

①昔からつづく宇宙開発

日本は60年以上前から宇宙開発を進めていました。ロケット開発から始まり、1970年にはロケットの技術を使って日本初の人工衛星「おおすみ」を打ち上げました。

② JAXAとして再出発

JAXAは宇宙開発と研究をおこなう組織で2003年にできました。月周回衛星「かぐや」や、小惑星探査機「はやぶさ」などをつくりました。とくに、小惑星探査機「はやぶさ」や「はやぶさ2」は、世界で初めて月以外の天体に着陸してサンプルリターン（→ P.255）を成功させるなど注目を集めました。

③たくさんの施設がある

JAXAはたくさんの拠点をもっています。発射場として使われる「種子島宇宙センター」などや研究をおこなう「相模原キャンパス」、国際宇宙ステーションや宇宙飛行士の訓練などに関わる「筑波宇宙センター」など、さまざまな施設があります。

2月23日

国際宇宙ステーションの羽みたいな部分はなに？

クイズ

1. 太陽電池
2. アンテナ
3. 展望台

→ こたえ 1 太陽電池

これがヒミツ！

宇宙で使う太陽電池は地上で使うものとは成分などが少しちがうんだよ

①国際宇宙ステーションでは船内で発電している

国際宇宙ステーション（ISS）には、地上から電気を送ることができません。そのため、国際宇宙ステーションでは船内で発電した電気で装置を動かしたり、乗組員のくらしを支えたりしています。

②太陽の光で発電

そのような発電をおこなっているのが、羽のように見える「太陽電池パドル」です。この「太陽電池パドル」に取りつけられている太陽電池は、太陽の光を受けると電気を生みだします。より多くの電気を生みだすことができるように、パドルは自動的に回転して、つねに太陽の方向を向くようにつくられています。

③一部の電気はバッテリーにたくわえられる

発電された電気は、船内で直接使われるほか、地球の影にかくれて発電することができないときのために、専用のバッテリーにたくわえられます。

北極星になる星はいつも同じなの？

クイズ

❶変わらない。
❷少しずつ変わっていく。
❸突然変わる。

北極星は北の空にあるほとんど動かないように見える星のことだぞ

こたえ ２ 長い時間をかけて、少しずつ変わっていく。

これがヒミツ！

①地球のじくが動く

地球は、自分でこまのように回転しています。これを「自転」といい、自転のじくを「地じく」といいます。この地じくは、円をえがくように回転しています。

地球はたおれる直前のこまのような動きをするんだよ

約１万2000年後の北極星（こと座のベガ）

現在の北極星（こぐま座）

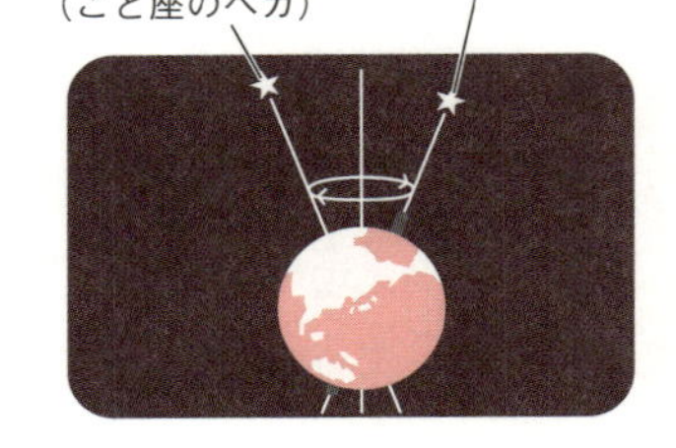

②いまの北極星はこぐま座のアルファ星

地じくをのばした先にある星を「北極星」といいます。北極星は、地じくの先にあるため、ほかの星とことなり、１年中動きません。

③将来はこと座のベガが北極星になる

ところが、北極星は時間とともに移り変わっていきます。いまから5000年前、北極星はりゅう座にあるツバンという星でした。そして、約１万2000年後にはこと座のベガが北極星になることがわかっています。

2月25日

ヨハネス・ケプラー

どんな人？

惑星の動きに関する重大な発見をしたよ。

惑星が公転をするときの法則を見つけたんだって

こんなスゴイ人！

①近代天文学のパイオニア

ケプラーはドイツで生まれ神学を学び、天文学の道へ進みました。惑星の動きに関する「ケプラーの法則」を考えました。ケプラーの法則は近代天文学の基礎となりました。

ケプラーは月の世界に旅行をする小説も書いているんだって

②地動説をおし進めた大発見

ケプラーの法則によって惑星は太陽のまわりを「だ円形」の軌道でまわることがわかりました。また、惑星は太陽に近づくと速く、遠くになるとゆっくり動くことにも気づきました。

③ケプラー式望遠鏡をつくった

ケプラーは望遠鏡の性能向上にも力を発揮し、光の屈折やレンズの原理について研究し改良の仕方を考案しました。凸レンズを二枚使って、倍率を上げても視野を広いまま観測できるケプラー式望遠鏡の原理を提案しました。

2月26日

地球と惑星

惑星と惑星が近づくのはどんなとき？

❶惑星に隕石がぶつかったとき。
❷惑星の動きが速いとき。
❸惑星がほかの惑星に追いついたとき。

惑星の見え方は毎日変化しているのじゃ

➡ こたえ ３ 惑星がほかの惑星に追いついたとき。

これがヒミツ！

2020年の土星と木星の接近は400年ぶりに重なるくらいに近づいたのじゃ

①それぞれちがう動き方をする

惑星は太陽のまわりを公転（→ P.91）していますが、それぞれ1周するときにかかる時間と速さがちがいます。このためおたがいに惑星の位置関係が変わるため、近づいたり離れたりします。

②惑星がたがいに近づくとき

地球と火星の接近では、地球は約365日、火星が約687日かけて太陽のまわりをまわるため、約2年に1度地球が火星に追いつくことになり、地球から火星のようすをはっきりと観察できるようになります。このときを最接近とよびます。

③「最接近」の仕方のちがい

惑星の通り道（軌道）は円ではないため、同じ惑星が近づくときでも場合によって、少し寄るときと、とても接近するときがあります。惑星がとても近づくときは「大接近」とよばれます。

2月27日

太陽の表面の温度はどれくらい？

ギモンをカイケツ！

約6000℃もあるんだよ。

太陽の熱が地球をあたためているのよ

これがヒミツ！

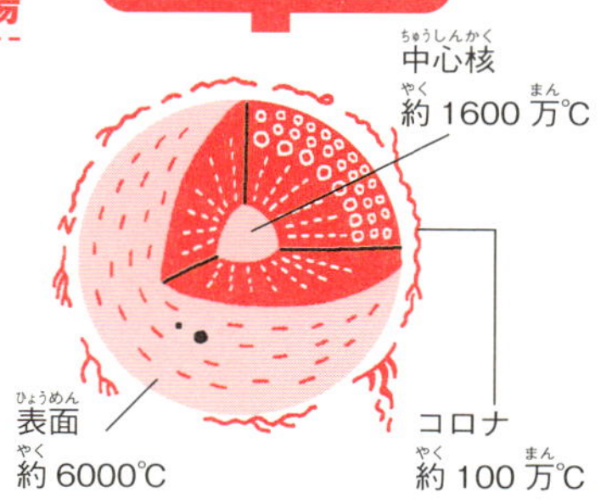

①核融合で多くの熱と光を出している太陽

太陽では、水素というものがヘリウムというものに変わる「水素の核融合」という変化が起こっています。そして、この水素の核融合で、とてもたくさんの熱と光を出しています。

②中心部は約1600万℃

太陽の中心部は、太陽そのものの重さによって、地球の地面の2400億倍もの「圧力」（ものをおす力）がかかっていて、温度も約1600万℃と、とても高くなっています。

③表面の温度は約6000℃

太陽の表面は、中心部よりもはるかに低い温度ですが、それでも約6000℃あります。いっぽう、表面から2000kmの高さで太陽を取りまいているガスの層は、100万℃以上もあります。この部分を「コロナ」といいます。

2月28日

なぜ星は時間がたつと、別のところに動いているの？

クイズ

星も太陽や月と同じように
動いているのさ

1. 星がまわっているから。
2. 地球がまわっているから。
3. 人が動くから。

こたえ 2 地球がまわっているから。

これがヒミツ！

①地球は1日に1回転する

地球は1日に1回、西から東にまわっています。これを地球の「自転」（→ P.91）といいます。地球の自転にあわせて、星は東から西に、北の空の星は反時計まわりに動いて見えます。

②星の動き方

地球は約24時間かけて1回転(360度)するので、星は1時間に15度ずつ動きます。明るくなった昼の間も、星は動きつづけています。

おとなでも子どもでも、腕をいっぱいにのばしたときのにぎりこぶし1個分が、角度の約10度になるよ

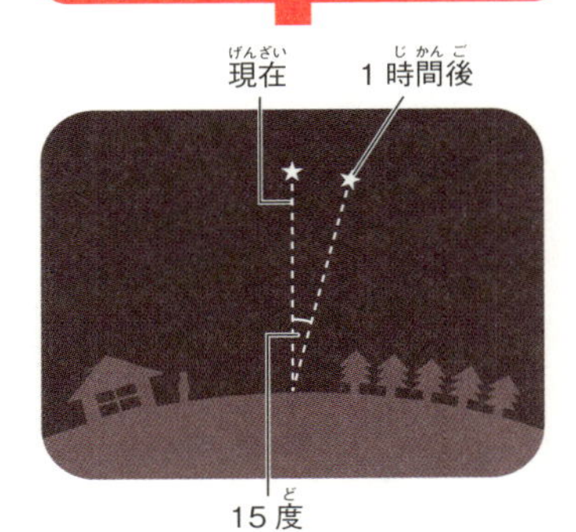

③季節によって見える星がちがう

それでは、いつも夜空には同じ星ばかり見えているのでしょうか。地球は1日に1回自転をしながら、1年に1回太陽のまわりを「公転」（→ P.91）しています。地球の位置が変わるので、季節によって見える星も変わります（→ P.66）。

3月（がつ）

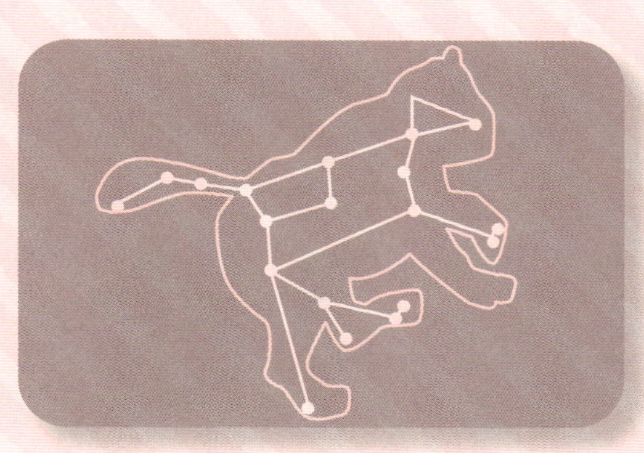

3月1日（ついたち）

宇宙に初めて行った生きものはなに？

ギモンをカイケツ！

ハエが打ち上げられたのが最初だよ。

たくさんの生きもののおかげで宇宙に行くことができたのですよ

これがヒミツ！

イヌが初めて宇宙船で地球のまわりをまわったのです

①人間よりも先に宇宙に行った

1947年にアメリカは、ロケットに乗せたハエを打ち上げました。これは、人間が宇宙に行くより前のことです。宇宙に行ったあとに、生きものにどんな影響があるかを調べようとしたのです。

②ハエは元気だった

上空約100kmまで上がったあとに、カプセルに入ったハエはパラシュートを使って地球にもどり、回収されました。宇宙に行ってもハエに変化は見られませんでした。

③たくさんの動物が挑戦した

ハエのあとに、イヌやネコ、サル、カエルなど、さまざまな生きものが宇宙に向かいました。そして、多くの実験のあと、1961年にガガーリン（→ P.304）によって、人間が初めて宇宙に行くことができたのです。

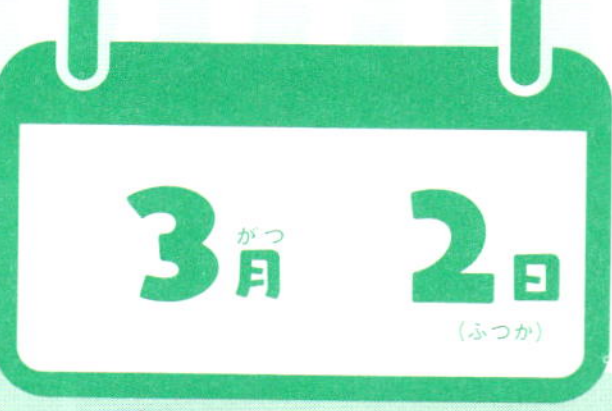

国際宇宙ステーションには人がどれくらいいるの？

クイズ

① 最大3人
② 最大7人
③ 最大10人

→ こたえ ② 最大7人

乗組員には、アメリカまたはロシアの宇宙飛行士が必ずいるんだよ

これがヒミツ！

国際宇宙ステーションの中に、同時に日本人が2人滞在したことがあるんだよ

①かつては2人または3人だった

国際宇宙ステーション（ISS）では2000年から3人の乗組員が滞在しはじめました。その後、2003年に人を運ぶスペースシャトルが事故を起こしたときには、一時的に2人になりました。

② 2009年には6人がくらせるように

その後、組み立てがさらに進んで国際宇宙ステーション自体が大きくなったことから、2009年には6人がくらすことができるようになりました。現在は、乗組員の人数は最大7人となっています。

③チームとして活動する乗組員たち

同時に国際宇宙ステーションで長くくらす乗組員は、それぞれ役割分担をするチームのような関係になっていて、まとめて「第〇次長期滞在クルー」とよばれています。

3月 3日

北斗七星の斗ってなんのこと？

3月

クイズ

① ひしゃく
② コップ
③ じょうろ

北斗七星は日本では、昔は「七剣星」ともよばれていたんだぞ

こたえ ① ひしゃく

これがヒミツ！

①北の空にうかぶ北斗七星

北の空、北極星からちょっとはなれた場所に、ひしゃくのような形をした7個の星の集まりがあります。これが「北斗七星」です。

②ますやひしゃくを表す斗

「斗」とは、米や酒などを入れるますや、水などをすくう、ひしゃくを意味する言葉です。つまり、北斗七星とは「北の空にあるひしゃくのような形をした7個の星」という意味です。英語では、「ビッグディッパー（大きなひしゃく）」といいます。

北斗七星は、6個の2等星と1個の3等星を結んでできているよ

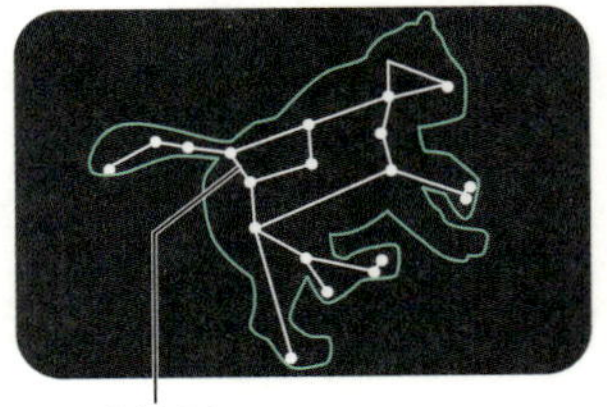

③北斗七星はおおぐま座の一部

北斗七星は、北の空を代表する星の集まりのひとつで、おおぐま座の一部になっています。

ヨハネス・ヘベリウス

どんな人？

自宅に天文台を建てて、正確な星表や月の地図をつくったよ。

ヘベリウスの考えた星座は、現在でも使われているんだって

こんなスゴイ人！

自宅にせっかくつくった天文台が火事になって、多くの観測装置やデータをうしなってしまったんだって

①自宅に天文台を建てて観測

ヘベリウスは現在のポーランドで生まれ、法律を学んだのちに天文学の道へ進みました。自宅に天文台を設置し、正確な星表や著作を残しています。

②月面を望遠鏡で観測して月面図を作成

自宅の望遠鏡を使って月を観測することで、とても正確な月面地図をつくりました。月のクレーターや山脈が初めてくわしく書きこまれたもので、その名前のつけ方や地形の分類は、のちに月面の地形に名前をつけるときのお手本になりました。

③当時観測した7つの星座が現在も残る

ヘベリウスの死後に出版された星座絵入りの星図のうち、7個（こぎつね座、こじし座、たて座、とかげ座、やまねこ座、ろくぶんぎ座、りょうけん座）が現在も88星座のなかに採用されています。

3月 5日（いつか）

3月

なぜ地球は、昔は星といわなかったの？

ギモンをカイケツ！

昔の人は、星は夜空の小さな光る点と考えていたからだよ。

これがヒミツ！

地球は「水の惑星」や「太陽系第三惑星」ともいわれることがあるのじゃ

①わたしたちの住む星

太陽系の地球以外の惑星の名前は「星」がつきます。なぜ地球は「地の球」なのでしょうか。じつは、世界のいろいろな国で、地球を表す言葉は「地面」を表す意味でも使われています。また、天体のなかでただ1つ、わたしたちがいるところだからとも考えられます。

②月や太陽も「星」といわない

太陽や月などといった天体も、「星」がついていません。古くから知られており生活と関わりの深いもので、地球から大きく見えます。昔の人にとって「星」とは夜空に見える小さな光る点のことだったのです。

③「地球」という言葉

そもそも地球という言葉は、長い日本の歴史のなかでも、けっして古くからある言葉ではなく、中国から伝わってきた言葉です。中国語でも、「地球」という言葉を使っています。

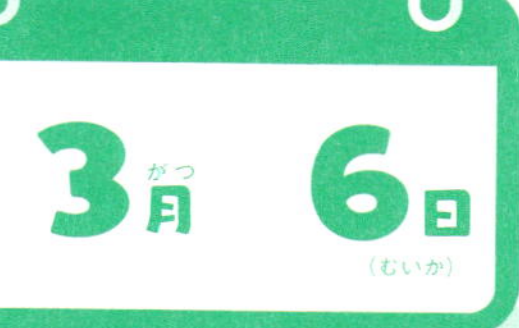

「日の出」はいつのことをいうの？

クイズ

❶太陽の一番下があらわれたとき。
❷太陽が半分まで出たとき。
❸太陽の上のはしがあらわれたとき。

日の出の前の空は、もう明るくなっているのよ

➡ こたえ ❸ 太陽の上のはしがあらわれたとき。

①太陽が出る日の出、太陽がしずむ日の入り

朝に太陽が出るときを「日の出」、夕方に太陽がしずむときを「日の入り」といいます。では、太陽がどのくらい出たときが日の出で、どのくらいかくれたときが日の入りなのでしょうか。

東京より沖縄のほうが、日の出も日の入りも30分くらいおそいのよ

②日の出と日の入りは太陽の上のはしで決まる

太陽の中心が地上に出たときが日の出、太陽の中心がかくれたときが日の入りとなると思うかもしれません。しかし、じつは太陽の上のはしがあらわれたときが日の出、太陽の上のはしが完全にかくれたときが日の入りになるのです。

③盆地でも地面が平らだと考えて計算する

山に囲まれた盆地などでは、実際に太陽があらわれる時刻はおそく、太陽が見えなくなる時刻は早くなります。そのような場合は、山がなく地面が平らだと考えて、日の出と日の入りの時刻を計算します。

恒星がまたたくのはなぜ？

ギモンをカイケツ！

地球の大気に、こいところとうすいところがあるからなんだ。

恒星の光り方は関係ないのさ

これがヒミツ！

①地球の大気が原因

地球の空気の層を「大気」といいます。恒星の光は大気を通るときにぶつかって向きを変えます。それがまたたきを生むのです。大気のない宇宙では、すべての恒星の光はまたたかずに点になってくっきりと見えます。

②惑星の光はまたたかない

金星や火星といった惑星の光はまたたいて見えません。光って見えるところの面積が大きいと、たくさんの光が地球にとどくため、またたきは目立たなくなるのです。

③星の精密な観測ができない

じつは、天文学者にとっては恒星のまたたきはこまりものです。恒星の位置や明るさが変化して見えるため、正確な観測ができなくなってしまうのです。

正確な観測をするために、望遠鏡は標高の高いところにつくられることが多いのさ

3月 8日（ようか）

日本でたくさんロケットを打ち上げている島はどこ？

打ち上げを見に行く人もたくさんいますよ

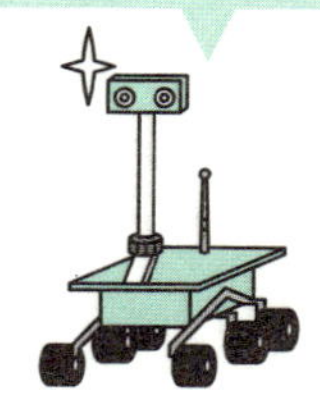

ギモンをカイケツ！

鹿児島県にある種子島というところだよ。

これがヒミツ！

ロケットエンジンの試験も、この宇宙センターでおこなわれるよ

種子島発射基地

©JAXA

①海のきれいな発射基地

種子島にある種子島宇宙センターは、1968年からたくさんのロケットを打ち上げています。海岸に面したところにつくられています。ロケットの組み立て、点検、整備、打ち上げなどをおこなっています。

②打ち上げるところは３か所ある

種子島宇宙センターは、大型ロケット発射場、中型ロケット発射場、小型ロケット発射場と３つの打ち上げるところがあります。いまは大型ロケット発射場のみが使われています。

③島から打ち上げが見える

種子島宇宙センターのロケットの打ち上げは、公園などからながめることができます。打ち上げる日は、発射するところから3kmより内側には立ち入りができなくなるため、近くの公園などから発射の瞬間を見守ります。

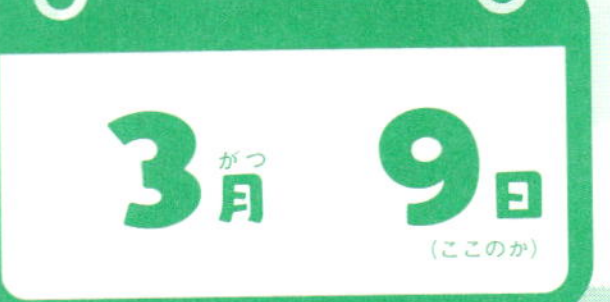

3月

国際宇宙ステーションに参加している国の数は？

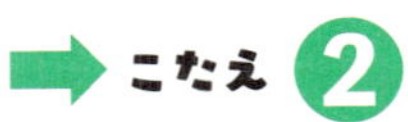

クイズ

①10か国
②15か国
③20か国

ヨーロッパの国ぐにがたくさん参加しているんだよ

こたえ ② 15か国

これがヒミツ！

① 1998年に参加国が決定

国際宇宙ステーション（ISS）は、1998年に結ばれた国際宇宙ステーション協定によって、参加国が正式に決定しました。

②日本やアメリカなど15か国が参加

その参加国は、日本とアメリカ、カナダ、ロシア、そして欧州宇宙機関（ESA）に加盟しているヨーロッパ各国（ベルギー、デンマーク、フランス、ドイツ、イタリア、オランダ、ノルウェー、スペイン、スウェーデン、スイス、イギリス）でした。また、これとは別に、ブラジルがアメリカと独自の協定を結んで参加しています。

③ 2028年ごろにはロシアがはなれる予定

ただし、ロシアは国際宇宙ステーションの施設が古くなってきたこともあり、独自のステーションを打ち上げ、2028年ごろには国際宇宙ステーションの活動からはなれることを決めています。

3月10日（とおか）

星の観察にあると便利な道具はどんなもの？

ギモンをカイケツ！

まずは双眼鏡がおすすめだよ。

外で観察するときには、必ずおとなといっしょに出かけるんだぞ

これがヒミツ！

①星を見るときに使う道具

夜空でかがやいている天体には、さまざまな明るさがあります。これらの天体をよりくわしく観察するには、双眼鏡や天体望遠鏡があると便利です。

双眼鏡の倍率は6倍から10倍がちょうどよいといわれているんだぞ

②双眼鏡と望遠鏡のちがい

双眼鏡と天体望遠鏡は空の見え方がちがいます。双眼鏡はたくさんの星を観察するときに、天体望遠鏡は星の細かいところまで観測をするときにむいています。また、星座は肉眼でさがします。

③星や星座を表示するアプリもある

ほかにも、時刻と方角から空に出ている星座がわかる「星座早見」（→ P.228）があります。最近は、空に向けると、その方向にある星や星座を表示してくれるスマートフォンのアプリなどもあります。

3月 11日

クリスティアーン・ホイヘンス

どんな人？

望遠鏡を改良し、土星のまわりにリング（環）があることを発見したよ。

光の性質についての研究も
おこなったんだって

こんなスゴイ人！

①土星の環と衛星を発見

ホイヘンスは17世紀のオランダの科学者です。土星のまわりのリングと、土星の衛星「タイタン」を発見しました。

ホイヘンスは本のなかで宇宙人
についてふれているよ

②望遠鏡を改良してよく見えるようにした

望遠鏡のレンズを改良することで、星ぼしをより鮮明に見ることができるようになりました。これにより、それまではっきりとは見えず、構造もわからなかった土星のリングや衛星の観測も可能になりました。

③振り子時計を発明した

また、ホイヘンスは、振り子時計を発明しました。この振り子時計は、それまでよりとても正確に時間をはかることができたので、星の観察をもっと正確におこなうことができるようになりました。

3月 12日

地球はどのように動いているの？

ギモンをカイケツ！

1日で1回自転しながら、太陽のまわりを1年に1回公転しているよ。

地球の気候にも、大きく影響しているのじゃ

これがヒミツ！

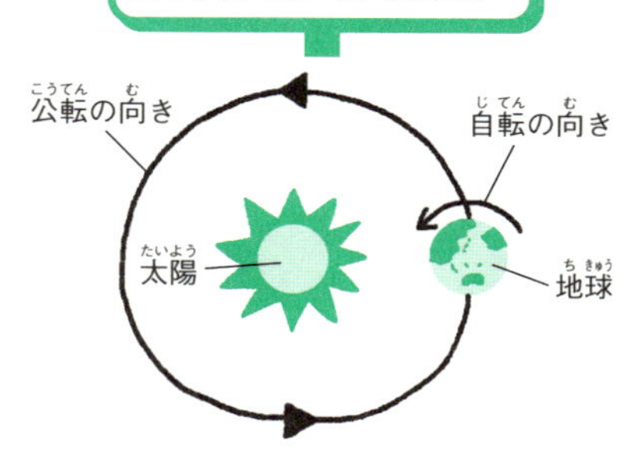

①地球の動き

地球は太陽のまわりをまわっており、この動きは「公転」とよばれます。また、地球は自分自身がくるくると回転をしており、これを「自転」といいます。ななめにかたむいた状態で公転しています。

②地球のまわる向き

地球は公転と自転のどちらとも、北極星の方向から見ると、反時計まわりに回転しています。

③地球の環境にも影響する

地球では自転の影響で、上空にはいつも「偏西風」や「貿易風」といった風がふいています。また、日本などの北半球で台風のうずが反時計まわりにまわるのも自転で風が曲がるためです。

3月13日

太陽の光をあびるとできる栄養素はなに？

クイズ

①ビタミンA
②ビタミンC
③ビタミンD

どれもからだに必要な栄養素なのよ

こたえ ③ ビタミンD

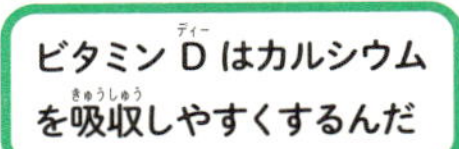

これがヒミツ！

①紫外線がビタミンDをつくる

太陽の光には、目に見えない光である紫外線がふくまれています。わたしたちがこの紫外線をあびると、ビタミンDという栄養素がつくられます。ビタミンDは、骨の材料になるカルシウムなどをたくわえるはたらきを助けます。

ビタミンDはカルシウムを吸収しやすくするんだ
ビタミンD

②食事だけでビタミンDをとることはむずかしい

ビタミンDを多くふくむ食品はあまりないため、ビタミンDがたりなくなることをふせぐためには、太陽の光をあびることが大切です。

③太陽の光を1日に20～30分あびる

じゅうぶんな量のビタミンDをつくるためには、太陽の光を1日に20分から30分ほどあびるとよいといわれています。

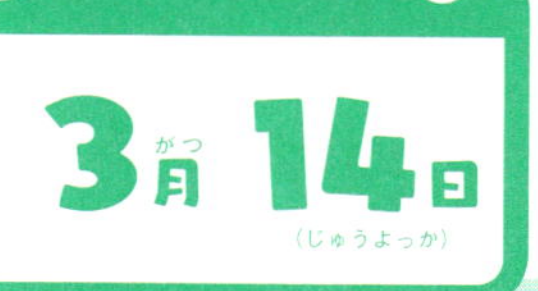

流れ星はなにでできているの？

クイズ

①太陽系にあるチリ
②太陽系にある星
③町の明かり

➡ こたえ 1 太陽系にあるチリ

流れ星は地球の上層の
大気で光っているのさ

これがヒミツ！

①流れ星は太陽系のチリ

流れ星は、太陽系にうかぶチリが地球に落ちてきたときに起こるものです。流れ星になるチリは、彗星のチリや小惑星のかけらだと考えられています。

②流れ星が光る仕組み

太陽系のチリが地球にくると、時速約３万 km ものスピードで大気にぶつかります。このスピードが地球の上層の大気の状態を変化させ、空がかがやいて見えます。ほとんどのチリは、地球にとどく前にもえつきてなくなってしまいます。

隕石の多くは小惑星のかけらが
落ちてきたものなのさ

③地球にとどくと隕石になる

しかし、大きなチリや石ころは、もえつきずに地球に落ちてくることがあります。地球に落ちたものは、「隕石」とよばれます。

3月15日

ロケットの中にはなにが入っているの？

ギモンをカイケツ！

燃料と燃料をもやすための酸素が入っているんだよ

燃料のちがいでロケットは2種類に分けられますよ

これがヒミツ！

日本のロケットは「固体ロケット」から始まったのです

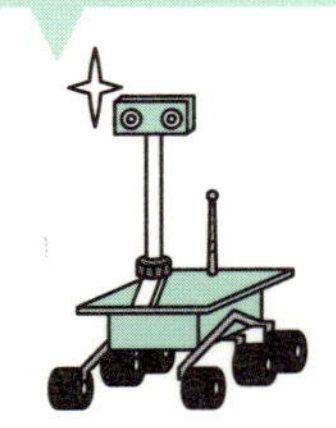

①ロケットの種類

ロケットの多くの部分は、飛ぶための燃料と、燃料をもやすための「酸化剤」でできています。ロケットは大きく仕組みのちがいから、「固体ロケット」と「液体ロケット」に分けられます。

②固体ロケットの特徴

固体ロケットは合成ゴムなどの固体の燃料を使います。酸素を混ぜた燃料に火をつけて宇宙に向かいます。小さいものをつくりやすいという特徴があります。しかし、固体ロケットは一度火をつけると、飛ぶ力を調整できない欠点があります。

③液体ロケットの特徴

いっぽう液体ロケットは、液体の燃料と液体の酸素を合わせてもやすことで飛ぶロケットです。燃料と酸素を最初から混ぜていないため、飛んでいる間もスピードの調整ができます。しかし、構造上、小さくつくることができません。

3月16日

国際宇宙ステーションでは何語で話しているの？

ギモンをカイケツ！

基本的には、英語が使われているんだ。

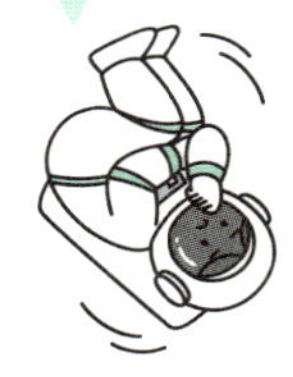

宇宙飛行士になるための試験でも
英語の力は試されるんだよ

これがヒミツ！

①船内では英語が使われる

国際宇宙ステーション（ISS）内の会話は、すべて英語でおこなわれています。さまざまな装置に書かれている言葉も、すべて英語です。日本人宇宙飛行士であっても、船内で日本語を使うことはありません。

②一部ではロシア語も使われる

ただし、ロシアが開発を担当した区画では、英語といっしょにロシア語が書かれている場合もあります。また、地上にあるロシアの打ち上げ施設などとの通信では、ロシア語が使われます。

③ソユーズの中でもロシア語が使われる

さらに、地上と国際宇宙ステーションの間で人を運ぶソユーズ宇宙船はロシア製なので、その船内ではロシア語が使われます。

ロシア語も話せるといいんだよ

3月17日

春の大曲線ってなに？

ギモンをカイケツ！

北斗七星、うしかい座のアルクトゥルス、おとめ座のスピカを結んだ曲線だよ。

うしかい座のアルクトゥルスは「クマの番人」という意味なんだぞ

これがヒミツ！

①明るい星を結んでできる春の大曲線

春のま夜中、北の空からま上を通り南まで、明るい星を結んでできる曲線を「春の大曲線」といいます。春の大曲線をつくる星は、北斗七星、うしかい座のアルクトゥルス、おとめ座のスピカです。

春の大三角と春の大曲線の星は重なっているよ

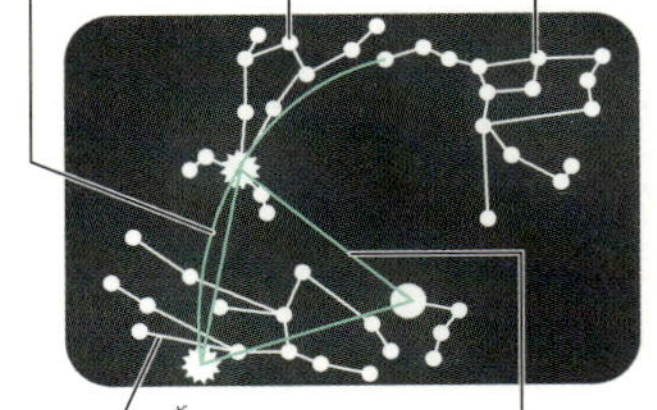

②北斗七星から見つける

ま上よりも少し北に下がった場所に、ひしゃくの形をした北斗七星が見えます。そして、ひしゃくのえの先にあるオレンジ色の星が、アルクトゥルスです。さらに、曲線をのばしていくと、南の空に白っぽい１等星のスピカがあります。

③曲線の中心にあるデネボラ

この大曲線を円の一部と考えると、この円の中心あたりには、しし座の２等星であるデネボラがあります。

3月18日

ジョバンニ・ドメニコ・カッシーニ

どんな人？

土星の4つの衛星と土星の環のすきまを発見したよ。

25歳の若さでボローニャ大学の天文学教授になっているんだって

こんなスゴイ人！

①惑星について数多くの研究をした

イタリアのジェノバ生まれのカッシーニは、フランスのパリ天文台の初代台長をつとめながら、火星や木星、土星など惑星の研究で成果をあげました。

1997年に土星の環を観測した探査機「カッシーニ」の名前は、彼の業績にちなんでつけられたんだって

②土星の環が二重であることを発見した

カッシーニは、土星のまわりの大きな環の中に「すきま」があるのを見つけ、環が2つに分かれていることを発見しました。このすきまは「カッシーニの間隙（空隙）」と名づけられています。

③土星の4つの衛星を発見した

高性能の望遠鏡を手に入れ、惑星の観測で名を上げたのち、パリ天文台の初代台長に就任します。そこで土星のまわりにある、4つの衛星（イアペトゥス、レア、ディオネ、テティス）を発見しました。

3月19日

地球の1日はなぜ24時間で1年は365日なの？

ギモンをカイケツ！

地球の自転と公転が関係しているよ。

これがヒミツ！

①地球の1日と1年

地球はくるくると回転する自転をしながら、太陽のまわりをまわる公転をしています。地球の自転は1周約23時間56分、公転は約365.2422日になっています。ここから1年と1日の長さが決まりました。

②まわり始めたきっかけ

地球は、46億年前に太陽系ができてからずっと、太陽のまわりを動きつづけています。そのため、いまはスピードが急に変化をすることはありません。

③月の力が自転の速さを決めた

地球は月の力も受けています。月の引っぱる力は地球の自転の速さをおそくしています。もし月がなかったら、地球の自転は8時間ほどになっていたのではないかと考えられています。

1日が8時間の地球では、
ものすごい風がふくといわれているのじゃ

3月20日（はつか）

太陽の表面の黒いところはどうなっているの？

？クイズ

❶まわりより温度が低い。
❷まわりより温度が高い。
❸温度は同じだが、光を出していない。

空の太陽を見上げても
見えないわよ

➡ こたえ ❶ まわりより温度が低い。

これがヒミツ！

とくしゅな望遠鏡でないと
見えないのよ

①太陽のはん点「黒点」

望遠鏡で工夫して太陽の表面を観察すると、白い太陽の表面のところどころに、黒いはん点のようなものが見えることがあります。これを「黒点」といいます。

②まわりより温度が低いので黒く見える

黒点が黒く見えるのは、まわりの部分（約6000℃）よりも温度が低いためです。黒点の温度は、約4500℃です。黒点がある部分には、「磁場」（磁石の力がはたらいている場所）があります。この強い磁場のために、その部分だけは太陽の光や熱がさまたげられることで、温度が低くなっているのです。

③増えたり減ったりする黒点

黒点は、新しく生まれたり、形が変わったり、消えたりします。太陽の活動が活発になるほど黒点が増えることがわかっています。そのため、黒点は太陽の活動の活発さに合わせて、およそ11年ごとに増えたり減ったりしています。

3月21日

星と宇宙空間

流星群ってなに？

クイズ

❶ 花火が起こす現象
❷ 彗星が残したチリが起こす現象
❸ 雷が起こす現象

流星群には毎年見ることができるものもあるのさ

➡ こたえ ② 彗星が残したチリが起こす現象

これがヒミツ！

「流星雨」になると、1時間に100個以上の流れ星が見られるのさ

①たくさん流れ星が見える

流星群を観察できる日は、夜になるとたくさんの流れ星が見られます。流星群が現れる時期は毎年決まっていて、何日かつづいて見えます。そのなかで一番多く現れる日は、流星群の「極大日」とよばれます。

②彗星のチリが光る

それではなぜ流星群は、決まった時期に現れるのでしょうか。流星群は、毎年地球がいくつかの彗星の通り道に入るときに起こります。それぞれの彗星は通り道にたくさんのチリを残しており、そのチリから流れ星は現れます。

③流れ星の数は年によってちがう

流星群は毎年見ることができますが、流れ星の数は年によってことなります。そのなかでも特にたくさん見られるときがあり、「流星雨」とよばれます。日本では2001年のしし座流星群のときに、観測されています。

3月22日

ロケットはどれくらいの速さで飛ぶの？

ギモンをカイケツ！

地球の重力をふり切るために、秒速約7.9km以上の速さで飛ぶよ。

ロケットはもっとも速い乗りものの1つですよ

これがヒミツ！

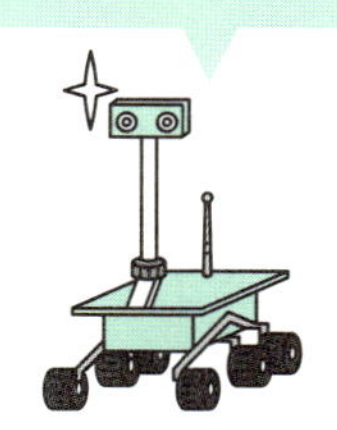

宇宙空間に出ると、衝撃は感じなくなりますよ

①重力から逃げる

ロケットは宇宙に行くために地球の重力に負けないような速さで飛びます。秒速約7.9km（1秒で約7.9km進む）速さが必要です。

②スピードが上がるときに宇宙飛行士が受ける衝撃

ロケットに乗った宇宙飛行士は、スピードによってからだに衝撃を受けます。さらに、ロケットは打ち上げられたあと次第に速度が増すため、どんどん衝撃が大きくなります。

③衝撃にたえるためには訓練が必要

強い衝撃にたえられないと気をうしなってしまうことがあります。そのため、宇宙飛行士はスピードからくる衝撃にたえるための訓練をおこなっています。

3月23日

国際宇宙ステーションはいつからつくりはじめたの？

ギモンをカイケツ！

1998年に、アメリカとロシアが協力してはじめたんだよ。

最初に、ロシアがつくったところから打ち上げられたんだよ

これがヒミツ！

①計画は1980年代にはじまった

国際宇宙ステーション（ISS）の計画が初めて考えられたのは、いまから40年くらい前にあたる1980年代前半のアメリカでした。当時の計画は、アメリカが中心となって、ソ連（いまのロシア）の宇宙開発に対抗するための宇宙ステーションをつくるという内容でした。

②アメリカとロシアが協力することに

その後、アメリカのスペースシャトルが事故を起こしたことや、ソ連がロシアになったことなどから、両国が協力して国際宇宙ステーションをつくることになりました。

③ 1998年に建設がはじまった

そして1998年、ロシアのモジュール（国際宇宙ステーションの一部）が打ち上げられたことで、建設がはじまりました。その後、各国が開発したさまざまなモジュールが追加され、現在の形になっています。

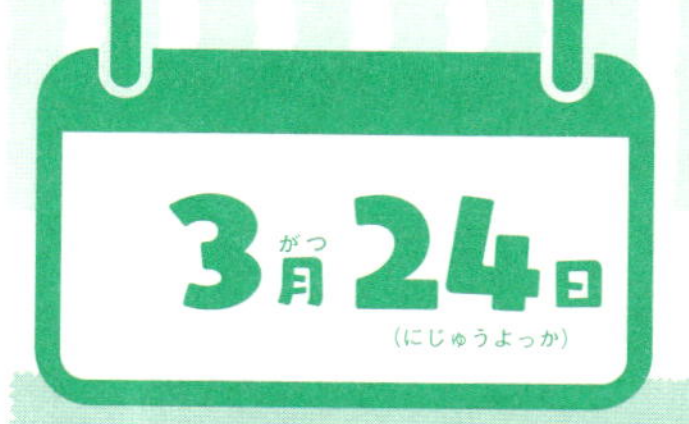

春の大三角ってなに？

ギモンをカイケツ！

春によく見える明るい3つの星をつないでできる三角形だよ。

「春の大曲線」から探すと見つけやすいぞ

これがヒミツ！

スピカは白色、アルクトゥルスはオレンジ色、デネボラは黄色っぽく見えるよ

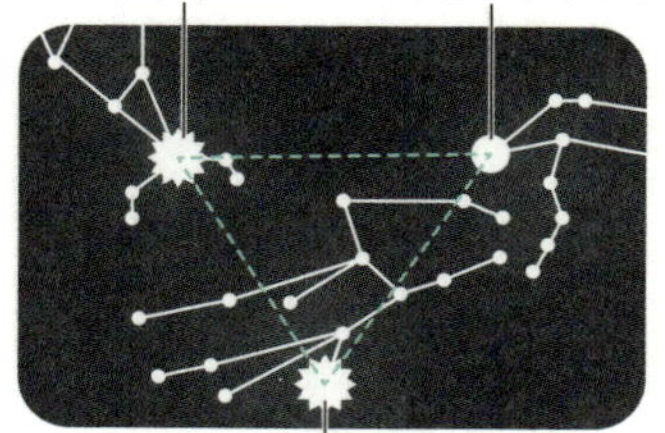

①明るい3つの星を結んでできる春の大三角

春の夜、南の空を見上げると、明るい3つの星が見えます。この3つの星は、おとめ座のスピカ、うしかい座のアルクトゥルス、しし座のデネボラです。この3つの星を結んでできる三角形を「春の大三角」といいます。

②3つの星の色

「春の大三角」のうち、スピカは白っぽく、アルクトゥルスはオレンジ色、デネボラは黄色っぽくかがやきます。

③明るさのちがう星

「春の大三角」の星は3つの星の明るさがことなります。一番明るい星はアルクトゥルス、2番目はスピカ、3番目はデネボラとなっています。

3月25日

渋川春海

どんな人？

日本で初めての天文方という役について、暦の研究をしたよ。

正確な暦は、幕府にとって農作物の管理のためにも必要とされていたんだって

こんなスゴイ人！

①日本初の初代天文方についた

渋川は江戸時代に初めてできた天文学の専門の役職についた天文学者です。天文方は幕府の正式な天文学職で、暦の作成や天体観測を担当しました。

②日本独自の暦法をつくった

渋川は、日本で800年以上使われていた古い暦が不正確だったため、研究を重ねて日本に合った新しい暦をつくりました。「貞享暦」として、1684年から使われました。

渋川は『天文瓊統』という本で星座についてまとめているんだって

③61星図を作成した

渋川は、それまでの中国の星座に加えた61個の日本独自の星座を新たにつくりました。また、観測にもとづいた星図をつくり、日本の天文学を発展させました。

3月26日

なぜ地球がまわっていることを感じとれないの？

ギモンをカイケツ！

地球も自分も同じ速さで動いているからだよ。

これがヒミツ！

①高速で動く地球

地球は、約23時間56分かけて自転をしています。自転の速さは赤道付近がもっとも速くなります。その速さは時速約1700kmというスピードになります。新幹線のおよそ6倍もの速さです。

地球は、止めようとする力がなければ、動きつづけるのじゃ

②地球の速さは感じとれない

自転は時速1700kmもの速度ですが、わたしたちはふき飛ばされることはありません。地球とわたしたちはみんな同じ速さでまわりつづけているため、地球にいるものや人などは、それを感じとることがないのです。

③自転が止まると

もし急に地球の自転が止まってしまうと、地球の上にあるものが同じ速さで動きつづけようとするため、建物や人はふき飛ばされてしまいます。

3月27日

太陽は動かないの？

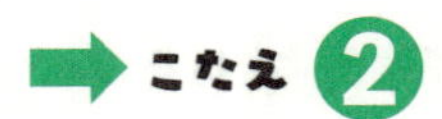

①地球のまわりを動いている。
②天の川銀河の中で動いている。
③動かない。

太陽は天の川銀河の中にある
恒星（→ P.20）のひとつよ

➡ こたえ ② 天の川銀河の中で動いている。

これがヒミツ！

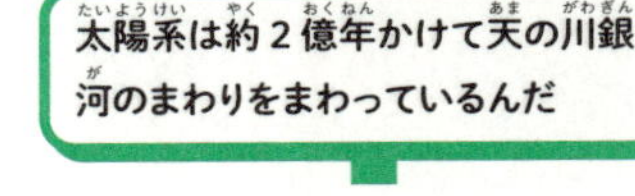

太陽系は約２億年かけて天の川銀
河のまわりをまわっているんだ

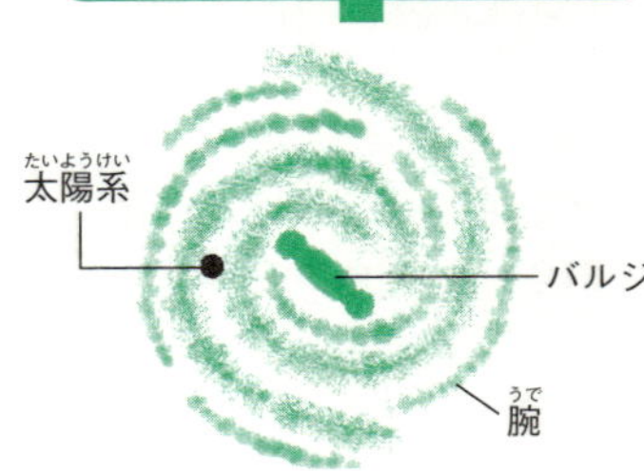

①太陽は天の川銀河の中でまわっている

地球は太陽のまわりをまわっています。さらに、太陽を中心とする太陽系（太陽とそのまわりをまわる惑星）は、「天の川銀河」（太陽がふくまれる銀河）をまわっています。

②天の川銀河の腕の中にある太陽系

天の川銀河は、中心に多くの星が集まってレンズのような形になった「バルジ」があり、そのまわりにうずまきのような形をした腕がのびています。太陽系は、この腕の中にあります。

③太陽系がまわる速さは１秒間に約 230km

天の川銀河の中心と太陽系は、約２万 6000 光年（光の速さで２万 6000 年かかるきょり）はなれています。太陽系はこの場所で、１秒間に約 230km の速さで、バルジのまわりをまわっています。

3月28日

宇宙で風船をふくらませるとどうなるの？

クイズ

❶割れる。

❷かたくなる。

❸溶ける。

宇宙に近づくと空気がほとんどなくなるのさ

こたえ 1 割れる。

これがヒミツ！

風船が上にいくほど、外の空気の力が弱くなり、中の空気が広がろうとするんだよ

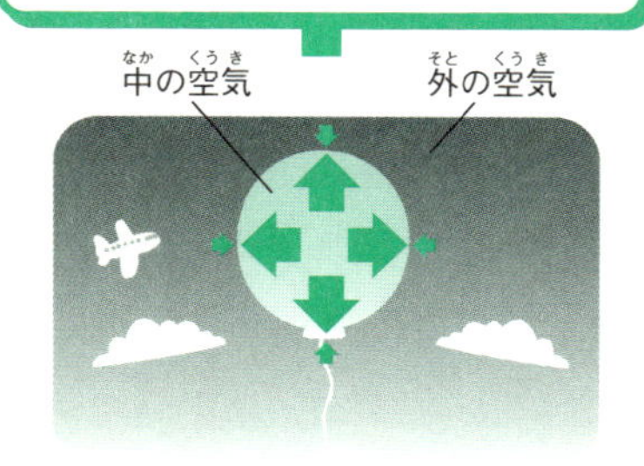

①宇宙に行くと空気がない

地球では、風船はふくらませると、まわりの空気におさえられています。しかし、宇宙ではまわりに空気がないため、中に入れた空気が外に広がりつづけて、風船は割れてしまいます。

②どんなガスを入れても割れてしまう

風船はガスを入れてふくらませます。地球では、「ヘリウムガス」を入れた風船は、まわりの空気より軽くなるためうき上がります。人の息でふくらませたときは、「二酸化炭素」が多く入り、空気より重くなるためうき上がりません。しかし、宇宙空間ではどんなガスを入れても、同じようにはじけてしまいます。

③地球から風船を上げると

地球から風船を上に飛ばすと、上にいくほど空気がうすくなるため、宇宙に行く前に割れてしまいます。ふつうの風船は、上空約8kmまで上がります。

3月29日

3月

飛行機は宇宙に行けるの？

クイズ

❶少しの間だけ行ける。
❷行くことができない。
❸行くことができる。

こたえ ❷ 行くことができない。

これがヒミツ！

①ロケットの中にあるもの

ロケットは宇宙に行くことができます。なぜなら、燃料と燃料をもやすための酸素を積んでいるからです。

②飛行機の燃料

飛行機はロケットとちがって、まわりから空気を取りこんで燃料をもやします。そのため、機体に酸素は積んでいません。

③宇宙は真空状態

地球からはなれて宇宙空間に近づくにつれて、空気は少なくなっていきます。そのため、酸素を積んでいない飛行機は、燃料をもやすことができず飛べなくなってしまうのです。

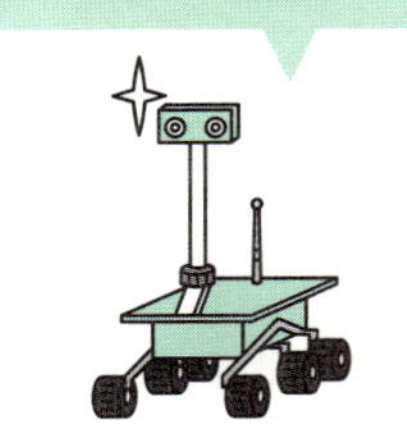

空を飛ぶためには、
燃料と酸素が必要なのです

3月30日

国際宇宙ステーションはどうやって組み立てたの？

ギモンをカイケツ！

**部品を少しずつ
打ち上げて、
宇宙で組み立てたんだ。**

プラモデルみたいにつくったんだよ

これがヒミツ！

①打ち上げた部品を宇宙で組み立てる

国際宇宙ステーション（ISS）は、本体を完成した状態でそのまま打ち上げるのではなく、小さな部品を何回にも分けて打ち上げ、宇宙で組み立てることでつくられてきました。

組み立ては、年に数回のペースでおこなわれたんだよ

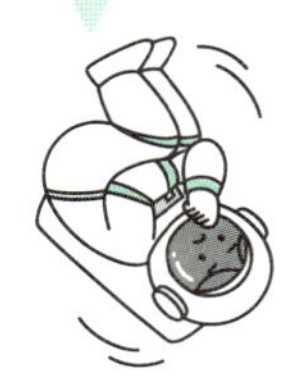

② 40 以上の部品が組み立てられた

最初の部品であるロシアのザーリャという実験棟（実験をおこなう設備（→ P.118））が打ち上げられたのは、1998年のことです。その後、さまざまな実験棟や乗組員が住む居住棟など、40 以上の部品が宇宙で組み立てられました。

③ 2011 年に完成した

組み立ては、途中で部品をふやしたり、組みかえたりしながら進められ、組み立て開始から 13 年がたった 2011 年に完成しました。

3月31日

おおぐま座とこぐま座は関係があるの？

星座には、ギリシャ神話がもとになっているものがたくさんあるんだぞ

ギモンをカイケツ！

ギリシャ神話では親子とされているんだ。

これがヒミツ！

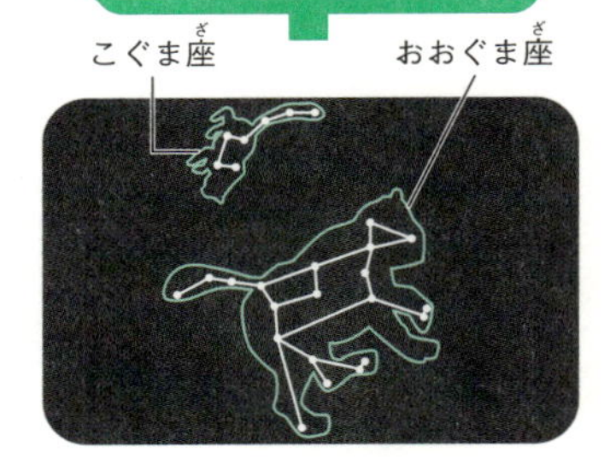

おおぐま座とこぐま座は近いところに見えるんだよ
こぐま座
おおぐま座

① 親子の星座

こぐま座は、北の空で動かない星である北極星をふくむ星座です。いっぽう、おおぐま座は北の空にうかぶ、北斗七星をふくむ星座です。このふたつの星座は、ギリシャ神話の親子の話から生まれました。

②クマに変えられたカリスト

女神アルテミスに仕えるよう精のカリストは、大神ゼウスの子であるアルカスを生みますが、これを知ったアルテミスは怒り、カリストをクマに変えてしまいました。

③天に上げられたカリストとアルカス

その十数年後、りっぱな狩人になったアルカスは、森で見つけたクマをしとめようとします。しかし、そのクマは母親のカリストでした。この場面を見ていたゼウスは２人をかわいそうに思い、天に上げて星座にしたそうです。

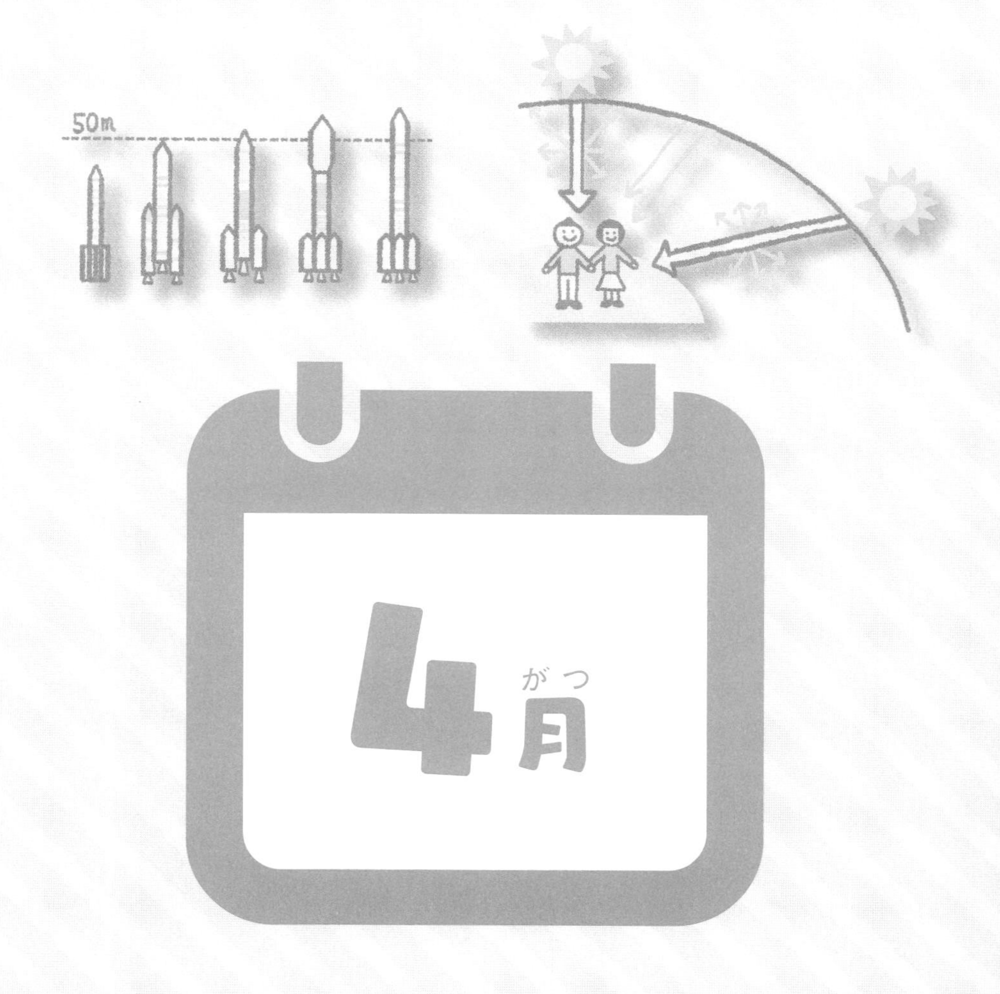
50m
4月
がつ

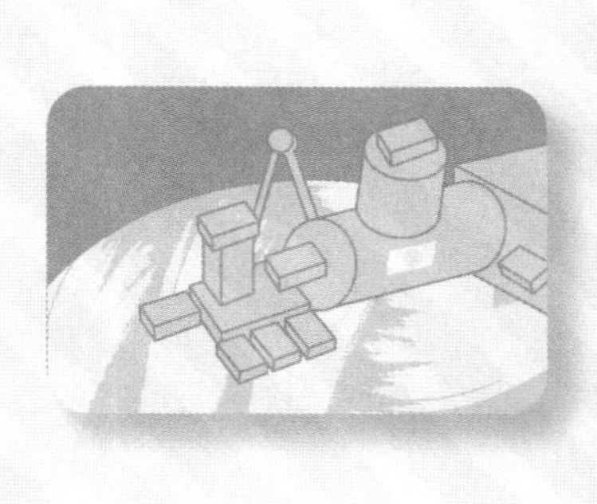

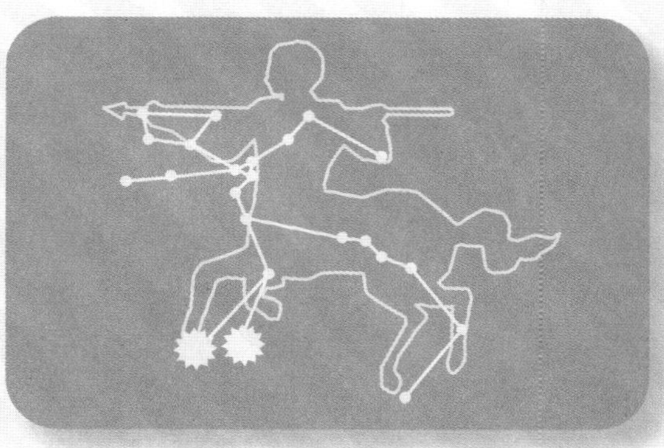

アイザック・ニュートン

4月

どんな人?

万有引力の法則と運動の三法則をとなえ、反射望遠鏡をつくったよ。

ニュートンはリンゴが木から落ちるのを見て、なぜ月は落ちてこないのか考えたんだって

こんなスゴイ人!

①科学上重要な法則を見つけた

ニュートンはイギリスの物理学者、数学者、天文学者です。物理学における重要な法則「万有引力の法則」と「運動の三法則」を提唱しました。

月が地球のまわりをまわるのは、月と地球の両方に万有引力がはたらくからだよ

②万有引力の法則で天体力学の基礎をつくった

ニュートンは、ものとものの間の引き合う力(引力)が、惑星や月に対してもはたらくと考えました。天体もたがいに引き合っていると考えることで、月が地球のまわりをまわっていることの説明ができるようになりました。

③ニュートン式反射望遠鏡をつくった

ニュートンは鏡を用いて光を集める方式の反射望遠鏡をつくり、それ以前の屈折望遠鏡よりも鮮明な観測を可能にしました。また焦点までのきょりも短くできるため、構造がコンパクトで持ち運びやすいという利点もあります。

なぜ季節が変わるの？

クイズ

季節の変化には太陽の高さが関係しているのじゃ

① 太陽と地球のきょりが変わるから。
② 地球がかたむいているから。
③ 地球の形が変わるから。

→ こたえ ② 地球がかたむいているから。

これがヒミツ！

同じ時刻でも、夏と冬で太陽の光の当たり方が変わるんだ

当たる面積がせまい →よくあたたまる

当たる面積が広い →あたたまりにくい

①まわりながら動く地球

地球は約 23 時間 56 分かけて自転(→ P.91) しながら、約 365.24 日かけて公転 (→ P.91) しています。地球は 23.4 度ななめにかたむいたまま公転をしています。

②太陽の光と地球の関係

季節の変化は、昼の長さと太陽の照らす高さのちがいが原因です。太陽は、夏は高く、冬は低くのぼります。高い方が地面はよくあたたまります。さらに、太陽が出ている時間の長さは変わります。冬より夏の方が太陽の出ている時間は長くなります。

③温度の変化にかかる時間

昼が一番長い日は 6 月の夏至の日、昼が一番短い日は 12 月の冬至の日です。地面があたたまるまでに時間がかかるため、一番暑い時期は 2 か月後の 8 月、一番寒い時期も 2 か月後の 2 月になります。

4月 3日（みっか）

オーロラはどうしてできるの？

ギモンをカイケツ！

太陽風というものが北極と南極の上空に降りそそぐことで、できるんだ。

太陽からは、目に見える光ではないものも出ているのよ

これがヒミツ！

太陽風は南極と北極に集まるんだ

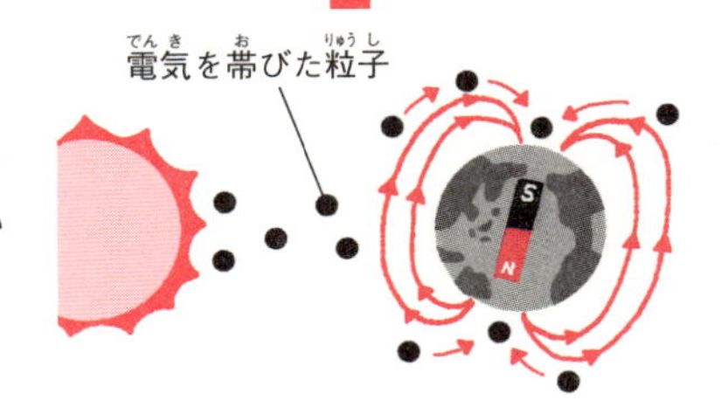

①地球にとどいている太陽風

太陽からは、光のほかに電気を帯びたとても小さな粒子が出ています。これを太陽風といいます。太陽風は、地球にもとどいています。

②太陽風がオーロラをつくる

地球は大きな磁石で（→ P.209）北極近くはＳ極に、南極近くはＮ極になっています。地球にとどいた太陽風は、このＳ極とＮ極に引きつけられ、北極と南極の上空から地上に向かって降りそそぎます。このとき太陽風が上空の大気のつぶとぶつかり、さまざまな色に光ります。これがオーロラです。オーロラは、太陽風のぶつかった物質や高さによって色が変わります。

③太陽フレアが起こるとよく見られる

太陽風は、太陽の表面で「太陽フレア」という爆発が起こると、量がふえます。そのため、大きな太陽フレアが起こると、オーロラもよく見られるようになります。

column 02

太陽風

太陽から出た、目に見えない電気をもつつぶのことよ

これだけでわかる！ 3POINT

❶ 電気をもった目に見えない粒子の流れのこと。

❷ 太陽の大気中のコロナから出る。

❸ オーロラができる原因になっている。

彗星のプラズマの尾の向きは太陽風の反対側にのびる

コロナ（100万℃）

電気を帯びたつぶ

太陽

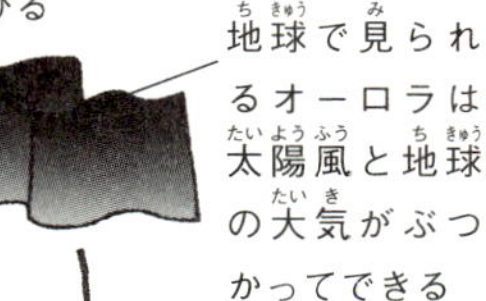

地球で見られるオーロラは太陽風と地球の大気がぶつかってできる

地球の大気

地球

太陽風は太陽系の惑星より遠いところまでとどくのじゃ

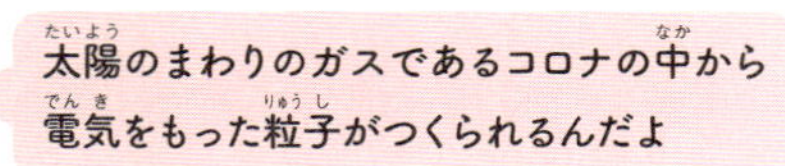

太陽のまわりのガスであるコロナの中から
電気をもった粒子がつくられるんだよ

電気をもった粒子の流れ（恒星風）はほかのかがやく恒星でも見られるのさ

隕石ってどんなもの？

4月

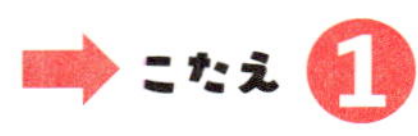

① 太陽系からきた石
② 太陽系から落ちてきた恒星
③ 地球から打ち上げた花火

隕石はよく南極大陸で
発見されるのさ

➡ こたえ ① 太陽系からきた石

これがヒミツ！

①太陽系からきた石

隕石は地球に落ちてきた太陽系にある岩石です。地球の大気を通るときに熱くなるため、落ちたばかりの隕石の色は黒く変色しています。

②隕石がくるところ

多くの隕石は小惑星のかけらが落ちてきたものですが、なかには月や火星から飛んできたものもあります。

③隕石の成分

隕石は鉄をふくむものもあります。その隕石は、磁石によくくっつきます。「鉄隕石」または「隕鉄」という、ほとんどが鉄でできたものもあります。

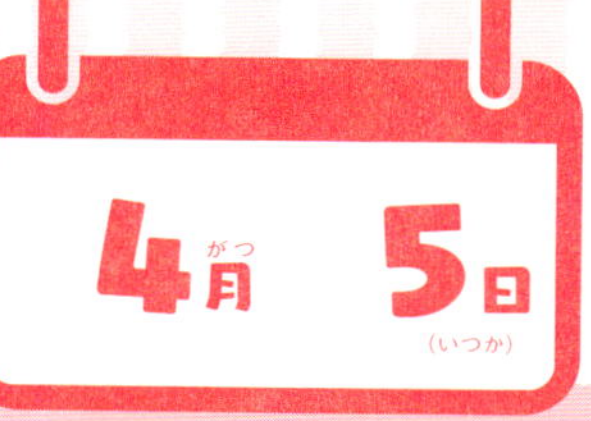

日本のロケットの発射前のカウントダウンは何秒前から始めるの？

クイズ

①約10秒前から。
②約180秒前から。
③約270秒前から。

打ち上げを指揮する人が、カウントダウンをするのですよ

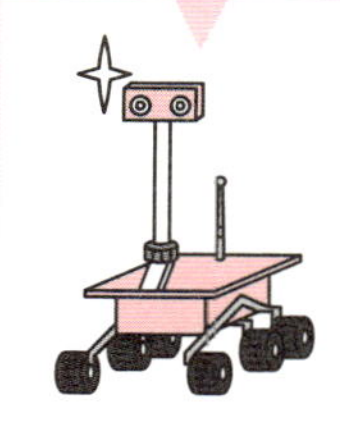

これがヒミツ！

①ボタンをおすと、カウントダウンが始まる

日本のロケットは発射の270秒前からカウントダウンをおこないます。カウントダウンが始まったあとは、発射までの準備が自動で進められます。

②カウントダウンのボタンをおす仕事

ロケットのカウントダウンのボタンをおす仕事は、「ロケット発射指揮者」によっておこなわれます。「ロケット発射指揮者」のいる発射管制室は、発射台の近くにつくられています。

英語では、カウントダウンのゼロのあとに、lift off（リフトオフ、発射）といいますよ

③「ロケット発射指揮者」の仕事

さらに「ロケット発射指揮者」は発射の4日前からロケットの整備や作業の確認をしています。モニターから指示を送りながら、外にいる人と共に仕事をします。

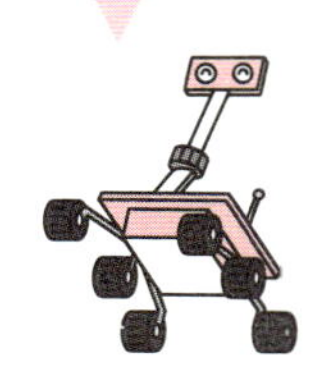

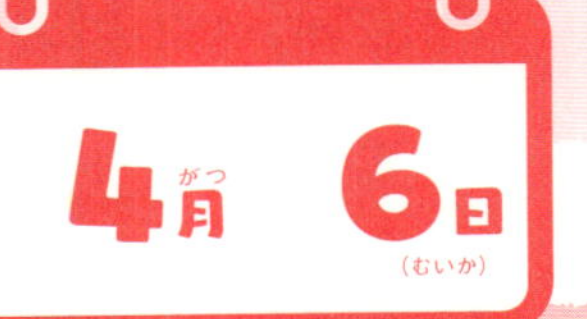

国際宇宙ステーションにある日本のつくった実験棟の名前は？

船内実験室は、気温や湿度が地上と同じように保たれているんだよ

クイズ

1. きぼう
2. りゅうぐう
3. ひまわり

➡ こたえ 1 きぼう

きぼうは国際宇宙ステーションでもっとも大きい施設だよ

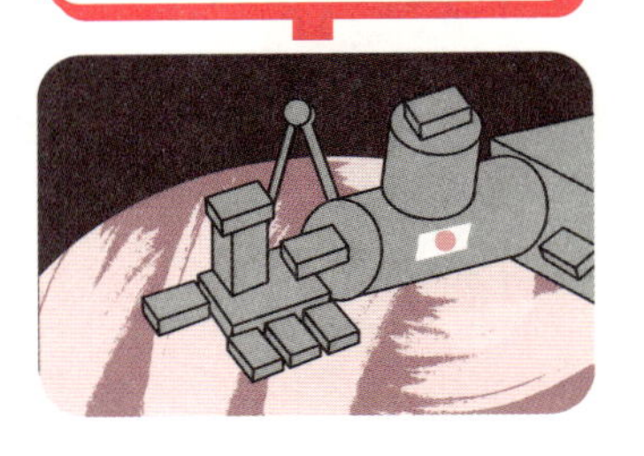

① 2009年に完成したきぼう

国際宇宙ステーション（ISS）には、参加国が開発したさまざまな実験棟があり、そのなかには日本の実験棟もあります。それが「きぼう」です。

②船内実験室や船外実験プラットフォームなどからなる

きぼうは、船内で実験をおこなう船内実験室や、船外で実験をおこなう船外実験プラットフォーム、宇宙空間で実験装置などをあつかうロボットアーム（機械式のうで）などからなっています。

③重力のない場所での生きもののくらしなどを調べる

船内実験室では、重力（地球がものを引っぱる力）がない場所で生きものがどのようなくらしをするかなどの実験をしています。また、船外実験プラットフォームは、小型の人工衛星を打ちだすのにも使われます。

4月 7日

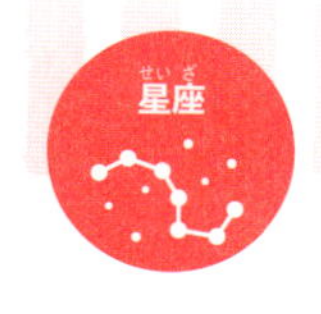

ヘルクレスに退治された春の星座はなに？

ギモンをカイケツ！

うみへび座とかに座としし座だよ。

どれもギリシャ神話の中で怪物として出てくるんだぞ

これがヒミツ！

①春にのぼってくる星座

春の夜からま夜中にかけて、北東の空からのぼってくるのが、ヘルクレス座です。

②ギリシャ神話の勇者の名前

ヘルクレスとは、ギリシャ神話に登場する勇者の名前で、ヘルクレス座は88個の星座のなかで5番目に大きい星座です。

③ライオン、ヒドラ、カニを退治

ヘルクレスは、人びとを苦しめていた人食いライオンや、海にすむヘビに似た怪物ヒドラなど、多くの怪物を退治しました。また、ヒドラを退治したときには、カニもふみつぶしてしまいました。これらの動物や怪物は、天に上げられて星座となりました。

うみへび座とかに座としし座は春の星座、ヘルクレス座は夏の星座だよ

ヘルクレス座

うみへび座

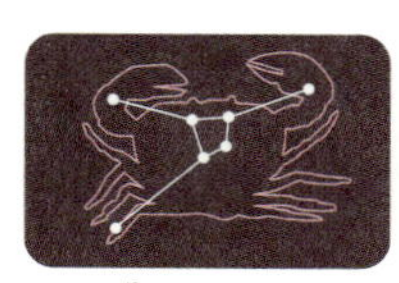

かに座

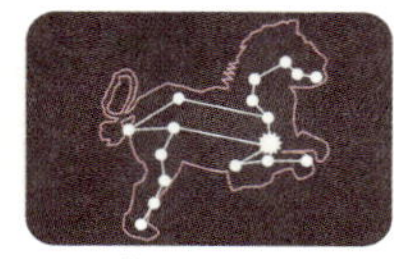

しし座

エドモンド・ハレー

ハレーは、同じ彗星がくり返しもどってきていると考えたんだって

どんな人？

惑星軌道の研究をして彗星の周期を予測したよ。

こんなスゴイ人！

①南半球の星表をつくった

予想通り実際に彗星がもどってきたときは、ハレー自身は亡くなっていて見ていないんだって

ハレーはイギリスの天文学者です。南大西洋のセントヘレナ島で南半球の星表をつくり、これが高く評価されて王立協会会員になりました。

②ニュートンの出版を助けた

ハレーは、王立協会で知り合ったニュートン（→ P.112）が、惑星の軌道についておどろくほど確かな理論をもっていたため、研究をまとめた本を発表する手助けをしました。

③彗星の出現を予測した

ハレーは、1682年に観測された彗星の軌道を計算し、それが76年に1回、周期的に地球の近くまでやってくることを示しました。この彗星はのちにハレーの彗星研究の成果をたたえて「ハレー彗星」と名づけられました。

うるう年はなぜ必要なの？

うるう年は地球の公転と関係があるのじゃ

ギモンをカイケツ！

カレンダーがずれてしまうからだよ。

これがヒミツ！

いまのカレンダーの決まりは、グレゴリオ暦といって、1582年につくられたものなのじゃ

① 1年が366日になる

うるう年は、4年ごとに1回、1年を365日より1日多い366日にするカレンダーの決まりです。うるう年では、2月はいつもは28日までなのが、1日増えて29日になります。

② 365日より多い地球の公転日数

現在のカレンダーは、地球が太陽のまわりをまわる日数に近い365日を1年としています。しかし、正確には地球の公転にかかる時間は約365.2422日であるため、4年たつと約1日分ずれてしまうのです。

③うるう年になる年

そのため、うるう年をつくることで、地球の公転とカレンダーのずれを直すようにしたのです。うるう年は基本4年に一度訪れますが、1500年や1900年のように100で割れる年はうるう年にしない、さらに2000年や2400年のように100でも4でも割れる年の場合は例外的にうるう年にするといった決まりがあります。

4月10日（とおか）

日食のときの天体のならび方は？

クイズ

❶ 太陽、月、地球
❷ 太陽、地球、月
❸ 地球、太陽、月

次に日本で皆既日食が見られるのは、2035年9月2日なのよ

これがヒミツ！

地球全体では、部分日食は年に2、3回、皆既日食は1～2年に1回ぐらいの割合で起こっているよ

①日食が起きる天体のならび方

太陽と地球、月の位置関係は、つねに変化しています。そして、太陽と地球の間に月が入り、「太陽、月、地球」というならび方になったとき、地球が月のかげに入ることで太陽が見えなくなります。これが「日食」です。

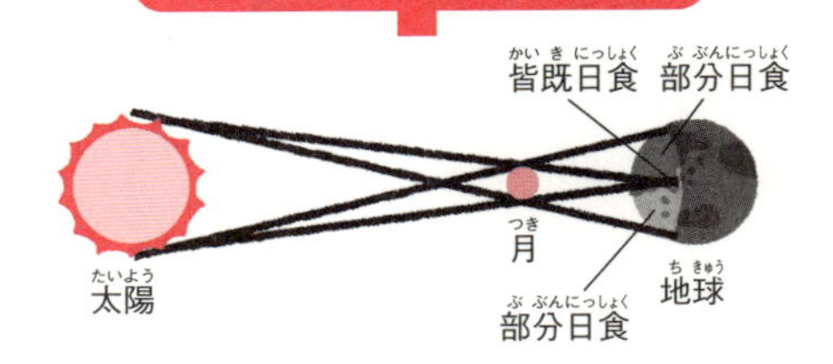

②一部が欠ける部分日食、完全にかくれる皆既日食

日食のとき、太陽の一部だけが欠けることを「部分日食」といい、太陽が完全に月にかくれることを「皆既日食」、丸くまわりがのこることを「金環日食」といいます。

③場所によって見え方が変わる

「皆既日食」はせまい範囲（場所）でしか見られません。「皆既日食」になるとき、まわりの多くの地域は太陽が月に完全にかくれず、「部分日食」になります。

4月 11日

隕石が落ちてくるとどうなるの？

ギモンをカイケツ！

地面に大きな穴をあけることがあるよ。

隕石はすごく強いエネルギーをもっているのさ

これがヒミツ！

大きい隕石が落ちると、地球の環境も変わってしまうのさ

①空にあるとき

隕石は明るくかがやいて落ちてきます。落ちるまでには大きな音がしたり、隕石雲とよばれる雲が見えたりすることがあります。

②速さによる被害

隕石は新幹線の約 200 倍、音の約 40 倍の速さで落ちてきます。そのため、隕石におしのけられた空気が波のように広がる「衝撃波」が起こります。2013 年にロシアに落ちた隕石は、近くの建物の窓ガラスを粉ごなにくだいてしまいました。

③落下すると

地球に落ちると、「クレーター」という穴ができます。恐竜の絶滅は巨大な隕石によって引き起こされたと考えられています。隕石が落ちたときにまき上がった物質が空をおおったことで、地球の温度が下がったことが原因だといわれています。

4月12日

ロケットは打ち上がったあとどのように飛ぶの？

クイズ

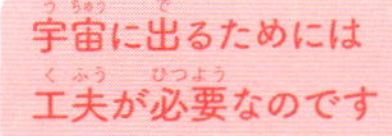

宇宙に出るためには
工夫が必要なのです

① ななめに飛ぶ。
② 止まる。
③ 上に飛ぶ。

➡ こたえ ① ななめに飛ぶ。

秒速 7.9km の速さのことを
「第一宇宙速度」というよ

ロケットの飛び方

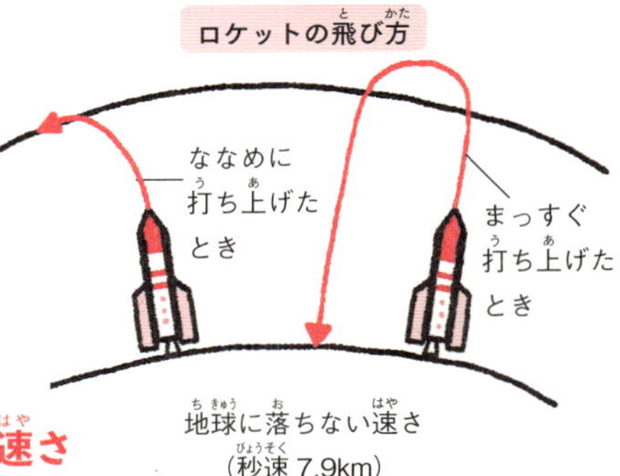

これがヒミツ！

①宇宙に残るためには向きが重要

ロケットは上に飛ぶだけでは、エンジンを止めると、地球の重力に引っ張られてもどってきてしまいます。宇宙にとどまるためには、ななめに飛んで地球をまわるようにする必要があります。

②ロケットが宇宙にとどまるための速さ

ロケットが宇宙にとどまるための速度は、秒速 7.9km です。宇宙には空気がないので、一度スピードを出すと、なにもしなくても飛びつづけることができます。

③地球の力を使う

ロケットを打ち上げるときには、ロケットのエンジンの力だけではなく、地球が自転（→ P.91）する力を使うことがあります。地球の力を借りるときには、ロケットは地球の自転と同じ東向きに打ち上げられます。

4月13日

国際宇宙ステーションのキューポラってどんなところ？

ギモンをカイケツ！

船外の観察や地球の観測をするところだよ。

周囲に6枚の窓があり、天井に1枚の丸い窓があるんだよ

これがヒミツ！

キューポラからは地球の景色をながめることができるんだ

©JAXA/NASA

①高さ 1.5m ほどのキューポラ

キューポラは、国際宇宙ステーション（ISS）の中央付近にある部品で、高さは 1.5m、幅は 3m ほどで、重さは約1900kg あります。

②7枚の窓とロボットアームの操作盤がある

キューポラは、外を見ることができるように7枚の窓をもち、室内にはロボットアーム（機械式のうで）を動かす操作盤などがあります。宇宙を高速で飛んでいるごみなどが当たっても大きな事故にならないように、窓ガラスは3重になっています。

③ロボットアームのそうじゅうなどをおこなう

キューポラは、ロボットアームのそうじゅうのほか、乗組員が国際宇宙ステーションの外に出ておこなう船外活動や宇宙船のドッキングの確認などに使われます。また、窓からは地球の明かりや台風、オーロラなどを見ることもできます。

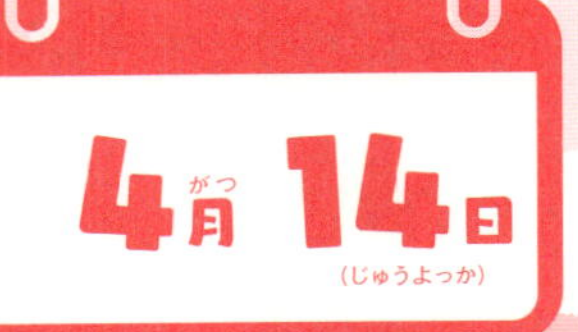

肉眼で見える星の数が一番多い星座はなに？

だいたい、大きい星座は星の数が多く、小さい星座は少ないんだぞ

ギモンをカイケツ！

ケンタウルス座で、193個の星があるよ。

これがヒミツ！

①肉眼で見える星は約8600個

肉眼で見える星は、明るさによって1等星から6等星に分けられています。肉眼で見えない星は数え切れませんが、肉眼で見える6等星までの星は、約8600個です（→ P.247）。

ケンタウルス座はからだの半分が馬のすがたでえがかれるよ

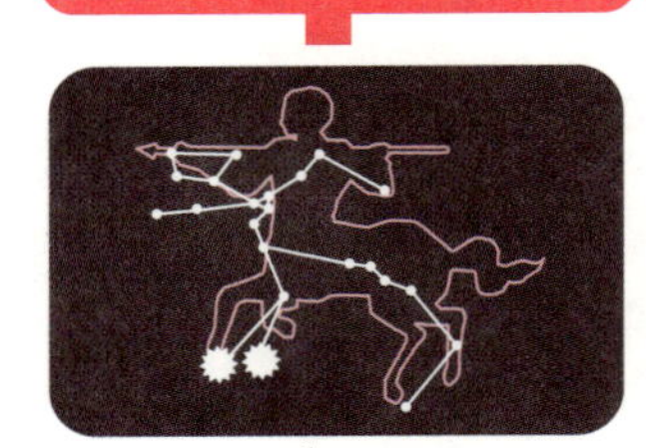

ケンタウルス座

②もっとも星が多いのはケンタウルス座

肉眼で見える星をもっとも多くふくむ星座は、春の夜中に南の空に見えるケンタウルス座です。ケンタウルス座にふくまれる肉眼で見える星の数は、193個です。

③ 2位ははくちょう座、3位はとも座

ケンタウルス座は星座の面積が広いため、星も多くなっています。2位は184個のはくちょう座、3位は179個のとも座です。一方、もっとも星の数が少ない星座は、1位が8個のがか座、2位が10個のこうま座です。

4月 15日

シャルル・メシエ

どんな人？

オリジナルの天体表をつくり、未知の彗星をたくさん見つけたよ。

メシエがつくった天体の番号は、現在でも使われているよ

こんなスゴイ人！

①「メシエカタログ」をつくった

メシエはフランスの天文学者です。彼がつくった、天体にM1からM110までの番号をつけた天体表は、「メシエカタログ」とよばれています。

M1（かに星雲）、M31（アンドロメダ銀河）、M45（プレアデス星団）など、メシエカタログには有名な天体が多いんだって

②カタログをつくったわけ

メシエは新たな彗星の発見に取り組んでいましたが、たくさんの星雲（→ P.196）や星団（→ P.59）などがじゃまをして見つけにくく、こまっていました。そこで、それまでの天体を整理して星表にしたのです。

③13個の新たな彗星を発見した

メシエが生涯に発見した彗星は、13個といわれています。多くの彗星を発見したことで、フランスの国王ルイ15世から、「彗星の狩人」とよばれました。

4月16日

昔の日本は、1年が13か月の年もあったってほんとう？

4月

ギモンをカイケツ！

「うるう月」とよばれる月があったんだ。

これがヒミツ！

9月と10月の間にうるう月が入るときは、「うるう9月」とよんだのじゃ

①月のカレンダー

日本では、1872年まで月の満ち欠けも加えたカレンダーである「太陰太陽暦」が使われていました。1年は354日で、1か月を29日または30日としていました。

②1年が13か月になる年

太陰太陽暦の1年は、地球が太陽のまわりをまわる約365.24日より11日ほど少ないため、約3年に1回は、1年を13か月にしていました。この1か月増やした分は「うるう月」とよばれていました。

③うるう月は年によって変化する

うるう月は、1月から12月の間のどこかにはさみこまれて使いました。2月が1日増えて29日までになるうるう年（→P.121）とちがい、年によってうるう月の時期はばらばらでした。

4月17日

太陽と月

皆既日食になるとどうなるの？

クイズ

①温度が上がる。
②温度が下がる。
③空気がうすくなる。

もっとも長い皆既日食は、約7分30秒なのよ

→ こたえ ② 温度が下がる。

これがヒミツ！

①星が太陽、月、地球の順にならぶ日食

太陽と地球の間に月が入って「太陽、月、地球」というならび方になると、地球が月のかげに入ることで太陽が見えなくなります。これを「日食」といいます。日食のなかでも、太陽が完全に月にかくれることを「皆既日食」といいます。

②日食がおこっている間は太陽の光が減る

皆既日食がつづく時間は数分ですが、日食自体は約1時間30分から3時間つづきます。日食が起こると地表にとどく太陽の光が少なくなり、皆既日食が起こっている間は光がほとんどとどかなくなります。

部分日食のときは、ふだんは丸い木もれ日が欠けた太陽の形になるのよ

③日食がおこると気温が下がる

そのため、暗くなるだけではなく、気温も下がります。温度の下がり方はそのときによってことなりますが、だいたい2℃から5℃下がります。

4月18日

「はやぶさ2」も向かった小惑星ってどんなもの？

ギモンをカイケツ！

太陽のまわりをまわる、小さな惑星のことだよ。

でこぼこした形をしているのさ

これがヒミツ！

①太陽をまわる小さな天体

小惑星は岩石からできた天体です。でこぼことした不規則な形をしています。地球のように太陽のまわりをまわっています。小惑星探査機「はやぶさ 2」は、「リュウグウ」という小惑星の砂を持ち帰りました。

火星と木星の間にたくさん小惑星があるのさ

②惑星になれなかった天体

小惑星は、惑星になるまで大きくなれなかった天体であるといわれています。惑星は小惑星のような小さい天体が集まってできたものと考えられています。

③生命や太陽系誕生を知る手がかり

そのため、小惑星を調べることは、惑星の生まれたころを知る手がかりを教えてくれると考えられています。小惑星探査機はやぶさ２が持ち帰った小惑星の砂からは、生きもののからだにふくまれる物質も見つかっています。

4月19日

いままでで一番多く打ち上げられたロケットはなに？

クイズ

❶ソユーズロケット
❷ファルコン9ロケット
❸スペースシャトル

ソユーズロケットのソユーズは、発射場まで列車で運ばれるのです

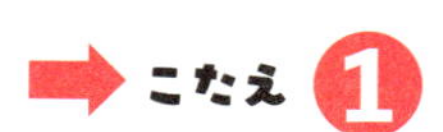

ソユーズロケット

これがヒミツ！

「バイコヌール宇宙基地」では、発射前にアクション映画を見る伝統がありますよ

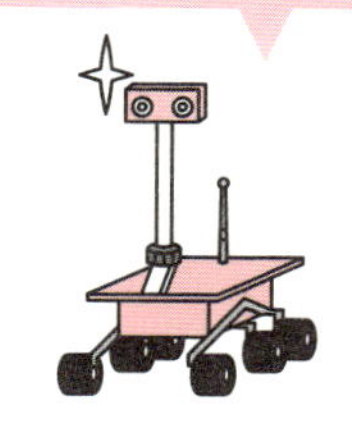

①ロシアの使っているロケット

ソユーズロケットは1966年から打ち上げられているロシアのロケットです。国際宇宙ステーション（ISS）に宇宙飛行士や荷物を運ぶときなどに使われています。

②世界で一番宇宙に向かったロケット

ソユーズロケットは細かい改良をくり返しながら、現在までに1800回以上打ち上げられており、世界でもっとも宇宙に向かったロケットです。打ち上げ成功率も約97%と高く、信頼されています。1年に10機から15機ほどが宇宙に向かっています。

③歴史のある発射基地

ソユーズロケットを飛ばす「バイコヌール宇宙基地」の発射場は古くから使われています。1961年に宇宙に初めて行ったロシアの宇宙飛行士ユーリ・ガガーリン（→ P.304）の乗ったロケットも、この発射場から打ち上げられました。

4月20日（はつか）

国際宇宙ステーションから見る月は満ち欠けをするの？

4月

ギモンをカイケツ！

地球から見るときと同じように満ち欠けをするんだ。

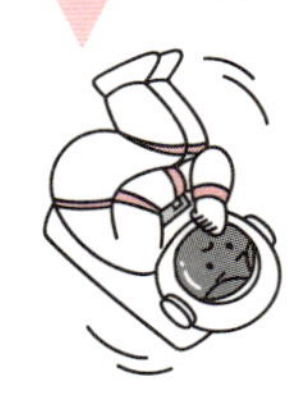

宇宙には雲がないから、くもって見えないということはないんだよ

これがヒミツ！

①国際宇宙ステーションの高さは約400km

地上から国際宇宙ステーション（ISS）までのきょりは、約400kmです。地球の大きさは約1万3000kmですから、国際宇宙ステーションは地球の大きさの30分の1くらいの高さを飛んでいることになります。

②月と地球のきょりは約38万km

いっぽう、月と地球のきょりは約38万kmです。これは、地上と国際宇宙ステーションのきょりの1000倍近くになります。つまり月は国際宇宙ステーションよりも、はるかに遠い場所にあるのです。

③国際宇宙ステーションから見る月も満ち欠けする

そのため、国際宇宙ステーションから見える月は、地球から見る月とあまり変わりません。もちろん地上から見るときと同じように、満ち欠けをします。

4月21日

おとめ座のおとめはだれのこと？

ギモンをカイケツ！

正義の神様という説があるんだ。

となりにあるてんびん座は、アストラエアが持っていた正義の天びんといわれているんだぞ

これがヒミツ！

① 2番めに大きな星座

おとめ座は、春のま夜中に南の空に見える星座です。星うらないに使われる「黄道十二星座」の1つで、88個の星座のなかで2番めに大きい星座でもあります。

左手に持っている麦の穂の部分にかがやいているのがスピカだぞ

②おとめ座は女神アストラエア!?

おとめ座のおとめがギリシャ神話に登場するだれであるかについては、いくつかの説があります。しかし、なかでもよく知られているのが、正義の女神アストラエアという説です。

③地上での争いをなげいて星座になったアストラエア

その説によると、アストラエアは地上でくらしながら人間に正義を教えましたが、人間が争いをするようになったことをなげき、おとめ座になったそうです。そのほかには、農業の神デーメーテールや正義の女神ディケーとする説などもあります。

ウィリアム・ハーシェル

どんな人？

天王星を発見し、宇宙の形を調べたよ。

こんなスゴイ人！

①天王星を発見した

イギリスで活やくしたハーシェルは、望遠鏡の製作と天体観測に取り組み、「天王星」の発見を始めとした重要な発見をしました。

妹のキャロラインも息子のジョンも有名な天文学者です。

②宇宙の形を調べた

ハーシェルは、夜空のたくさんの星を観測して、宇宙がどんな形をしているのかを調べました。

③赤外線を見つけた

また、ハーシェルは太陽の光を研究しました。太陽の光の温度の変化について調べることで、目に見えない光である赤外線（→ P.69）を発見しました。

ハーシェルは、オルガン奏者や指揮者、作曲家をつとめ、音楽家としても活やくしているよ

4月23日

なぜ地球の空は青いの？

ギモンをカイケツ！

空に青色の光が散らばっていくからだよ。

日の光はたくさんの色が混ざってできているのじゃ

これがヒミツ！

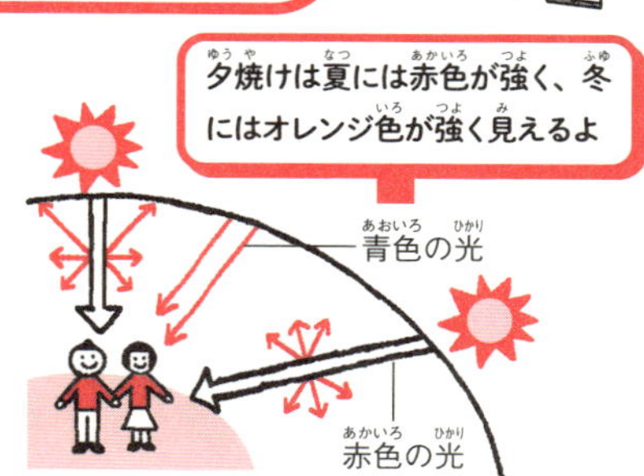

①空気中で太陽の光の色が分かれる

太陽の光は、虹の７色、つまり赤色から紫色までの光が、混ざってできたものです。わたしたちの目に日の光がとどくまでの間に、光は空気中をただようガスなどとぶつかります。

②日の光の色の性質

太陽の光に混ざった色は、紫色に近いほど大気中の分子で散らばりやすく、赤色に近いほど散らばりにくい特徴があります。日の光が高い位置からさしこむ昼の間は、空気を通りぬけるときに青色の光が散らばって空全体に広がっていきます。このため、空の色は青いのです。

③夕方の空

夕方になると、日の光は低い位置から、たくさんのチリとぶつかりながら地球の空気を長く通って人の目にとどくようになります。目に見える前に、赤色以外の多くの光が空気中に散らばってしまいます。そのため、夕日や夕焼けの空は赤色になります。

皆既日食のときに太陽のまわりに見える青白いものはなに？

? クイズ

❶コロナ
❷黒点
❸プロミネンス

皆既日食のときにしか見られない現象なのよ

➡ こたえ 1 コロナ

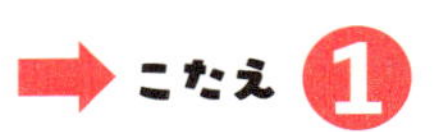

表面のガスが磁力（磁石の力）で炎のようにふき上がっている、「プロミネンス」が見えることもあるのよ

①ふだんは見えないコロナ

コロナは、太陽の表面を取りまいているガスです。その温度は100万℃以上にもなりますが、ふだんは太陽本体がとても明るくかがやいているため、コロナを地上から肉眼で観察することはできません。

②皆既日食のときはコロナが見える

しかし、皆既日食が起こると、太陽の本体がかくれてしまうため、太陽のまわりに広がるコロナを観察することができます。

③すじが流れるように広がっているコロナ

コロナは、肉眼で見ることができます。よく観察すると、コロナは太陽のまわりにまんべんなく広がっているのではなく、すじのように外側に向かって広がっていることがわかります。

4月25日

「たこやき」という名前の小惑星があるってほんとう？

ギモンをカイケツ！

1991年に発見された小惑星につけられたよ。

これがヒミツ！

①北海道の天文家が発見

「たこやき」の名前のついた小惑星は、1991年に北海道にすむアマチュア天文家によって発見されました。

②子どもの拍手で名前が決められた

小惑星「たこやき」の名前は、2001年におこなわれたイベントで決められました。会場に集まった子どもたちに、5つある名前の候補のなかから気に入ったものを拍手してもらって選ばれたのです。

③食べものの名前のついた小惑星

ほかにも食べものの名前のついた小惑星があります。「じゃこ天」という小惑星は、発見者の住む愛媛県の食べものから名づけられています。

「たこやき」は火星と木星の間にあるのさ

4月26日

日本のロケットH3のHはなに？

H3のほかにもたくさんの種類がつくられてきたロケットなのです

クイズ

① 高さ
② 羽
③ 水素

→ こたえ ③ 水素

これがヒミツ！

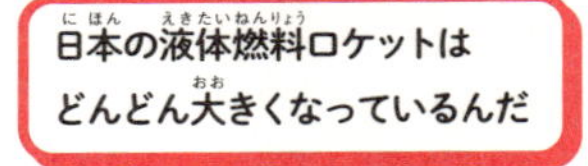

日本の液体燃料ロケットは
どんどん大きくなっているんだ

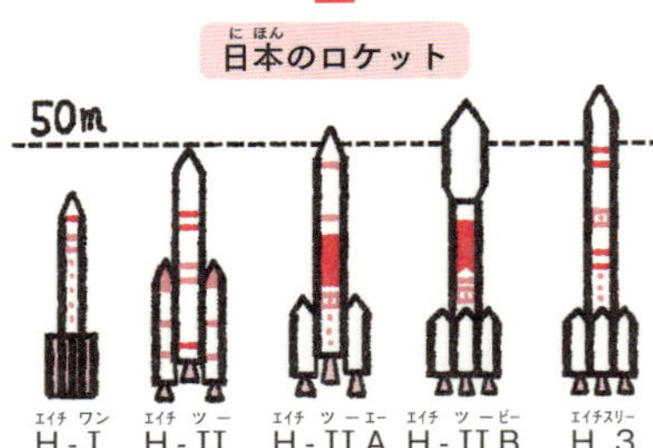

①水素で飛ぶロケット

H3ロケットは2024年から使われ始めた日本のロケットの名前です。Hは燃料に使う「水素」を表しています。最初のH-Iロケットは1986年から使われ始めました。

②日本だけで初めてつくった液体燃料ロケット

H-Iロケットのあとに、1994年に開発に成功したH-IIロケットは、日本で最初から最後までつくった初めての液体燃料ロケットとなりました。

③日本のロケットの活躍

日本のロケットはこれまでにたくさんの人工衛星や探査機などを打ち上げています。「はやぶさ2」はH-IIAロケットで、国際宇宙ステーションに荷物を運ぶ「こうのとり」は、H-IIBロケットで打ち上げられました。

4月27日

国際宇宙ステーションの中ではどうしてからだがうくの？

国際宇宙ステーションは、2つの力がちょうどつり合う速さでまわっているんだよ

ギモンをカイケツ！

地球の重力と遠心力がつり合っているからだよ。

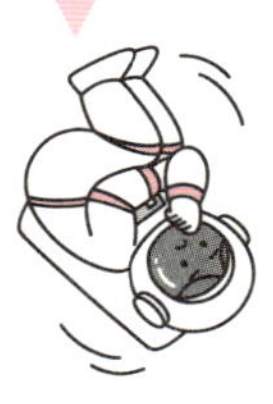

これがヒミツ！

①ものは地球の重力に引っぱられる

地上や地球の近くにあるものには、地球の重力（→ P.46）がはたらいています。わたしたちが地上に立っていられるのは、地球の重力に引っぱられているからです。

国際宇宙ステーションは、もっとスピードが速くなると、地球から遠ざかるんだよ

②まわっているものには遠心力がはたらく

いっぽう、まわっているものには、遠心力という外向きの力がはたらきます。遠心力は、まわる速さが速いほど、大きくなります。

③国際宇宙ステーションの中では2つの力がつり合っている

国際宇宙ステーション（ISS）は、地球のまわりをまわることで、重力とちょうどつり合うだけの遠心力を生みだし、宇宙にうかんでいます。このとき、国際宇宙ステーションの中も、地球の重力と遠心力がつり合った無重量状態（→ P.377）になっています。そのため、国際宇宙ステーションの中ではからだがうくのです。

4月28日

てんびん座は なにをはかる天びんなの？

もともとは、さそり座のはさみの部分だったんだぞ

ギモンをカイケツ！

正義をはかる天びんだよ。

これがヒミツ！

①黄道十二星座のうちただひとつ生きものではない星座

てんびん座は、春の夜中に南東から南の空に見える星座です。星うらないに使われる「黄道十二星座」のうち、ただ１つ、生きものではない星座です。

皿の上にものをのせて重さをはかるんだ

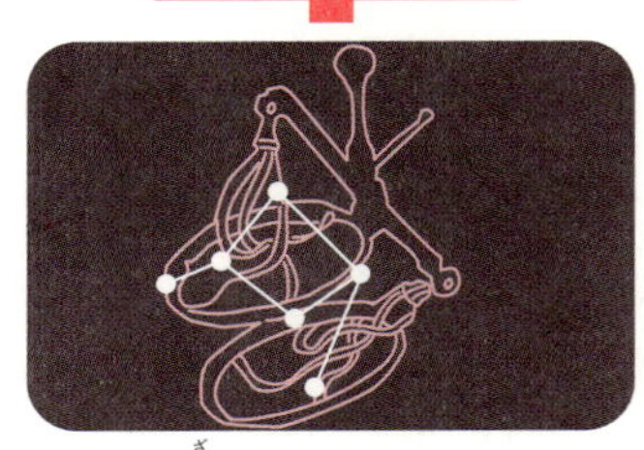

てんびん座

②正義をはかる天びん

てんびん座の天びんは、ギリシャ神話に登場する正義の女神アストラエアが手に持っていた、正義をはかる天びんだとされています。

③昔は秋分の日に太陽の方向にあった

いまから数千年前には、秋分の日（昼と夜の長さがほぼ等しい日）に太陽の方向にある星座はてんびん座の星ぼしでした。そのため、昼と夜が等しいことは公平であるというイメージが生まれ、それらの星ぼしがてんびん座とされたという説もあります。

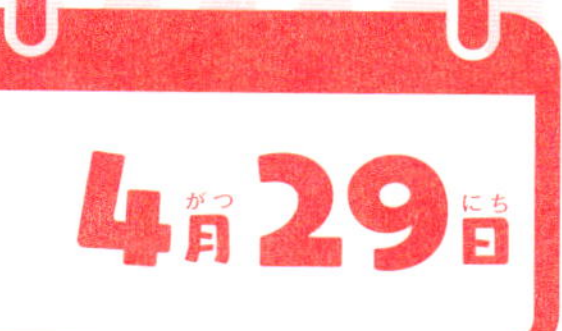

伊能忠敬

どんな人？

天文学を学び、日本の地図をつくったよ。

伊能は天文学の先生に弟子入りをして勉強したんだって

こんなスゴイ人！

伊能の歩いたきょりは 3.5 万 km ともいわれているよ

①日本全国を測量で旅して地図をつくった

伊能は、江戸時代に正確な日本地図をつくった測量家です。西洋の天文学や暦学を熱心に学び、55 歳から日本全国を旅しながら測量をしました。

②天体観測によって緯度と経度を求めた

正確な暦をつくるために、地球全体の大きさを知る必要を感じた伊能は、蝦夷（いまの北海道）まできょりをはかりました。これが、地図をつくりはじめるきっかけとなりました。測量は全国各地、10 回にわたっておこなわれました。

③測量に当時の最新器具を使った

伊能は測量の正確さを高めるために方角やきょりを調べる道具をつくりました。また、地図をつくる間に天体望遠鏡を使ってたくさんの星を観測しました。

4月30日

地球の空気はどうしてなくならないの？

天体の大きさが関係しているのじゃ
地球の空気のことを「大気」ともいうのじゃ

ギモンをカイケツ！

地球の力が空気を引っ張っているんだよ。

これがヒミツ！

①重力が引き寄せる

地球の空気は地球の重力で引っ張られているため、宇宙ににげていきません。ところが、太陽系のなかで一番小さい惑星である水星は、重力が小さいため、空気はほとんどなくなってしまっています。

②地球の中から現れた空気

どうやって地球の空気はできたのでしょうか。約46億年前、地球が生まれたばかりで、たくさんの小さな天体がぶつかっていたころ、二酸化炭素や窒素といった空気が現れました。この二酸化炭素や窒素は、重力に引きつけられたまま地球を取り囲みました。

③時間をかけて変化する空気

それから約35億年前になると細菌や植物が「光合成」によって太陽の光から酸素をつくりだしました。そのため、地球は酸素の多い惑星になりました。いまでも金星や火星は、最初のころの地球と同じように、二酸化炭素が一番多くなっています。

5月（がつ）

5月 1日（ついたち）

日本の神話で太陽の神がかくれたときに起こったことはなに？

クイズ

❶超新星爆発
❷月食
❸日食

日食

①アマテラスオオミカミがほら穴にかくれた

日本の古い神話を集めた昔の本である『日本書紀』や『古事記』には、アマテラスオオミカミという神が弟の乱暴におこって天岩戸というほら穴にかくれたところ、世界が暗くなったという話が書かれています。

②天岩戸がくれは皆既日食を表している！

アマテラスオオミカミがほら穴にかくれた「天岩戸がくれの伝説」は、じつは皆既日食のことを表しているのではないかと考えられています。

③神様が力を合わせて日の光をとりもどす

世界を明るくするためには、アマテラスオオミカミをほら穴から出さなくてはならないと思った神様たちは、力を合わせてアマテラスオオミカミを外につれ出しました。アマテラスオオミカミがもどってきたことで、日の光をとりもどすことに成功したのです。

5月2日（ふつか）

彗星と流れ星のちがいはなに？

ギモンをカイケツ！

彗星は小惑星のような天体の1つだけれど、流れ星はチリがかがやく現象のことだよ。

彗星は小惑星と同じように天体の1つなのさ

これがヒミツ！

①彗星と流れ星の正体

彗星と流れ星は、明るくかがやくところは同じですが、彗星はほとんどが氷でできた天体で、流れ星は彗星からはなれた太陽系にうかぶチリが光ったものです。

②光り方のちがい

彗星は太陽の熱で、かがやく尾をつくることがあり、何か月も観察できます。いっぽう、流れ星は地球の大気とぶつかったときのみ明るくなります。流れ星は地球の大気でもえつきてしまいます。

③彗星から流星群ができる

たくさんの流れ星が見える流星群は、ペルセウス座流星群（→ P.232）のように、彗星から出たチリから生まれています。

彗星は長い時間をかけて太陽系をまわっていて、太陽の近くにもどってくるものもあるのさ

5月 3日

ロケットと宇宙船はなにがちがうの？

ギモンをカイケツ！

宇宙船はロケットの中に積まれるものなんだよ。

ロケットは打ち上げたあとにどんどん切りはなされていくのです

これがヒミツ！

①ロケットは宇宙に行くための乗りもの

ロケットは飛ぶための燃料やエンジンをつけた乗りものです。宇宙船や人工衛星はロケットに乗って打ち上げられることで、宇宙に行くことができます。宇宙船は人が宇宙に行く乗りものです。

②ロケットは切り離される

じつは、ロケットは部品を切り離しながら宇宙に向かっています。切りはなすことで、最終的に宇宙船や人工衛星が残ります。

③もう一度使うロケット

また、部品の一部をふたたび使うことのできるロケットもつくられています。こうすると、次の打ち上げの費用が安くなります。

日本のH3ロケットは2段階で切りはなされるんだよ

ロケットの切りはなしの様子

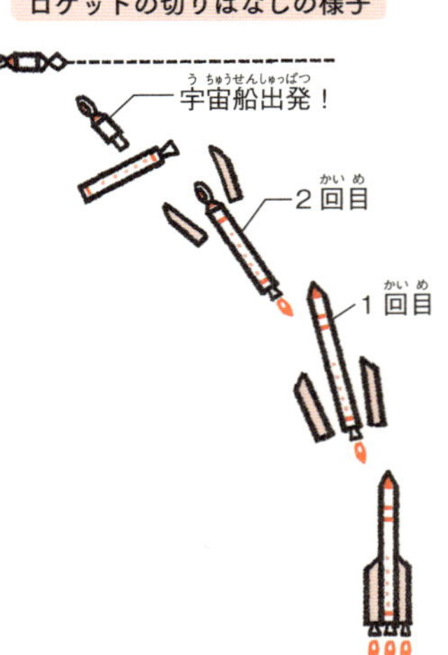

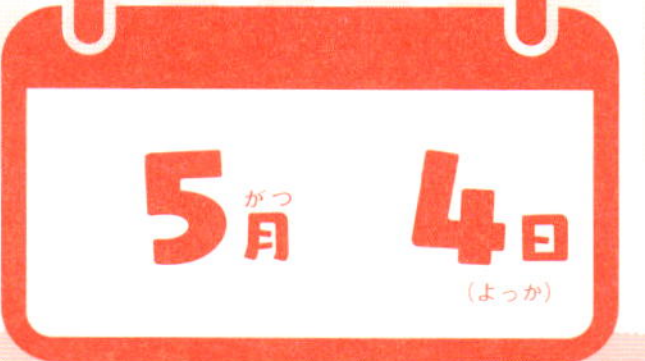

国際宇宙ステーションではトイレはどうしているの？

ギモンをカイケツ！

飛びちらないように、すい取るしくみになっているんだよ。

トイレは、アメリカとロシアの施設に、それぞれ1個ずつあるんだよ

手洗いもむずかしいから、よごれた手はタオルでふくんだよ

これがヒミツ！

①おしっこはホースですいこむ

国際宇宙ステーション（ISS）の中は無重量状態なので、ふつうのトイレではおしっこやウンチが飛びちってしまいます。そのため、国際宇宙ステーションのトイレは、おしっこやウンチをすいこむことができるしくみになっています。おしっこは、掃除機のホースのような装置ですいこみます。

②ウンチはビニールパックに入れられる

いっぽう、ウンチをする便器には、小さな穴がたくさん開いたビニールのパックが取りつけられています。このパックは、ウンチをすいこむと自動的に口が閉まるしくみになっています。

③使い終わったパックは大気圏でもえつきる

使い終わったパックはアルミでできた固形排泄物タンクにたくわえられ、ある程度たまった時点でほかのごみなどといっしょに補給船に積みこまれます。この補給船は、国際宇宙ステーションから切りはなされて大気圏にとつ入し、もえつきます。

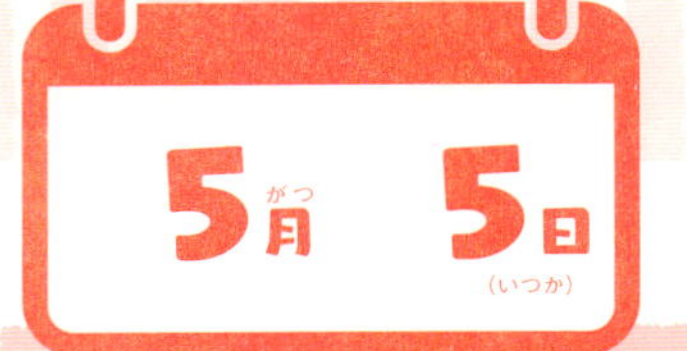

かんむり座のかんむりはだれのかんむり？

クイズ

1. 大神ゼウス
2. 戦いの神アテネ
3. 王女アリアドネ

ヘルクレス座とうしかい座にはさまれた、小さな星座だぞ

こたえ 3

王女アリアドネ

これがヒミツ！

①うしかい座のとなりに見える星座

かんむり座は、春のま夜中に東の空からま上にかけて見える星座です。すぐとなりに、アルクトゥルスをふくむうしかい座があります。

②ディオニソスからアリアドネにおくられたかんむり

かんむり座は、ギリシャ神話に登場する酒の神ディオニソスから、クレタ島の王女アリアドネにおくられたかんむりとされています。

③時間の女神が住む城という説も

また、北ヨーロッパに古くから住んでいたケルト人の間では、この星座はかんむりではなく、時間の女神であるアリアンロッドが住む城であるとされていました。

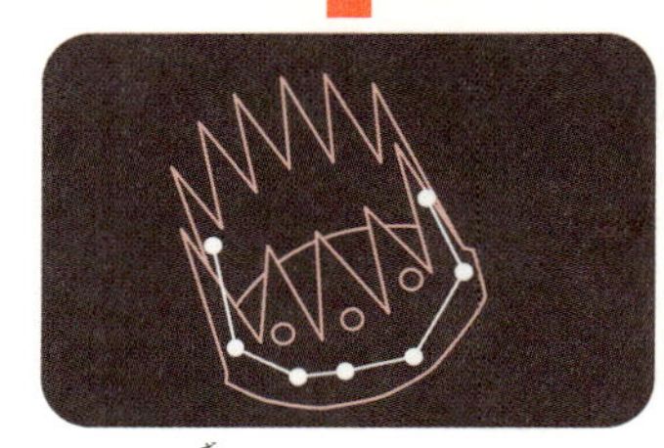

春の星座のなかでは、小さい星座なんだぞ

かんむり座

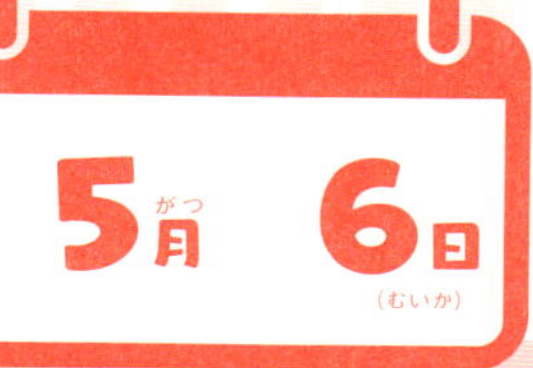

エルンスト・フローレンス・フリードリヒ・クラドニ

昔は、空から降ってくる隕石が、どこからきたかわかっていなかったんだって

どんな人？

隕石が宇宙からくると発表したよ。

こんなスゴイ人！

音の研究が高じて、音の振動に着目した楽器もつくったんだって

①天文と音響のスペシャリスト

クラドニは、ドイツの物理学者・天文学者です。音の振動に注目した研究で音響学に貢献し、隕石の研究を通して天文学でも影響を残しました。

②隕石が宇宙からくると主張した

当時は、隕石は火山活動や地球上の現象によるものとされていました。クラドニはその成分を調査し、地球上でこのような岩石がつくられるのはむずかしいと考え、地球外からやってくることを主張しました。

③隕石の種類を見分けた

しかし当時、クラドニの主張はあり得ないとされて退けられました。この説が認められたのは、しばらくしてフランスのノルマンディー地方で、3000近い岩石が空から降ってくるのが目撃されてからのことでした。

5月 7日(なのか)

どうやって地球はできたの？

ギモンをカイケツ！

太陽系ができるときに、チリや岩石から生まれたんだ。

最初の地球は火の海におおわれていたのじゃ

これがヒミツ！

最初の生きものは、細菌のようなものだったのじゃ

①太陽から生まれた地球

地球は約46億年前に誕生しました。太陽系ができるときに宇宙にあったチリが、ぶつかり合って大きく成長しました。

②熱く溶けた地面

最初の地球は、二酸化炭素や水蒸気といった大気におおわれます。地球は、小天体の衝突や二酸化炭素によって温度が上がり、火の玉のようになり、地面は「マグマオーシャン」とよばれる火の海に包まれました。

③雨が降り始める

小天体が少なくなり、ぶつからなくなると、地球の温度は下がり始めました。火の海だった地面は固まり、水蒸気が水に変わり、雨が降り始めました。雨が長い間、降りつづいた結果、約44億年前に海ができました。そして約38億年前に海で初めての生命が生まれたのです。

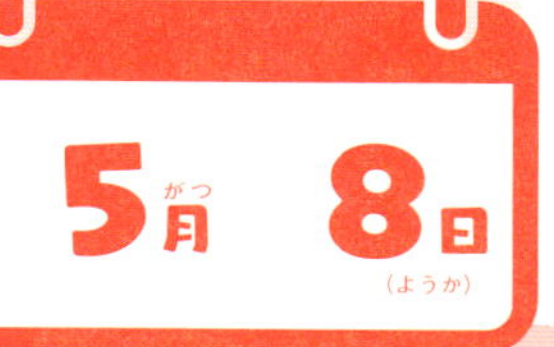

太陽はずっとあるの？

クイズ

❶ずっとある。
❷やがてなくなる。
❸わかっていない。

太陽はかがやきながらエネルギーを使っているのよ

こたえ 2

やがてなくなる。

これがヒミツ！

①太陽の寿命は約 100 億年

太陽の寿命は、約 100 億年ぐらいと考えられています。太陽は、いまから 46 億年前に生まれたので、あと 50 億年ほどで最期をむかえることになります。

太陽の寿命は光や熱を失ったときなんだ

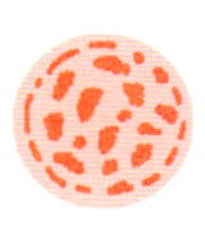
主系列星

赤色巨星

白色矮星

②やがて赤色巨星になる

太陽は、水素をヘリウムに変えながらかがやいています。水素が減ってヘリウムが増えていくと、やがて温度が下がり、ふくらみはじめます。この状態の星を「赤色巨星」といいます。

③冷たくなって一生を終える

さらに大きくなった太陽の表面からはガスがにげていき、やがて中心部分にあった重い部分が、白くかがやく小さな星「白色矮星」になり、少しずつ冷えて一生を終えます。

5月 9日
(ここのか)

なぜ彗星は光っているの？

ギモンをカイケツ！

太陽の光を反射するからだよ。

彗星はいつも光っているわけではないのさ

これがヒミツ！

①太陽に近づいて光る

彗星はチリと氷がかたまってできている小天体で、大きさは直径 10km 前後です。太陽に近づくと熱で氷が溶けて、ガスやチリがまわりを取り囲みます。さらに太陽に近づくと、長い尾が生まれます。

②チリとプラズマの尾

彗星の尾は、チリからつくられるものと、「プラズマ」からなるものに分けられます。チリの尾は太陽の光を反射して黄色くかがやき、プラズマ（イオン）の尾は青色の光をみずから放ちます。

彗星のプラズマの尾は、太陽と反対の方向にのびるよ

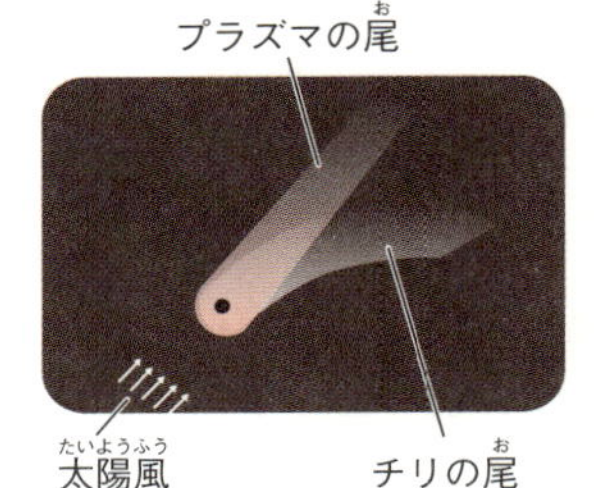

③太陽からはなれると暗くなる

彗星は、太陽のないところでは目で見ることができないほど暗い天体です。氷がとけていないときは、尾も見られません。

ロケットの打ち上げが失敗したときはどうしているの？

クイズ

❶新しいロケットを発射する。

❷あきらめる。

❸別の国のロケットを使わせてもらう。

ロケットは失敗を重ねて、宇宙に行くことができるようになったのです

➡ こたえ ❶ 新しいロケットを発射する。

これがヒミツ！

宇宙に行くと空気がなくなって、飛びやすくなりますよ

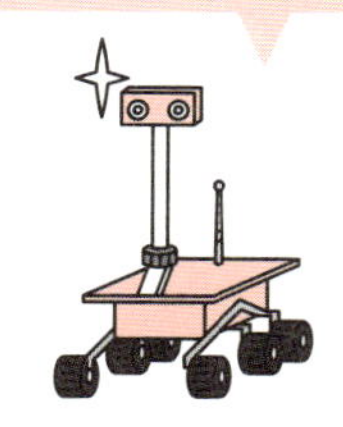

①人や荷物を安全に送りとどける

ロケットは、宇宙飛行士や人工衛星などを打ち上げるときの、宇宙に行くための乗りものです。失敗すると人の命や荷物がうしなわれてしまうので、新しいロケットを打ち上げる前にはたくさんのテストをおこないます。

②失敗したときは改良する

しかし、うまくいかない時もあります。失敗するとロケットはこわれてしまうので、原因を探すことがむずかしいときもあります。それでも、原因を調べて、成功をするように工夫することで、次のロケットの打ち上げにそなえるのです。

③宇宙に行くまでが大変

じつは、ロケットがこわれやすいところは宇宙に行く途中の地上から約 10km の高さにあります。スピードが上がってきたときに、空気とぶつかることで強い力を受けるのです。

5月 11日

国際宇宙ステーションの中は静かなの？

ギモンをカイケツ！

トイレの音が聞こえないくらいうるさいよ。

乗組員が耳せんをして寝ることもあるんだよ

これがヒミツ！

日本の実験棟「きぼう」は、船内でもっとも静かだといわれているんだよ

①空調ファンの音などがうるさい

宇宙空間は、音を伝えるはたらきをする空気がないため、音がしません。しかし、国際宇宙ステーションの中は空気があるため、音が聞こえます。国際宇宙ステーションの中は、空気の流れを生みだす装置（空調ファン）などが出す音で、思った以上にうるさいのです。

②トイレの音が聞こえない

国際宇宙ステーションの中のトイレは、空調ファンの音や、おしっこやウンチをすいこむモーターの音などが大きいので、トイレの音が外の人に聞こえることはありません。

③建設がはじまったころは、いまよりうるさかった

とくに、建設がはじまったばかりのころはかなりうるさく、乗組員が難聴（音が聞こえにくい状態になること）になることもありました。その後、かべに防音材（音を伝えない素材）をはるなどして、すごしやすくなりました。

5月12日

星座の星の結び方に決まりはあるの？

ギモンをカイケツ！

星の結び方は決まっていないんだよ。

同じ星座でも、本によって星の結び方がちがっていることがあるんだぞ

これがヒミツ！

星座に使われる絵も決まったものはないんだぞ

①空の領域によって決められている星座

星座は、正式には星の結び方によって決められているわけではなく、空の部分（領域）によって決められています。つまり、オリオン座というのは、正式にはオリオン座がある空の領域をさしているのです。

②星座を決めたとき星の結び方は決められなかった

星座の決まりは、国際天文学連合（IAU）が1930年に発表しました。そのなかでは、星座の領域ははっきりと決められましたが、その領域にある星をどのように結んで星座をつくるかは、決められませんでした。

③だれでも自由に結ぶことができる

つまり、オリオン座の領域にある星をどのように結ぶかは、わたしたちが自由に決めてもかまわないのです。

5月13日

デニソン・オルムステッド

どんな人？

しし座流星群を観察し、流星研究のきっかけをつくったよ。

昔は、流星は、天にうかぶ気泡がもえたものと思われていたんだって

こんなスゴイ人！

①流星研究が盛り上がるきっかけをつくった

オルムステッドはアメリカの物理学者・天文学者です。1833年の流星群を観察し、その研究が流星天文学を大きく発展させました。

雨のように降った流星に、当時の人たちは大さわぎになったんだって

②画期的なデータ収集をおこなった

流星群を観察したオルムステッドは、新聞でこの流星群に関する各地の観察情報の提供をもとめました。集まった市民からの多くの情報により、流星はアメリカ中で観測できた現象であることがわかりました。

③流星が一か所から飛んでくることをつきとめた

オルムステッドは、このときの流星が空の一か所から落ちていることに気づきました。この流星群は、しし座の方向から飛んでくることから、のちに、しし座流星群と名づけられました。

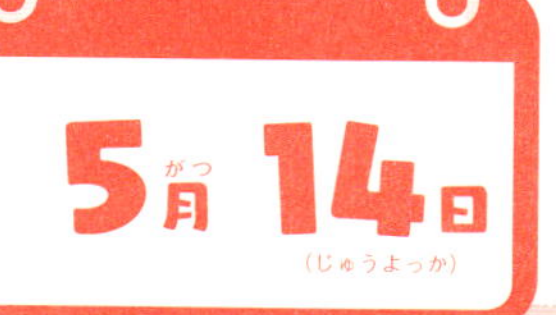

地球以外で雨が降る惑星はあるの？

ギモンをカイケツ！

地球以外でも雨は降っているんだよ。

水ではない雨もあるのじゃ

これがヒミツ！

タイタンは地球以外ではじめて地面に液体が確認されたのじゃ

①雨は雲から降ってくる

地球の雨は、雲をつくる小さい水のつぶが、つながり合って大きくなることで生まれます。地球以外の惑星でも、雨が降るところがあります。

②金星と天王星、海王星の雨

太陽系のほかの惑星では水以外の雨が降るところがあります。金星は硫酸の雨が降ります。硫酸はふれただけでやけどをしてしまいます。しかし、金星の地面の温度は約 470℃もあるため、雨は地面に落ちる前に消えてしまいます。

③土星の衛星の雨

また、土星の衛星タイタンでは、メタンの雨が見られます。メタンは地球でも見られるガスで、天然ガスの主原料として使われています。タイタンの地面には大小さまざまな湖ができています。この湖はメタンの雨がたまってつくられたのではないかと考えられています。

5月15日

太陽や日食を観察したいときはどうすればいいの？

クイズ

①遮光板で見る。
②サングラスで見る。
③双眼鏡で見る。

太陽の光を直接見ないようにする必要があるのよ

こたえ 1 遮光板で見る。

これがヒミツ！

遮光板は太陽の光の多くをとりのぞいてくれるんだ

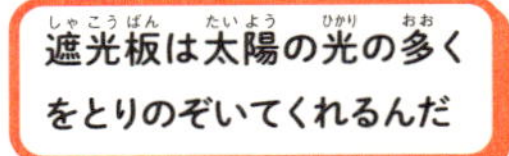

①太陽を肉眼で見てはいけない

太陽はとても明るいため、直接、目で見ると目をいためてしまいます。そのため、ぜったいに肉眼で見てはいけません。

②遮光板を使って観察する

太陽や日食（太陽が月にかくれること）を観察するには、太陽の危険な光をさえぎる「遮光板」という特別な板や、「太陽メガネ」、「太陽観察フィルター」などの道具を使います。サングラスや黒っぽい下じきなどは太陽の危険な光を完全にさえぎることができないので、使わないようにしましょう。

③肉眼で観察できるのは皆既日食の短い時間だけ

皆既日食のときは、完全に太陽がかくれた短い時間だけ、肉眼で観察することができます。このときは、太陽のまわりに広がるコロナなどを見ることができます。

5月16日

彗星の名前にはどんなルールがあるの？

ギモンをカイケツ！

発見した人の名前がつくよ。

池谷・関彗星や百武彗星など、日本人の名前のついたものもあるのさ

これがヒミツ！

①発見者の名前がつく

彗星は発見をした人の名前がつきます。同じときに別の人が見つけていた場合は、発見をした順番で３人まで名前をならべることができます。

②人工衛星や望遠鏡の名前もつく

彗星は、人工衛星や天文台などの巨大望遠鏡の観測のときに発見されることがあります。そのときは、その人工衛星や望遠鏡などの名前がつけられます。

彗星発見者におくられる賞もあるのさ

③整理するための名前

また、記録するために「仮符号」という番号がつきます。発見した年や１年で何番目に見つけたものなのかがまとめられています。

宇宙船はどうやって地球にもどってくるの？

クイズ

①パラシュートを広げて下りる。
②磁石の力ですい寄せる。
③トランポリンの上に落ちる。

→ こたえ 1 パラシュートを広げて下りる。

これがヒミツ！

①地球に向かう宇宙船

宇宙船はスピードを落とすと、重力に引き寄せられて地球にもどります。宇宙船は空気の層を通りぬけながらもどります。

海に落ちた宇宙船は、水の上にぷかぷかうかびますよ

②高温になる宇宙船

このときに、宇宙船はものすごい速さになります。地球に向かう間、外の空気がぶつかって高温になります。宇宙船は熱から宇宙飛行士を守りながら下に落ちていきます。

③地球の到着の仕方

地球にもどって陸や海面に近づくと、パラシュートを広げます。宇宙船は海に下りることが多いですが、ソユーズ宇宙船のように地上に下りるものもあり、宇宙船によってさまざまな方法があります。

5月18日

国際宇宙ステーションで出たトイレの水はどうするの？

再生した水の一部はパックにつめられて、飲み水になっているんだよ

ギモンをカイケツ！

飲み水などに再利用しているんだ。

地上から運ぶ水の量はいままでの3分の2ですむようになったんだよ

これがヒミツ！

①昔は宇宙に捨てていた

おしっこは、昔は補給船に積みこんだあと、ほかのごみなどといっしょに宇宙に打ち出し、大気圏でもえつきさせることで処理していました。いまはトイレを洗った水やおしっこは、水として再利用されています。

②まず汚水タンクにたくわえられる

掃除機のホースのようなものですい取ったおしっこは、まず専用のタンクにたくわえれられます。そして、蒸留装置というもので水分だけを取り出し、汚水タンクにたくわえられます。

③水処理装置できれいな水に

そして、専用の水処理装置でごみなどを取りのぞいてさらにきれいにしたあと、水として再利用します。この処理によって、地上の浄水場で処理した水と同じくらいきれいになります。

5月19日

星座に入っていない星はあるの？

5月

ギモンをカイケツ！

どこかの星座の範囲の中に入っているんだ。

星座は明るい星を結んでつくることが多いぞ

これがヒミツ！

①空の領域によって決められている星座

星座は、空の領域（部分）によって決められています。たとえば、オリオン座というのは、正式にはオリオン座がある領域をさしています。

②星座にふくまれない恒星はない

天球は、全部で88個ある星座の領域に分けられています。そのため、どの恒星も必ずどれかの星座にふくまれていて、星座にふくまれていない恒星はありません。

②銀河も星座にふくまれる

恒星だけでなく、恒星の集まりである「銀河」（→ P.345）も、星座にふくまれています。ただし太陽や、自分で光を出していない惑星や衛星などは、星座にふくまれません。

5月20日

人物

ユルバン・ジャン・ジョセフ・ルヴェリエ

どんな人？

目には見えなかった海王星を数学の力で導き出したよ。

海王星の環のひとつには、ルヴェリエの名前がつけられているんだって

こんなスゴイ人！

天文学だけではなく、天気を予報するための天気図をつくったんだって

①計算によって惑星の位置を予測した

フランスの数学者であり天文学者のルヴェリエは、パリ天文台で長期間研究をつづけ、天文学における計算理論の発展に大きく貢献しました。

②海王星の存在を計算で予測した

ルヴェリエは、天王星の変わった軌道を説明するために計算をおこないました。そして、当時まだ望遠鏡では発見されていないほど遠くの惑星（のちに海王星と命名される）の位置を、数学の力で予測したのです。

③海王星の発見者のひとりとなった

ルヴェリエは計算の結果をベルリン天文台のガレに手紙で送り、ガレにより新惑星（海王星）の発見にいたりました。同時期にイギリスのアダムスも同じ計算をしていたため、海王星発見はこの三者とされています。

1年より1日が長い惑星があるってほんとう？

クイズ

1. 天王星
2. 惑星にはない
3. 水星

1日の長さは、自転と公転の速さの組み合わせで決まるのじゃ

水星

水星の自転と公転の動きの組み合わせは、動画で見るとわかりやすいのじゃ

①地球は1日より1年が長い

地球の1年は、太陽のまわりを1周する公転にかかる時間で、約365日です。また、地球の1日は約24時間です。これは、地球が自分で1回転する自転にかかる時間で、太陽がのぼり、しずみ、またのぼるまでの時間でもあります。

②水星の1年と1日

ところが、この1日（太陽がのぼり、しずみ、またのぼるまでの時間）が、1年（太陽のまわりを1周するのにかかる時間）よりも長い惑星があります。太陽にいちばん近い惑星である水星です。水星の1日は地球で数えると約176日分、1年は約88日分で、なんと、1日が2年分にもなるのです。

③水星の1日が長いわけ

水星は約59日かけて自転しますが、同時に約88日かけて太陽のまわりをまわっています。そのふたつの動きを合わせると、水星で太陽がのぼり、しずみ、またのぼるまでに、約176日もかかるということが起きてしまうのです。

太陽と月

太陽の光で車を走らせることはできるの？

ギモンをカイケツ！

太陽光電池を使えば、走ることができるんだ。

ガソリンを使った自動車のような排気ガスを出さないのよ

これがヒミツ！

太陽光と風力を組み合わせて使う自動車も考えられているのよ

①太陽の光で走るソーラーカー

「太陽光電池」という装置は、太陽の光から電気を生みだすことができます。この太陽光電池を使えば、自動車を走らせることもできます。このような車を「ソーラーカー」といいます。

②蓄電池で夜も走る

太陽光電池は、太陽の光が当たっているときしか電気を生みだすことができないため、ソーラーカーはそのままでは昼間しか走ることができません。そのため、ふつうは「蓄電池」（電気をたくわえる電池）に電気をたくわえることで、夜でも走ることができるしくみになっています。

③レースなどでは活やくしている

太陽光電池が生みだすことができる電気はあまり多くないので、ソーラーカーはまだ、実用的ではありません。しかし、ソーラーカーを使ったレースなどはおこなわれています。

5月23日

地動説と天動説、地球が動いているのはどっち？

クイズ

① 天動説
② 地動説
③ どちらでもない

天動説は、昔の人の考えた宇宙の考え方なのさ

➡ こたえ ② 地動説

これがヒミツ！

天動説を支持した人は、地球が動くことは信じられなかったんだよ

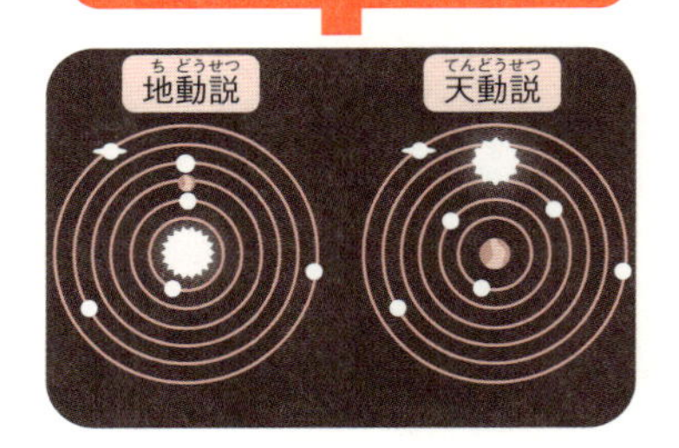

①宇宙の中心に地球がある

天動説は地球を中心に星がまわっているという考え方です。ローマ時代の学者であるプトレマイオス（→ P.45）が完成させ、約 1000 年にわたって信じられていました。

②宇宙の中心に太陽がある

その後、天体の観測技術が発達した結果、地動説を支持する人たちが現れました。地動説は、宇宙の中心に太陽があるという考え方です。ポーランドの天文学者コペルニクス（→ P.60）が本に書いたことがきっかけに広まりました。

③太陽も数ある星の１つ

地動説は長い時間をかけて受け入れられていきました。いまでは、天の川銀河の中に太陽系があり、その天の川銀河ですら、たくさんの銀河の中のひとつであるということがわかっています。

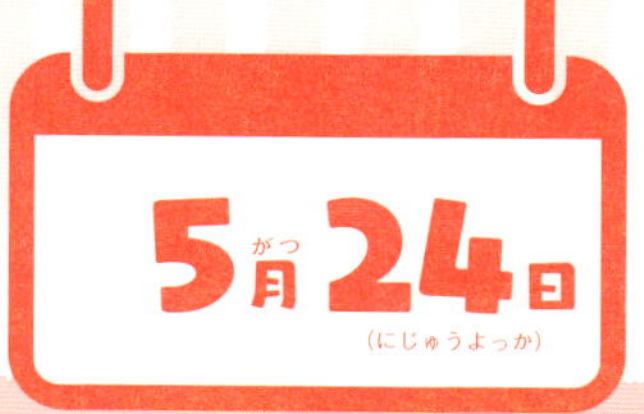

将来「宇宙港」をつくるとどんなことができるの？

クイズ

❶海の中から宇宙に行ける。
❷宇宙に行きやすくなる。
❸宇宙に瞬間移動ができる。

もっと宇宙が身近になるかもしれませんよ

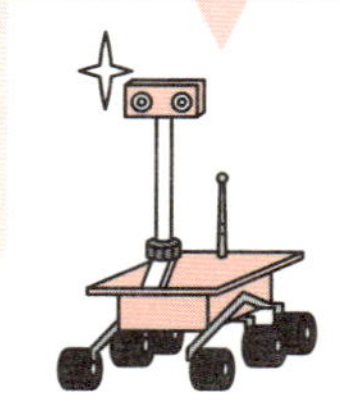

➡ こたえ ❷ 宇宙に行きやすくなる。

これがヒミツ！

宇宙港のできた地域が豊かになることも期待されているよ

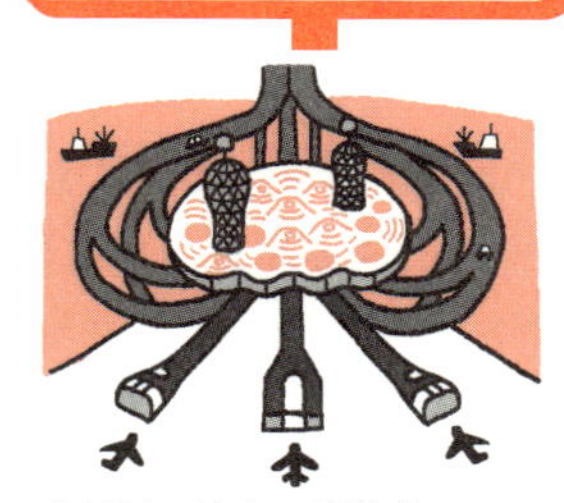

宇宙港の様子（想像図）

①宇宙に行くための「港」

「宇宙港（スペースポート）」とは宇宙に行くための空港です。ロケットの打ち上げが増えたため、さらに発射場をつくる必要がでてきています。将来的には、宇宙旅行をするときに使います。

②地球の移動にも使われる可能性がある

「宇宙港」は宇宙に行くためだけではなく、地球上のある場所から別の場所に移動するときにも使われるかもしれません。宇宙船を使って空気抵抗のない宇宙の中を移動することで、早く目的地に着けるようになります。また、「宇宙港」を中心とした新しい街をつくりだそうとしています。

③世界で始まる宇宙港づくり

現在は、実現に向けて、世界中で「宇宙港」の開発がおこなわれています。日本でも、2021年から北海道などで「宇宙港」がつくられはじめています。

5月25日

国際宇宙ステーション

宇宙酔いになるとどうなるの？

5月

クイズ

❶気持ち悪くなる。
❷元気になる。
❸さびしくなる。

宇宙酔いのなり方は、人によってちがいがあるんだよ

→こたえ ❶ 気持ち悪くなる。

これがヒミツ！

ふつうは4日くらいで「宇宙酔い」はなおるんだよ

①はき気を感じる宇宙酔い

重力（地球がものを引っぱる力）がない宇宙に行くと、人によっては数分から数時間ぐらいで、はき気などを感じることがあります。これを「宇宙酔い」といいます。ひどいときには、頭が痛くなったり、だるくなったり、食欲がなくなったりすることもあります。

②宇宙ではからだの向きや動きをうまく感じることができない

人間は、からだの向きや動きを、目と耳、それに筋肉で感じながらくらしています。ところが、重力のない宇宙では、からだの向きや動きを、重力がある地上と同じようにうまく感じることができません。

③脳が混乱して気分が悪くなる

そのため、からだの向きや動きをしっかりと感じることができなくなった脳が混乱し、気分が悪くなると考えられています。

5月26日

一番大きい星座はなに？

ギモンをカイケツ！

もっとも大きいのはうみへび座だよ。

にぎりこぶしを10こ並べたくらいの大きさがあるんだぞ

これがヒミツ！

①もっとも大きいのはうみへび座

第1位	うみへび座
第2位	おとめ座
第3位	おおぐま座
第4位	くじら座
第5位	ヘルクレス座

星座の大きさは、星座によって大きくことなります。もっとも大きな星座は、うみへび座です。うみへび座は6月の午後8時ごろ、東の低い空からま南の中ぐらいの高さにまでのびている、大きな星座です。

②ベスト3までで天球全体の約1割をしめる

2番めに大きな星座はおとめ座、3番目に大きな星座はおおぐま座です。1位のうみへび座、2位のおとめ座、3位のおおぐま座を合わせた広さは、天球全体の約10分の1になります。

③もっとも小さいのはみなみじゅうじ座

いっぽう、もっとも小さな星座は、南の空に見えるみなみじゅうじ座です。しかし、みなみじゅうじ座は明るい1等星を2つもっています。アクルックスとミモザとよばれています（→ P.362）。

5月27日

ジュール・ヴェルヌ

どんな人？

フランスのSF小説家で、科学技術の未来を予見したよ。

ヴェルヌの作品は科学的な知識や発見をもとにしているので、リアリティがあったんだって

こんなスゴイ人！

①宇宙探査や宇宙船のビジョンに影響をあたえた

ヴェルヌはフランスの小説家で科学小説をたくさん書きました。『月世界旅行』でえがかれたロケット型の宇宙船のアイデアは、宇宙飛行の先取りでした。

②科学的リアリズムを追求した

作中でヴェルヌは、地球の重力や天体軌道に関する考え方に、当時の天文学的な知識を取り入れました。このリアリズムを追求した内容は、実際の天文学や物理学の理論から見ても、おおむね正しいものでした。

ヴェルヌの『月世界旅行』『地底旅行』などはいまでも読まれているんだよ

③未来を予測し、科学を一般の人びとに広めた

現実ではまだ始まっていなかった、未来の宇宙飛行の実現を予言するかのようなリアルな描写も評価されました。そしてヴェルヌの科学小説を通して、多くの一般市民が宇宙や天文学に興味をもつようになりました。

5月28日

水星の昼と夜の温度のちがいはどれくらい？

クイズ

1. 約600℃
2. 約900℃
3. 約100℃

ほとんど空気がないことも、原因のひとつなのじゃ

約600℃

これがヒミツ！

①昼と夜の温度差が激しい惑星

水星は太陽に一番近い惑星です。太陽の光が当たると約430℃に、太陽の光がとどかなくなると約－170℃になり、昼と夜の温度差が激しくなっています。

②昼の暑さの理由

水星は太陽に近く、地球の約7倍もの熱が伝わります。また、水星の昼は地球の時間でいうと、約88日にわたってつづくため、温度が高くなります。

③夜が寒くなる理由

水星は地球のような空気がほとんどないため、太陽の熱はすぐににげてしまいます。水星の夜も昼と同じように約88日間つづくため、今度は温度が低くなってしまうのです。

水星は地球の4割くらいの大きさなんだよ

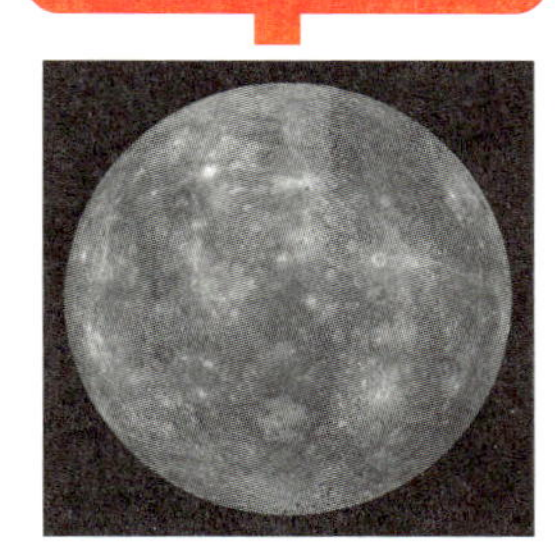

©NASA/Johns Hopkins University Applied Physics Laboratory/Carnegie Institution of Washington

5月29日

大昔の人も太陽を観測していたってほんとう？

昔の人も太陽の影を時計として利用していたのよ

ギモンをカイケツ！

多くの人が太陽の観測をしていたんだ。

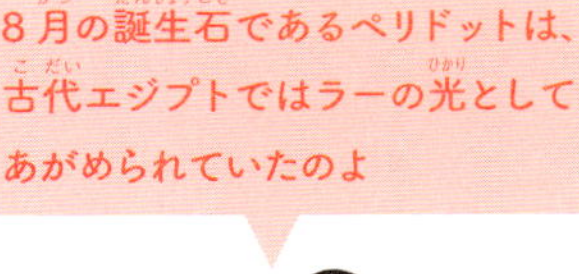

8月の誕生石であるペリドットは、古代エジプトではラーの光としてあがめられていたのよ

これがヒミツ！

①エジプトでは日時計が使われていた

いまから5000年ぐらい前のエジプトでは、すでに「日時計」がつくられていました。エジプトでは太陽の神ラーが、もっとも重要な神と考えられていたのです。

②ストーンヘンジはカレンダー!?

イギリスに、「ストーンヘンジ」という大昔の遺跡があります。ストーンヘンジはいまから3500～5000年ぐらい前につくられました。入り口は、1年でもっとも昼が長い夏至の日の出と、もっとも昼が短い冬至の日の入りの方角を向いているため、ストーンヘンジはカレンダーのようなものだったと考える人もいます。

③太陽の大きさやきょりを計算していた古代ギリシャ人

いまから2300年ほど前、古代ギリシャのアリスタルコスは、月の観察から、太陽までのきょりを計算していました。また、エラトステネス（→ P.31）は、太陽の光の当たる角度を観測して地球の大きさをほぼ正確に計算していました。

5月30日

恒星の明るさはいつも同じなの？

クイズ

❶ 変わるものもある。
❷ どれも変わらない。
❸ 地球からは見えない。

ほとんどの恒星は、長い間同じ明るさでかがやくのさ

→ こたえ ❶ 変わるものもある。

これがヒミツ！

①明るさの変わる恒星

明るさの変わる恒星を「変光星」といいます。「変光星」は、恒星が重なり合って暗くなるものと、恒星みずからの明るさを変えるものと2種類に分けられます。

「脈動変光星」のミラは大きくふくらんだときに暗くなるのさ

②恒星が重なって暗くなる

まず、恒星が重なり合って暗くなるものを「食変光星」といいます。明るい恒星の前に暗い恒星が重なることで、明るさが変化します。ペルセウス座β星の「アルゴル」が有名で、およそ2日の周期で明るさが変わります。

③星そのものが変化する

また、かがやきが変化する星もあります。そのうちのひとつである「脈動変光星」は、星の大きさが変化して明るさが変わります。「くじら座」の「ミラ」（→ P.325）が有名です。

5月31日

宇宙研究と宇宙開発

人工衛星ってどんなもの？

クイズ

1. 地球から星を観測する望遠鏡
2. 惑星のまわりをまわる機械
3. 人が乗って移動する宇宙船

地球のまわりにも、たくさんまわっているのですよ

→ こたえ 2 惑星のまわりをまわる機械

これがヒミツ！

①惑星のまわりを飛ぶ機械

「人工衛星」は宇宙を飛ぶ機械のなかで、惑星のまわりをまわるもののことをいいます。また、地球のまわりをまわるものだけを人工衛星とよぶこともあります。

②人工衛星の歴史はロシアから始まった

人工衛星は1957年にロシアが打ち上げた「スプートニク1号」から始まりました。現在では日本をふくめ、たくさんの国ぐにが人工衛星を飛ばすことに成功しています。

国際宇宙ステーションも人工衛星のなかまですよ

③生活と深く関わっている

地球をまわる人工衛星は、地球の様子を観測するだけではなく、電波を使って自動車や船、飛行機などに位置を教えたり、電話やテレビなどの音声や映像を遠くにとどけたりするためにも使われ、いまでは生活に欠かせないものになっています。

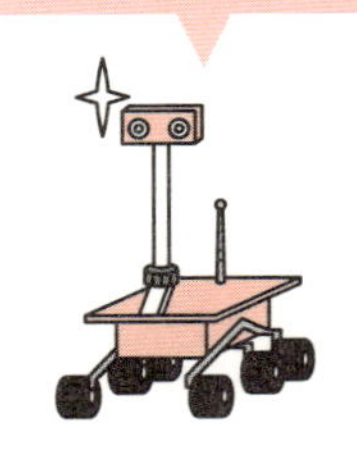

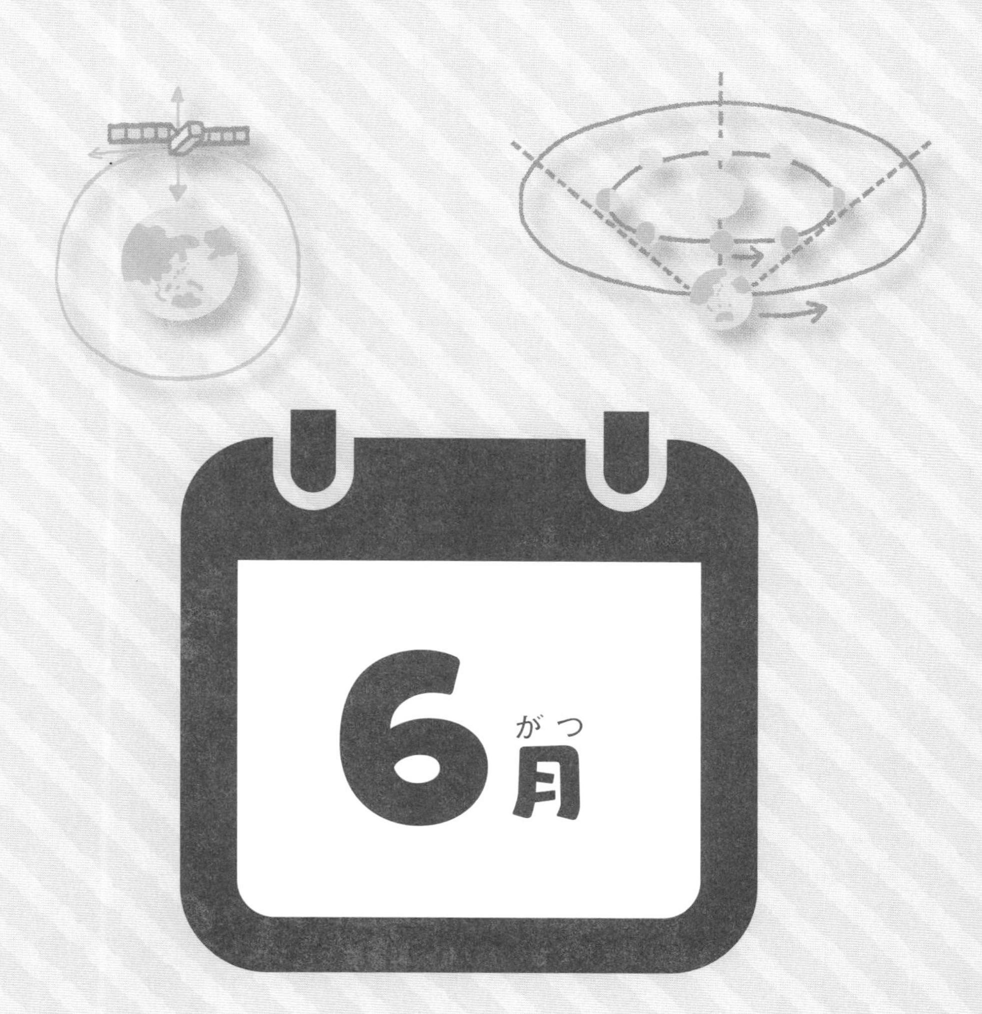
6月（がつ）

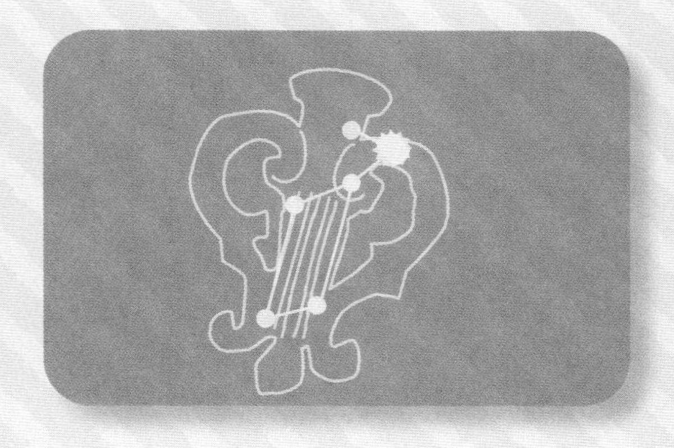

6月 1日（ついたち）

国際宇宙ステーションではどんな服を着ているの？

国際宇宙ステーションの中は、地上と同じような空気で満たされているんだよ

クイズ

1. 宇宙服
2. スーツ
3. 地球で着る服

➡ こたえ 3 地球で着る服

これがヒミツ！

ミッション名（チームの名前）がぬいつけられた、おそろいの服を着ることもあるんだよ

①特別な服を着ることはない

国際宇宙ステーション（ISS）の中は、気圧（空気がものをおす力）や温度などが、地上と同じような状態に保たれています。そのため、宇宙飛行士が空気のない場所で着るような宇宙服(→ P.310)を着ることはありません。

② JAXA からわたされる日本人飛行士の服

船内で着る服（船内服）は、ふつうは NASA（アメリカ航空宇宙局）からわたされますが、日本人飛行士の服は、日本の JAXA（宇宙航空研究開発機構）からわたされることもあります。これらの船内服は、かわきやすい、においがしにくいなどのすぐれた特ちょうをもっています。

③持っていく枚数は決められている

乗組員は宇宙に行くとき、決められた枚数の服しか持っていくことができません。たとえば、シャツなら 15 日あたり 1 枚、下着なら 3 日あたり 1 枚です。

6月

6月2日（ふつか）

夏の大三角をつくる星座はなに？

ギモンをカイケツ！

はくちょう座とわし座とこと座だよ。

これがヒミツ！

①ベガ、アルタイル、デネブからなる三角形

夏のま夜中、ま上付近に3つの明るい星が見えます。この3つの星を結んでできるのが「夏の大三角」です。夏の大三角をつくっている3つの白い星は、こと座のベガ、わし座のアルタイル、はくちょう座のデネブです。

こと座のベガとわし座のアルタイルは、七夕と関わりがあるよ（→ P.214）

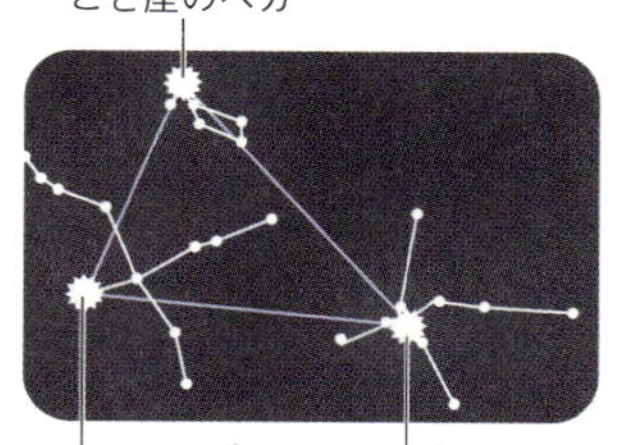

②もっとも明るいのがこと座のベガ

わし座のアルタイルとはくちょう座のデネブは、どちらも1等星です。こと座のベガは0等星で、もっとも明るくかがやきます。

③見られる季節が比較的長い

夏の大三角は、とくに夏に見やすい星ですが、春には夜中から明け方まで、秋には夕方から夜中まで見ることができます。

column 03

等級（何等星）

星によって明るさはちがうんだぞ

これだけでわかる！ 3POINT

❶ 天体の明るさを「○等星」と示すもの。

❷ 数字が小さくなるほど明るくなる。

❸ 1等級ちがうと明るさは2.5倍になる。

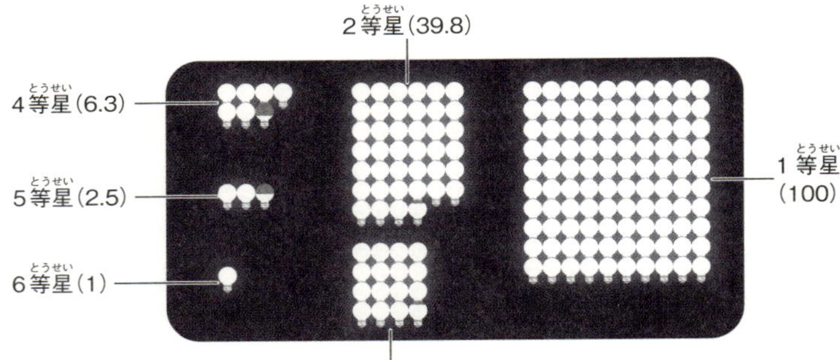

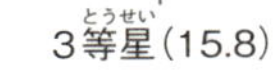

6等星の明るさを電球1個とすると、1等星は電球100個分の明るさなのですよ

肉眼で見ることができる星は、6等星より明るい星のことなんだよ

1等星より明るい星は0等星や-1等星で表すんだって。こと座のベガは0等星、おおいぬ座のシリウスはおよそ-1.5等星になるよ

6月 3日（みっか）

人物

H・G・ウェルズ

どんな人？

多いときは、1年に1冊作品を書いていたんだって

天文学や科学技術の進歩を背景にしたSF小説を書いたよ。

こんなスゴイ人！

①科学的な知識をふんだんに使って作品を書いた

ウェルズはイギリスのSF作家です。当時の科学的な知識をもとに科学の発展や社会的テーマをふくんだ作品を書き、現代SF文学の基礎を築きました。

②『宇宙戦争』で当時の宇宙観を反映させた

1898年の『宇宙戦争』では天文学や科学に関する知識を使って、火星人が地球を侵略するという話を書きました。当時は火星に知的生命体がいると考える人もいたため、『宇宙戦争』は広く読まれることになりました。

③タイムマシンを登場させた

過去と未来を自由に行き来する乗りものであるタイムマシンは、ウェルズが考え出しました。タイムマシンは時間や空間についての考えを広げ、多くの人に影響をあたえました。

『宇宙戦争』の火星人は、毒ガスや熱線を飛ばす武器をもっているんだって

6月 4日（よっか）

地球から水星は見えづらいってほんとう？

クイズ

❶ 水星は地球から見ることができない。
❷ 水星は何年かに１度見ることができる。
❸ 水星はすぐに見えなくなってしまう。

明け方の東の空や夕方の西の空の低い位置をさがすと見つけることができる可能性があるんじゃ

→ こたえ ③ 水星はすぐに見えなくなってしまう。

これがヒミツ！

地球よりも、水星や金星は太陽の近くを動いているんだよ

太陽
水星
地球から水星が見える位置
地球

①太陽に近い惑星

地球は太陽系のなかで太陽から数えて３番目の惑星です。惑星のなかで地球より太陽に近い水星と金星のことを「内惑星」、地球より太陽から遠い火星、木星、土星、天王星、海王星のことを「外惑星」とよびます。

②明け方か夕方に見える

地球より内側をまわる内惑星は夜の空で見ることはできません。朝か夕方のどちらかの空を観察すると見つかります。地球から見て太陽の西側にあるときは太陽より先に東の空にのぼり、太陽の東側にあるときは太陽がしずんだあとの西の空でかがやきます。

③短い間だけ低い空に見える

内惑星は、日の出前か日の入り後の短い時間以外は、太陽の光にかくれてしまいます。水星は一番太陽に近いため、空の低いところにあるときしか見えないのです。

6月 5日（いつか）

どんな星が衛星ってよばれているの？

ギモンをカイケツ！

惑星のまわりをまわっている星だよ。

人間が打ち上げて、地球のまわりをまわっている物体のことは、「人工衛星」というのよ

これがヒミツ！

①惑星のまわりをまわっている衛星

太陽のように、自分で光を出してかがやいている星を「恒星」、地球のように恒星のまわりをまわっている星を「惑星」といいます。そして、惑星のまわりをまわっている星を「衛星」といいます。

火星には、地球とちがって2個の衛星があるのよ

②地球の衛星である月

わたしたちにとって、もっとも身近な衛星は月です。月は、約27日かけて、地球のまわりをまわっています。

③木星や土星には多くの衛星がある

地球の衛星は月だけですが、1個の惑星に衛星が1個とはかぎりません。木星には大きなものだけでイオやエウロパなど4個の衛星があり、小さなものをふくめると、その数は100個ほどにもなります。また、土星にもタイタンなど多くの衛星があり、小さなものをふくめると150個ほどの衛星があります。

6月 6日（むいか）

1等星は6等星より どれくらい明るいの？

「何等星」とは、目で見える星の明るさのことなのさ

ギモンをカイケツ！

100倍明るさがちがうよ。

日本では冬に1等星をたくさん見ることができるのさ

①星の明るさのちがい

「何等星」とは、星を明るさでグループ分けしたものです。1等星が1番明るく、6等星がもっとも暗い星になります。6等星が5等星になると、明るさは約2.5倍になります。1等星と6等星の明るさのちがいは、100倍になります。

②目で見える星の明るさ

「何等星」の考え、すなわち「等級」は、古代ギリシャの天文学者のヒッパルコスがつくったものです。当時は空で一番明るい星を1等星に、ぎりぎり目で見える星を6等星にしていました。しかし、それからのちに星の光を測定して明るさのちがいを使って表すようになりました。

③1等星の数

1等星以上の明るい星は、ぜんぶで21個しかありません。1等星を2つもつ星座は「オリオン座（→ P.370）」と「ケンタウルス座（→ P.126）」、さらに「みなみじゅうじ座（→ P.362）」です。

6月 7日
(なのか)

人工衛星は調べたことをどうやって地球にとどけているの？

ギモンをカイケツ！

人工衛星が出す電波に乗って送られているよ

電波で地球に向かって情報を送っているのですよ

これがヒミツ！

人工衛星と地上局は、電波でやりとりをしているんだね

人工衛星とパラボラアンテナ

①地上に電波を送る

宇宙にある人工衛星は地上につくられた「地上局」とよばれるところから電波を送って操作をしています。また、人工衛星の情報は、電波になって地球に向かいます。送られた電波は、地上局が受けとっています。

②地上から人工衛星に指示を出す

人工衛星と地上局のやりとりは、「パラボラアンテナ」を使っておこないます。パラボラアンテナから送る電波を使って、人工衛星の調子の確認や、飛ぶ位置の調整もすることができます。

③世界中にある地上局

日本の人工衛星の地上局は日本だけではなく、スウェーデンやオーストラリアやチリにもつくられています。世界各地に地上局を建てることで、日本から離れたところを飛ぶときでも、人工衛星の動きを追いかけ、指示を送ることができます。

6月8日

（ようか）

国際宇宙ステーションではふろはどうしているの？

クイズ

①毎日入る。
②7日に一度入る。
③入らない。

水の多くは地球から運んでいるんだよ

➡ こたえ ③ 入らない。

これがヒミツ！

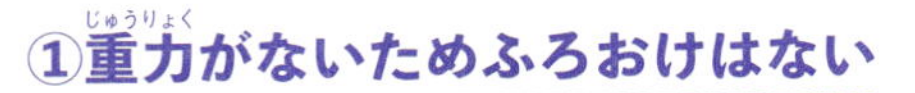

①重力がないためふろおけはない

重力（地球がものを引っぱる力）がはたらかない国際宇宙ステーション（ISS）の中では、ふろおけに水をためることができません。そのため、ふろに入ることはできません。

②シャワーもない

ないのは、ふろだけではありません。シャワーは水が飛びちってしまうため、シャワーもありません。顔やからだは、ぬれたタオルでふくだけです。

歯みがきに使った水は、そのまま飲みこんでしまうこともあるんだよ

③シャワーのついた宇宙船もあった

昔の宇宙船のなかには、シャワーがあるものもありました。しかし、使い終わったあと、掃除に時間がかかったため、使われなくなりました。

虫の名前のついた星座があるってほんとう？

カメレオンにねらわれているみたいに見えるんだぞ

ギモンをカイケツ！

カメレオン座のとなりに、はえ座があるんだ。

これがヒミツ！

そのほかにも、川の名前であるエリダヌス座（→ P.355）などの変わった名前の星座があるぞ

①変わった名前の星座もある

星座の名前は、動物や神話の登場人物、ものや道具などにちなんだ名前がほとんどです。しかし、なかにはちょっとめずらしい名前の星座もあります。はえ座は、そのような変わった名前の星座のひとつです。

②昆虫の名前がついたただひとつの星座

はえ座は、88 個の星座のなかでただひとつ、昆虫の名前がついた星座です。いまから 400 年ほど前にオランダでつくられたこの星座は、はえ座という名前のほかにみつばち座ともよばれ、しばらくの間は両方の名でよばれていました。

③ 20 世紀に正式な名前が決まった

その後、20 世紀に入って国際天文学連合（IAU）によって星座が 88 個とされたときに、正式にはえ座とされました。

ウジェーヌ・デルポルト

どんな人?

現在ある88個の星座を確定させたよ。

国際的に通用する星座の地図をつくったんだって

こんなスゴイ人!

① 88星座の決定に関わった

デルポルトはベルギーの天文学者です。小惑星や彗星を観測し、多くの天体を発見するとともに、88星座を区切る境界線の案を出して採用されました。

②時代や地域でばらばらだった星座を統一した

いろいろな時代や地域でそれぞれことなっていた星座ですが、デルポルトは世界の天文学者たちと話し合って、星座を88種類に整理することを提案しました。

デルポルトはたくさんの小惑星も発見したんだって

③星座表を出版した

デルポルトの星座境界線の案は国際天文学連合で承認され、1930年にケンブリッジ大学出版会から出版されました。デルポルトの案は、現在でも星座の基準になっています。

6月 11日

「明けの明星」、「宵の明星」ってなんの星のこと？

クイズ

❶ 土星
❷ 金星
❸ 火星

明け方か夕方の空で見ることができるのじゃ

➡ こたえ ② 金星

これがヒミツ！

「宵の明星」は「一番星」とよばれることもあるのじゃ

①明るい惑星

金星は水星と同じ、地球の内側をまわる内惑星です。「明けの明星」は、金星が日の出前の空にかがやいて見えることをいいます。金星の雲はよく光を反射するため、太陽と月の次に明るく見えます。

②明け方と夕方の空に見える

明けの明星は金星が太陽の西側にあるときに太陽がのぼるより先に明け方の空で光ります。反対に、太陽の東側にあるときは、「宵の明星」とよばれ、太陽のしずんだあとの夕方の空で観察できます。

③観察できないときがある

明けの明星と宵の明星の間には、しばらく観察できない時期があります。明けの明星のあとは太陽の後ろ側に金星が移動をして見えなくなり、宵の明星のあとは地球と太陽の間に金星がくるため見えなくなります。

6月12日

月はどうして形が変わるの？

6月

ギモンをカイケツ！

太陽の光が当たっていない部分が、欠けて見えるからだよ。

月は太陽の光の当たり方で、明るいところが変化するのよ

これがヒミツ！

新月から次の新月まで30日くらいかかるのよ

①太陽の光が当たっていない部分が欠けて見える

月は、太陽の光をはね返すことで光っています。そのため、太陽の光が当たっていない部分は、わたしたちから見ると黒く欠けて見えます。

②欠け方は月の位置によって変化する

月は、地球のまわりをまわって、約1か月かけてふたたび太陽の方向にもどってきます。このとき、月と地球、太陽の位置関係によって、月の欠け方はちがって見えます。太陽と同じ方向に月があるときは、月が影になって見えなくなる「新月」になります。新月から2日たったころに見える月が「三日月」です。

③満月を経てふたたび新月に

そして、半分だけ欠けた「上弦」を経て、新月から約15日後に月が太陽とは反対の方向にくると「満月」になります。その後は、ふたたび少しずつ欠けはじめ、満月から約15日後に新月にもどります。

6月 13日

「何等星」と「等級」はなにかちがうの？

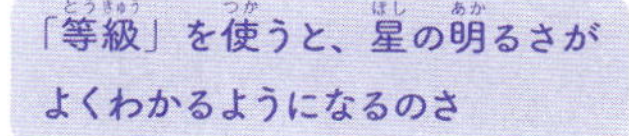

「等級」を使うと、星の明るさがよくわかるようになるのさ

ギモンをカイケツ！

何等星と何等級はまったく同じ意味だよ。

これがヒミツ！

明るさをはかる単位は、古代ギリシャのころからあったのさ

①ひとつひとつの星の明るさがわかる

「等級」はそれぞれの星の明るさを表しています。「こと座」の「ベガ」を0等星として、ほかの星の明るさを決めています。

②明るい星の等級は0より小さい

等級では小さい数字ほど明るく、ベガより明るい星はマイナスを使って表します。たとえば夜空で一番明るい恒星のシリウスはおよそ－1.5等星、太陽はおよそ－27等星になります。

③本当の星の明るさもわかる

等級には、地球から見た「見かけの等級」と、星を同じ位置に並べたときの明るさを表す「絶対等級」があります。太陽とシリウスを絶対等級で表すと、太陽は4.8等星、シリウスは1.4等星になり、シリウスのほうが明るい星であることがわかります。

6月14日（じゅうよっか）

テレビに人工衛星が使われているってほんとう？

ギモンをカイケツ！

衛星放送では、人工衛星を使って、家に直接番組をとどけているよ。

テレビやラジオの放送局の電波を地上に送っているのですよ

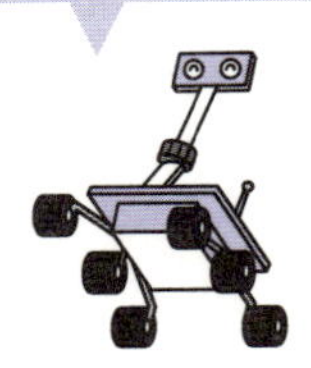

これがヒミツ！

①人工衛星からとどくテレビ放送

人工衛星からとどくテレビ放送は、「衛星放送」とよばれます。衛星放送は、1986年から日本が世界に先がけて始めました。

「放送衛星」は地上から約36000kmはなれた「静止軌道」を飛んでいますよ

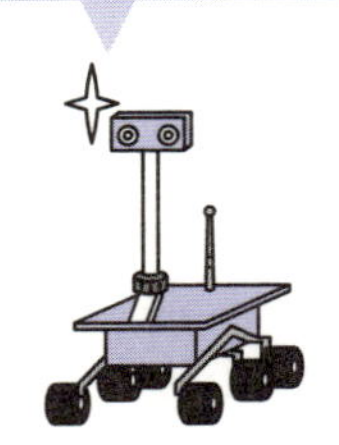

②テレビ放送の種類

衛星放送は、人工衛星の電波を受けとれる環境にすることで見ることができます。人工衛星を使わずにとどけられるテレビは、「地上波」とよばれて区別されています。衛星放送では地上波がとどきにくいところでも、きれいな映像を見ることができます。

③衛星放送は２つある

電波を送る人工衛星の種類によって衛星放送は「BS放送」と「CS放送」に分けられます。BS放送とCS放送の中にあるSは衛星（satellite）を表しています。

6月15日

国際宇宙ステーションの中ではどんなご飯を食べるの？

クイズ

しっかりと仕事をするためには、おいしい食事も大切なんだよ

❶火を使って調理をする。
❷地球からできたての食事が配達される。
❸宇宙用の食事を持っていく。

➡ こたえ ❸ 宇宙用の食事を持っていく。

これがヒミツ！

①いまから60年以上前に登場した宇宙食

国際宇宙ステーション（ISS）などの宇宙船で食べる食事を「宇宙食」といいます。宇宙食が登場したのは、1960年代初めでした。当時の宇宙食はチューブ入りのやわらかいもので、あまりおいしくありませんでした。

国際宇宙ステーションで食べられる「宇宙日本食」だよ

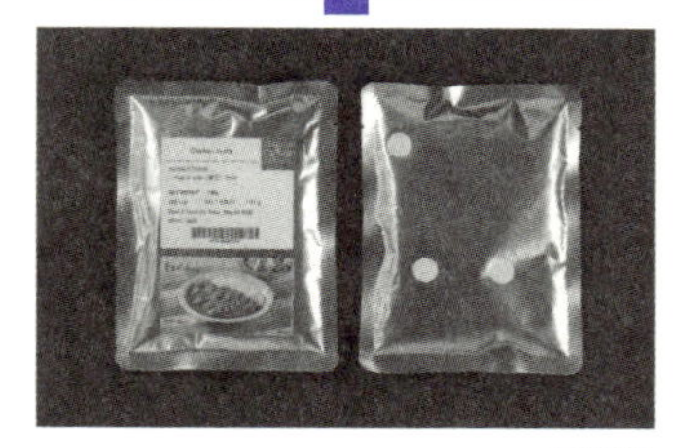

©JAXA

②いまでは300種類以上の料理が食べられる

その後、いまの国際宇宙ステーションでは、地上で食べるものと同じような内容の、300種類以上の料理を食べることができるようになりました。その多くは長く保存できるように、プラスチックの容器に入れられています。

③お湯でもどしたり、オーブンであたためたりする

食べるときには、かわいているものは水やお湯を入れてもどし、冷えているものはオーブンであたためて食べます。

6月16日

こと座のことはどんな楽器？

クイズ

① 木琴
② たてごと
③ 日本のこと

たてごと

①こと座のことは小さなたてごと

昔から日本で使われていることは、細長くて大きく、ゆかにおいて演奏します。それに対してこと座のことは、小さくて持ち運ぶことができ、おもにひざの上にのせて演奏する「たてごと」です。

このたてごとは、神アポロンがくれたたてごとなんだ

こと座

②アポロンがオルフェウスにさずけた

星座になった「たてごと」は、ギリシャ神話のなかで太陽神のアポロンが、オルフェウスにさずけたものとされています。

③ゼウスによって星座にされた

オルフェウスは、成長するとたてごとの名手になりましたが、ヘビにかまれて死んでしまった妻をあの世から連れ帰ることに失敗し、さらにその後、酒によった女神によって殺されてしまいます。これをかわいそうに思った大神ゼウスが、オルフェウスのたてごとを星座にしました。

6月17日

オスカー・フォン・ミラー

どんな人？

いまにつづくプラネタリウムの技術を考え出したよ。

宇宙の模型をつくろうとしたんだって

こんなスゴイ人！

①ドイツ博物館を創設した

ミラーはドイツの電気技師で、エネルギー工学や電気工学の分野で活躍しました。科学技術を広めるのにも積極的で、1903年にドイツ博物館を創設しました。

②ドイツ博物館の展示でプラネタリウムを導入した

このドイツ博物館には天文学に関する展示がふくまれており、天文学教育の普及に大きな役割を果たしました。特に、世界初の近代的プラネタリウムの導入は、一般の人びとの天文学への興味を深めました。

ツァイス社の屋上での試写会には、2か月で5万人もの人がおし寄せたよ

③プラネタリウムの基本原理を完成させた

ミラーは天体の動きを再現するため、光学機器メーカーのカール・ツァイス社に依頼して、光学式プラネタリウムをつくりました。このときに、現在でも使われている、ドームに天体を投影するアイデアが生まれました。

6月18日

「金星に人は住めない」というのはほんとう？

クイズ

❶宇宙人が近づかないでほしいと言っている。
❷何日間かは地球にいるように過ごせる。
❸住めない。

太陽系の惑星のなかで一番熱い惑星なのじゃ

➡ こたえ ❸ 住めない。

これがヒミツ！

金星の地面は雲におおわれていて見えないのじゃ

①地球とほぼ同じ大きさ

金星は地球の1つ内側をまわる惑星です。金星は大きさと重さが地球より少し小さいくらいです。

②熱すぎる惑星

地球は、もともと熱い星でしたが、雨が降ったことで温度が下がりました。しかし金星は太陽に近いため、熱くなりつづけました。金星の空気の約96%が二酸化炭素であることから、熱をためこんでしまい、いまでは表面の温度は昼も夜も約470℃になっています。

③空も地面も危ない

金星は分厚い雲におおわれており、地上にまではとどかないものの、上空ではふれただけでやけどをしてしまうような硫酸の雨が降っています。さらに金星の空気の量は多いため、気圧も高く、地球の地上の約90倍の圧力がかかります。小指のつめくらいの大きさに、約90kgの重さを受けることになります。

6月 19日

月が一晩中見えない日があるのはどうして？

ギモンをカイケツ！

新月だったり、天気が悪かったりすることが原因だよ。

新月は太陽と同じ昼間の 12 時に、一番空の高いところまで上がるのよ

これがヒミツ！

新月からどれくらい経ったのかは、「月齢」で表すのよ

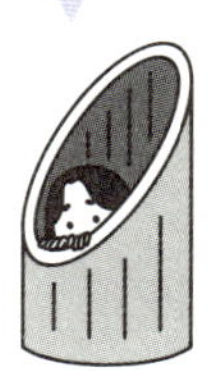

①地球や太陽の位置によって月が見えなくなる

月は、満ち欠けをしながら地球のまわりをまわっています。そのため、地球から見て太陽と同じ方向に月があるときは、月を見ることができなくなります。これを「新月」といいます。

②新月は約 30 日おきにやってくる

太陽の方向にあった月は、地球のまわりをまわったあと、約 1 か月かけてふたたび太陽の方向にもどってきます。そのため、月のすがたが見えなくなる新月は、約 1 か月おきにおとずれます。

③くもっているときも月が見えない

天気が悪くなって空がくもっているときは、月を見ることができません。また三日月のときは夕方にすぐ月はしずんでしまうので、真夜中に月を見ることはできません。

宇宙にも雲はあるの？

ギモンをカイケツ！

雲が名前につく種類の天体があるんだよ。

水からできる雲は、宇宙では見られないのさ

これがヒミツ！

①地球の雲のでき方

地球の雲は、小さな水や氷のつぶが集まってできています。宇宙空間には水はほとんどなく、地球の雲も重力によって引き寄せられているため、宇宙に出ていくことはありません。

天の川の黒いところも、「暗黒星雲」とよばれる「星雲」が見えているのさ

②地球以外の天体の雲

しかし、雲は地球だけのものではありません。金星や木星、土星、天王星、海王星では、水以外の物質でできた雲が見られます。

③宇宙空間の雲

じつは、宇宙空間にも雲が名前につく天体があり、「星雲」といいます。星雲は、宇宙のチリやガスがこく集まったところです。星雲の中から星が生まれてくることがあります。

6月 21日

人工衛星はどうやって飛んでいるの？

ギモンをカイケツ！

人工衛星は地球の重力のおかげでまわっていることができるのですよ

宇宙空間から落ちないようにしながら地球のまわりをまわっているよ。

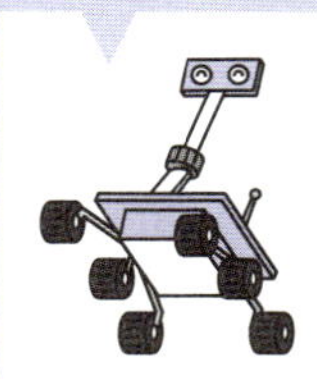

これがヒミツ！

速く飛びすぎると、地球から離れていってしまいますよ

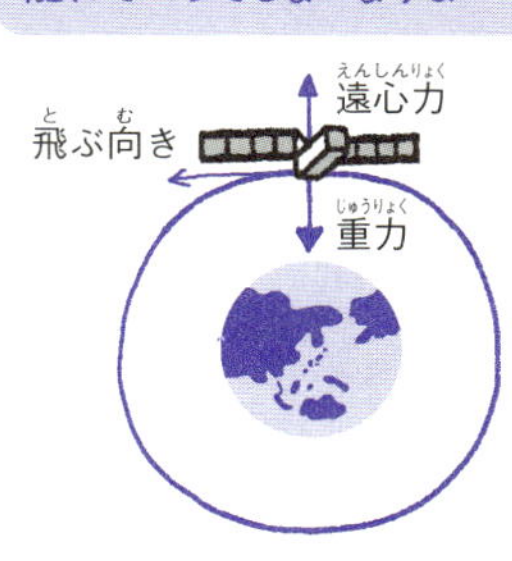

①宇宙空間のものの進み方

宇宙空間では、スピードを落とす原因となる空気がほとんどないため、一度スピードを出すことができれば、なにもしなくてもずっと同じ速度で進んでいきます。

②地球の力が関わっている

しかし、宇宙空間にも地球の重力（引っ張る力）がとどいています。重力に負けてしまうと、人工衛星は地球に落ちてきてしまいます。人工衛星は地球の重力と、地球をまわることで生まれる遠心力がバランスをとることで、地球のまわりをまわることができるようになっています。

③飛ぶ高さによって地球をまわる速さが変化する

人工衛星の地球をまわる速さは、地球からどれくらい離れたところを飛んでいるかによって変わります。遠いところをまわるものほど、地球の重力（引っ張る力）が弱くなるため、ゆっくりと飛ぶことができます。

6月22日

国際宇宙ステーションで飲みものをコップに入れるとどうなるの？

水などの飲みものは、機械の故障の原因になることもあるんだよ

クイズ

❶コップからはい出す。
❷底にたまる。
❸固まる。

➡ こたえ ❶ コップからはい出す。

これがヒミツ！

①国際宇宙ステーションの中ではものがプカプカ宙をただよう

国際宇宙ステーションの中では、重力（→ P.46）（地球がものを引っぱる力）がはたらいていません。そのため、上も下もなく、ものはプカプカと宙をただよいます。

②コップの表面を広がっていく飲みもの

この状態でコップの中に水などの飲みものを入れると、どうなるでしょう。飲みものはコップのそこにとどまっていることができず、コップの表面全体に少しずつ広がっていきます。そして、コップのふちまで広がった水は、コップの外側をはうようにして出ていきます。

水がはい出してこないように、特別な形になったカップもあるんだよ

③パックに入った飲みものをストローで飲む

このように、飲みものはコップの中にためることができないため、乗組員は水などの飲みものを飲むときにコップを使わず、パックに入ったものをストローで飲みます。

6月23日

星座の形は ずっと同じなの？

北斗七星（→ P.82）の形も、数十万年たつと大きく変わるんだぞ

ギモンをカイケツ！

長い時間をかけて、少しずつ変化するんだ。

これがヒミツ！

形が変化をしている ことがわかるよ

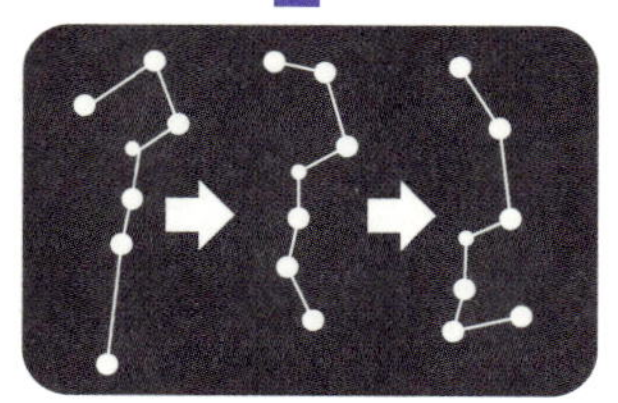

20万年前　現在　20万年後

①おたがいに遠くはなれている星座の星

星座を形づくっている星（恒星）は、地球からたまたまそのようなならびに見えているだけです。星座の上ではとなり合って見える星でも、そのきょりは遠くはなれていることがほとんどです。

②星座の形は長い時間をかけて変わる

それぞれの恒星は、何十万年という時間をかけて、それぞれが勝手な方向に少しずつ動いています。そのため、長い時間がたつと星座の形は変化してしまいます。

③星座の形の変化に気づいたハレー

星座の形が変化することに気づいたのは、いまから約 300 年前のイギリスの天文学者ハレー（→ P.120）でした。ハレーは、古代ギリシャの記録に残っていた星の位置と自分が見た星の位置をくらべて、一部の星が動いていることを発見したのです。

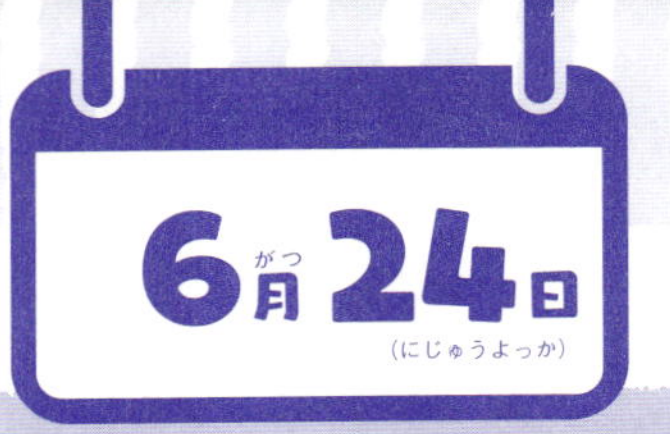

コンスタンチン・ツィオルコフスキー

どんな人？

ロケットの研究をした宇宙工学の先駆者だよ。

ロケット技術や宇宙探査の分野で、重要な役割を果たしたため、「宇宙旅行の父」ともいわれているんだって

こんなスゴイ人！

①「ツィオルコフスキーの公式」をつくった

ツィオルコフスキーはロシアの物理学者です。「ツィオルコフスキーの公式」という、ロケットの重さとロケットのスピードの関係を示す公式をつくりました。

ツィオルコフスキーは宇宙飛行を題材にしたSF小説やエッセイも書いていたんだって

②宇宙飛行理論をつくり上げた

ツィオルコフスキーは、人類が地球をこえて宇宙へ進出する可能性を示しました。「地球は人類のゆりかごである。人類は地球というゆりかごに留まっていないだろう」という名言も残しています。

③液体燃料ロケットや多段式ロケットを提案した

ツィオルコフスキーは、ロケットのスピードを上げるための液体燃料の使用や、燃焼した部分を切りはなしていく多段式ロケットなどを提案し、現代のロケット技術に必要な考え方の基礎をつくりました。

6月25日

金星にある、食べものの名前のついた火山はなに？

クイズ

❶パンケーキドーム
❷フルーツドーム
❸ステーキドーム

山のてっぺんが平たいことから名づけられたのじゃ

→ こたえ **1** パンケーキドーム

金星のクレーターは、日本人の名前のマリコ、レイコなどがつけられているのじゃ

これがヒミツ！

①金星の火山の１つ

金星には、ねばり気の強い溶岩でつくられた火山が見られ、「パンケーキドーム」とよばれています。一番高いところは平たくなっています。

②地球にも似た火山がある

地球でも、ねばり気の強い溶岩でできた火山を見ることができます。溶岩ドーム型火山とよばれ、日本では北海道の昭和新山、神奈川県の箱根の駒ヶ岳などで見られます。世界最大の溶岩ドーム型火山で有名なものは、アメリカのカリフォルニア州にあるラッセン山です。標高は 3178 mあります。

③金星のクレーターの名前

金星はほかにも、特徴的な名前がつけられたところがあります。金星が英語では「ビーナス」という女神の名前であることから、クレーターには世界の女性の名前がつけられているのです。

6月26日

太陽と月

月のよび名ってどれくらいあるの？

ギモンをカイケツ！

新月と満月以外にも、月の形によってさまざまなよび名があるんだよ。

月の出る時刻にちなんでつけられたよび名もあるのよ

6月

これがヒミツ！

①満月になるまでの月

月は満ち欠けをしています。新月から満月まで約15日かかります。この間に三日月や、右半分だけ光る上弦が見られます。

②満月を過ぎたあとの月

満月が終わると、新月に向けて約15日かけて、欠けていきます。満月を過ぎた月は左半分だけ光る下弦まで、十六夜月、立待月、居待月、寝待月などが見られます。日がしずんでから見られます。

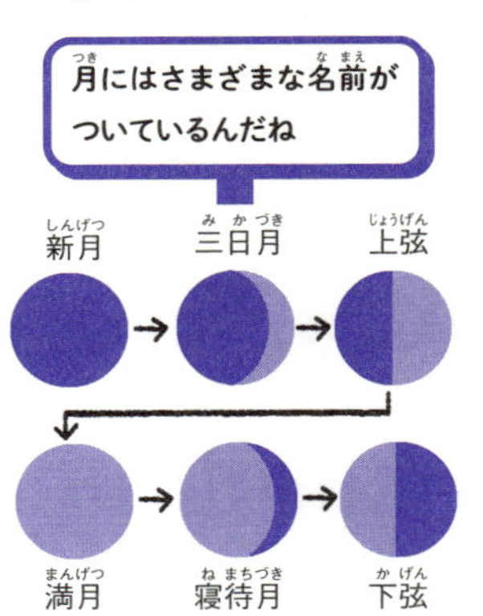

③月のよび名と月の出

十六夜月、立待月、居待月、寝待月の順番で月の出る時刻はおそくなります。立待月は日がしずんでから立って待てる時刻に、居待月は座って待てる時刻に、寝待月は寝るくらいのおそい時刻にのぼることから名づけられています。

6月27日

天の川は川なの？

クイズ

1. 水が流れている
2. 星の集まり
3. 宇宙のはじっこ

→ こたえ 2 星の集まり

これがヒミツ！

天の川銀河は、約120億年前にできたと考えられているのさ

天の川銀河（イメージ図）
©NASA/JPL-Caltech

①地球は銀河の中にある

地球は天の川銀河（または、銀河系とも）という星がたくさん集まった天体の中にあります。天の川銀河を内側からながめると、川のように見えます。これは、たくさんの星が集まって光の帯のように見えるためです。

②丸い形

地球がある天の川銀河は、渦巻銀河とよばれるなかまで、渦をまいて平べったい形をしています。地球をふくむ太陽系は、天の川銀河の中心からはなれたところにあります。天の川銀河をふくむ渦巻銀河は、中心は年老いた星、まわりの腕のようなところに若い星が集まっています。

③天の川は動く

天の川銀河は回転しています。地球がある太陽系は、約2億年かけて、天の川銀河を1周しています。

6月28日

宇宙研究
と宇宙開発

天気予報に使われる日本の気象衛星はなに？

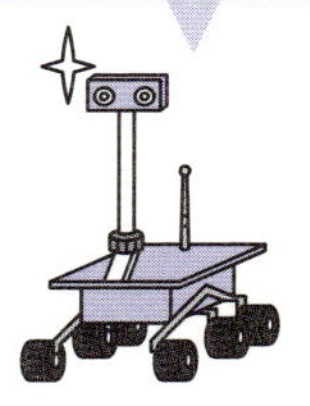
毎日の天気予報に
活躍しているのですよ

ギモンをカイケツ！

「ひまわり」という気象衛星が使われているよ。

これがヒミツ！

①気象衛星の仕事

気象衛星の「ひまわり」は、日本周辺の天気を観測するための人工衛星です。日本やオーストラリアなどの気象の様子を観測しています。台風の進路の予想や天気予報にも役立っています。

②気象衛星の歴史

日本で最初の気象衛星である初代ひまわりは、1978年から使われ始めました。現在は、ひまわり８号とひまわり９号が飛んでおり、2029年まで使われる予定です。

ひまわり８号は９号と同時に使われているんだよ

ひまわり９号
ひまわり８号

出典：気象庁ホームページ（https://www.data.jma.go.jp/mscweb/ja/general/himawari.html）

③気象衛星ひまわりの進化

ひまわりは、改良が進められています。ひまわり８号からは、観測回数も増えています。また、細かいところまで映って見えるようになったことで、天気の変化をくわしく追いかけられるようになっています。

6月29日

国際宇宙ステーションにも塩、こしょう、ケチャップはあるの？

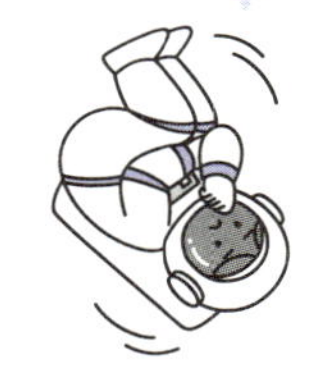

宇宙に行くと、味がわかりづらくなるんだよ

？ クイズ

❶調味料は塩のみ。
❷調味料はない。
❸いろいろな調味料がある。

➡ こたえ ❸ いろいろな調味料がある。

これがヒミツ！

マヨネーズは長もちするように、油に入っている酸素を取りのぞいているんだよ

①さまざまな調味料が用意されている

国際宇宙ステーション（ISS）では、宇宙食をおいしく食べるための、さまざまな調味料も用意されています。その種類は、塩とこしょう、ケチャップ、マヨネーズ、マスタードです。

②長期間保存できるように工夫されているものもある

ケチャップやマヨネーズ、マスタードのようにねばり気のあるものは、そのまま料理にまぜたりのせたりすることができるので、地上で使うものとほとんど変わりません。ただし、より長い期間、保存できるように、特別なつくり方でつくられているものもあります。

③塩やこしょうは液体になっている

塩やこしょうなど、粉になっている調味料は、重力（地球がものを引っぱる力）がはたらいていない国際宇宙ステーションの中では飛びちってしまいます。そのため、これらの調味料は、水のような液体になっています。

6月30日

へびつかい座はへびを使ってなにをしていたの？

へびつかい座の持つへびも
星座になっているんだぞ

クイズ

① ヒツジの世話をしていた。
② 死んだ人を生き返らせていた。
③ 料理をつくっていた。

➡ こたえ ② 死んだ人を生き返らせていた。

これがヒミツ！

夏の夜に大きく見える
星座だよ

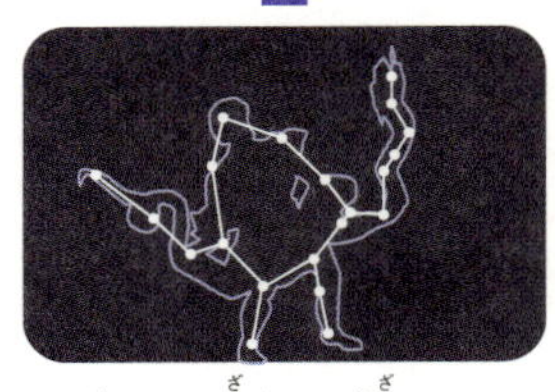

へびつかい座とへび座

①へびつかいは医者のアスクレピウス

へびつかい座は、春から夏にかけて、おもに南の空に見える星座です。このへびつかいは、ギリシャ神話に登場する医者のアスクレピウスだといわれています。

②死んだ人を生き返らせたアスクレピウス

太陽神アポロンの息子として生まれたアスクレピウスは、ヘビが薬草を使って死んだ仲間を生き返らせる方法をまねて、死んだ人を生き返らせることができるようになりました。

③ゼウスに殺されて星座になった

ところが、死者の国の神ハデスは、死者を生き返らせることに腹を立て、アスクレピウスを大神ゼウスに殺させてしまいます。すると、今度は父親のアポロンがいかります。こまったゼウスは、アポロンのいかりをしずめるために、アスクレピウスをへびつかいとして星座にしたということです。

7月

星座早見盤

7月 1日(ついたち)

カール・シュバルツシルト

どんな人?

ブラックホールの存在を示す答えを見つけたよ。

ブラックホールの理論を支える大事な基礎をつくったんだって

7月

こんなスゴイ人!

①アインシュタインの理論に答えを出した

ドイツの物理学者のシュバルツシルトは、アインシュタイン(→ P.215)の一般相対性理論の数式に対し、発表後数か月で答えを導きだしました。

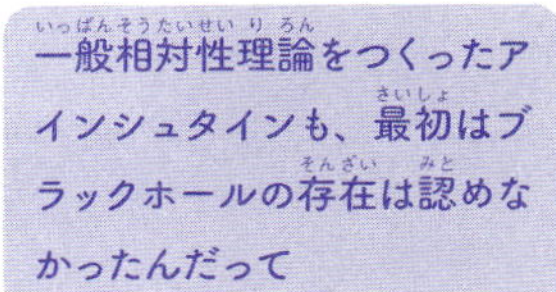

②ブラックホールが存在する理論を示した

導きだした「シュバルツシルト解」という理論の発見によって、「ブラックホール」の存在を示しました。また、宇宙のなかで、光をすいこむブラックホールになる天体があることを予想しました。

③「シュバルツシルト半径」という考え方をとなえた

シュバルツシルトは、星がブラックホールになる大きさを決める「シュバルツシルト半径」をもとめました。その半径は星の重さによって変化することがわかりました。

7月 2日(ふつか)

方位磁針が北をさすのはなぜ？

クイズ

地球の力に、方位磁針の針が引きつけられているのじゃ

❶場所の情報を電波で方位磁針が受けとっているから。
❷地球が磁石のようになっているから。
❸経験を積んで方位磁針がかしこくなったから。

→ こたえ ② 地球が磁石のようになっているから。

これがヒミツ！

①地球のもつ力

地球には大きな磁石のような力がはたらいています。磁石の力を「磁場」とよび、地球の磁場は宇宙空間まで広がっています。

地球全体が巨大な磁石になっているんだよ

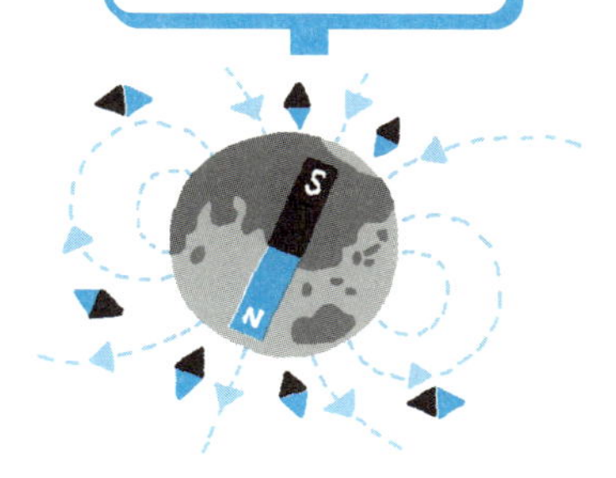

②方位磁針の仕組み

地球の磁場は大きな棒磁石のようになっています。北極の近くはＳ極、南極の近くはＮ極になるため、方位磁針は磁場に引きつけられて、Ｎ極が北に、Ｓ極が南に向きます。

③太陽や宇宙のエネルギーから守る

磁場は、太陽や宇宙空間からきた「放射線」などの、生命にとって有害なエネルギーが、地上までとどかないようにしています。また、太陽から出る太陽風（→ P.115）が磁場の流れに運ばれて、地球の大気とふれると、「オーロラ」が生まれます。

7月 3日（みっか）

太陽と月

月はなぜ落ちてこないの？

ギモンをカイケツ！

すごい速さで地球のまわりをまわっているからだよ。

月が地球のまわりをまわる速さは、1秒に 1km 進むくらいなのよ

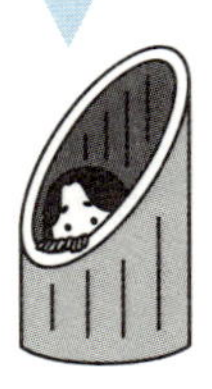

7月

これがヒミツ！

万有引力はニュートン（→ P.112）が発見したのよ

①引きつけ合っている月と地球

月と地球の間には、「万有引力」（重さによって生まれる、ものを引っぱる力）がはたらいています。引きつけ合っているわけですから、ふつうに考えるとそのままぶつかってしまいそうですが、実際にはそうなりません。なぜでしょうか。

②まわっているものには遠心力がはたらく

月は、地球のまわりをまわっています。まわっているものには、「遠心力」という外向きの力が生まれます。月では、この遠心力と地球と月の間の引力がほぼつり合っているため、月が地球に近づいたり、しょうとつしたりすることがないのです。

③ 1 秒に 1km の速さでまわっている月

月が地球のまわりをまわる速さは、1 秒に 1km 進むくらいの速さです。月と地球のきょりはほとんど変わりませんが、正確には 1 年に約 4cm ずつ遠ざかっています。

7月4日（よっか）

天の川銀河はどんな形をしているの？

クイズ

❶ボールみたいな形
❷輪ゴムのような形
❸平たくて円ばん状

→ こたえ ③ 平たくて円ばん状

これがヒミツ！

①天の川銀河の形

天の川銀河は平たくて円ばん状の形をしています。まわりには「腕」とよばれる部分が伸びています。腕には地球をふくむ太陽系もあります。

天の川銀河の中心には巨大な
ブラックホールがあるのさ

②平たい形をしている

天の川銀河は回転をしています。外に引っ張られるため、平べったい形になっています。真ん中は「バルジ」とよばれ、ふくらんでラグビーボールのような形をしています。

③銀河の形

天の川銀河は、その形から「渦巻銀河」とよばれています。地球から肉眼で見ることができるアンドロメダ銀河（M31）も同じ形をしています。銀河はほかにもさまざまな形があり、「楕円銀河」や「レンズ状銀河」などが見られます（→ P.345）。

7月 5日（いつか）

宇宙研究と宇宙開発

人工衛星はどれくらいの高さを飛んでいるの？

ギモンをカイケツ！

地上から36000kmまでの間を飛んでいるよ。

人工衛星の飛ぶ高さは、ものによってさまざまですよ

これがヒミツ！

①人工衛星の飛ぶ高さのちがい

人工衛星は飛ぶ高さのちがいで、「低軌道」と「中軌道」、一番高いところをまわる「静止軌道」の3種類に分けられています。

「静止軌道」をまわる人工衛星は、24時間かけて地球を1周するのですよ

②飛ぶ高さが観測に影響する

人工衛星は低いところをまわると、地球の陸や海をくわしく観測できますが、見える範囲がせまくなります。一方、高いところをまわるものは、広範囲の観測をすることができます。静止軌道をまわる人工衛星は、一度に地球の4分の1の範囲を観測することができます。

③気象衛星は同じ場所にいる

静止軌道を飛ぶ人工衛星の1つは気象衛星です。静止軌道を飛ぶ人工衛星は、地球の自転（→ P.91）と同じ速さでまわるため、つねに同じ場所を観測しつづけることができます。

7月 6日(むいか)

宇宙食以外の食べものを宇宙に持っていけるの？

クイズ

❶検査に通ったものは持っていける。
❷なんでも持っていける。
❸持っていけない。

宇宙に持っていく食べものは、1年半以上日持ちがするものと決められているんだよ

→ こたえ 1 検査に通ったものは持っていける。

これがヒミツ！

JAXA（宇宙航空研究開発機構）（→ P.72）では、乗組員に日本食を食べてもらえるように、宇宙日本食を提供しているんだよ

①宇宙ではさまざまなものが食べられる

国際宇宙ステーション（ISS）で食べられる料理は、パックに入ったレトルト食品やからからにかわいたフリーズドライ食品、缶づめなどが中心です。しかし、それ以外にもさまざまな食べものを食べることができます。

②パンやクッキーなども食べられる

パンやナッツ、クッキーなどは、地球から持っていったそのままの状態で食べます。このような食品を「自然形態食」といいます。

③果物や野菜も食べられる

そのほかに、補給船で果物や野菜などの生鮮食品をとどけることもあります。また、実験用の冷蔵庫を地上から運ぶときには、いっしょにアイスクリームを持ちこんだこともあります。

7月（がつ） 7日（なのか）

七夕の織姫星と彦星はどの星座の星なの？

クイズ

①織姫星はこと座のベガ、彦星ははくちょう座のデネブ
②織姫星ははくちょう座のデネブ、彦星はわし座のアルタイル
③織姫星はこと座のベガ、彦星はわし座のアルタイル

織姫星はこと座のベガ、
彦星はわし座のアルタイル

7月

これがヒミツ！

織姫星のベガと彦星のアルタイルの星の距離は、光の速さで約15年かかるきょりなんだぞ

①天の川をはさんで向かい合うアルタイルとベガ

「夏の大三角（→P.177）」をつくる、わし座のアルタイルと、こと座のベガは、天の川をはさんで向かい合っています。昔から日本では、ベガを「織姫星」、アルタイルを「彦星」とよんできました。

②織姫星と彦星のもとは中国の伝説

織姫星と彦星の名前のもととなったのは、中国の伝説です。天帝のむすめである織姫は、ある日、牛飼いのけん牛（彦星）と結婚しました。すると、それまでまじめにはたらいていた２人は、あまりはたらかなくなってしまいました。

③天の川の両側に引きはなされた２人

これにおこった天帝は、２人を天の川の両岸に引きはなしましたが、２人があまりにも悲しむので、１年に１回、７月７日だけには会うことをゆるしました。この伝説をもとに七夕の風習が生まれたのです。

7月 8日

アルベルト・アインシュタイン

どんな人？

宇宙に関わる新しい考えを思いついたよ。

ニュートン（→ P.112）からつづいた理論をさらにおし進めたんだって

こんなスゴイ人！

①物理学と天文学に重要な影響を与える理論をとなえた

アインシュタインはドイツ生まれの理論物理学者です。彼の「特殊相対性理論」と「一般相対性理論」は、これまでの常識を一変させるような理論でした。

②特殊相対性理論で真空中の光の速度は一定とした

宇宙のような真空中では、どんなに速く動くものから見ても光の速度はいつも変わらないということを数式で示しました。この理論を使って、遠くの天体の観測データをより正確につかむことができるようになりました。

③一般相対性理論でブラックホールの存在に近づいた

アインシュタインの一般相対性理論から導かれた結果のひとつに、ブラックホールの存在があります。彼の方程式は、非常に強い重力をもつ天体であるブラックホールを予測したのです。

アインシュタインは科学者としての責任をもつべきとして、核兵器使用に反対したんだよ

7月 9日

惑星も月みたいに満ち欠けをするの？

クイズ

惑星によって地球からの
見え方は異なるのじゃ

①すべての惑星が月のような満ち欠けをする。
②惑星のなかのいくつかが月のような満ち欠けをする。
③満ち欠けは起きない。

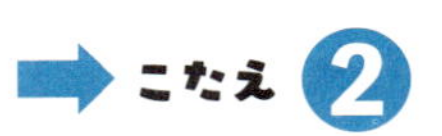

惑星のなかのいくつかが月のような満ち欠けをする。

これがヒミツ！

天体望遠鏡を使うと欠けた形を見ることができるよ

金星

夕方に見える

明け方に見える

①満ち欠けをあまりしない惑星

地球より太陽からはなれたところをまわる火星、木星、土星といった外惑星は、地球と近づくと大きく見え、最接近をしたあとはまた地球から遠くなるため、小さく見えます。このように、外惑星は大きさは大きく変化しますが、満ち欠けはほとんどしません。

②内惑星の満ち欠け

いっぽう、内惑星の水星と金星は、月と同じように満ち欠けをします。内惑星は地球の内側をまわるため、太陽の光の当たり方が変化します。

③大きさの変化

水星と金星は満ち欠けをするだけではなく、見た目の大きさが変化します。しかし、天体望遠鏡で観察しないと気づきません。

7月10日（とおか）

昼に月が見えることがあるのはなぜ？

ギモンをカイケツ！

月と地球、太陽の位置関係が変化しているからだよ。

月はほかの星よりも近くて明るいから、昼間でも見えるのよ

これがヒミツ！

①地球と月、太陽の位置関係

地球と月、太陽の位置関係は、つねに変化しています。月が昼間に見えるときがあるのは、この位置関係の変化が影響しています。

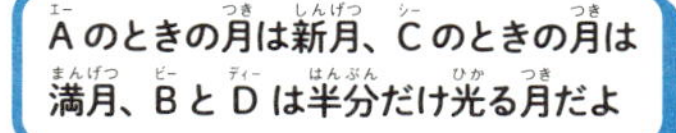

Aのときの月は新月、Cのときの月は満月、BとDは半分だけ光る月だよ

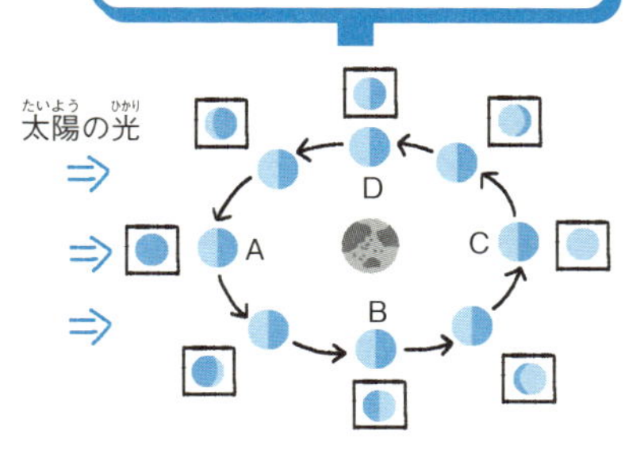

②月が太陽の方向にあるとき

地球から見て月がAの位置にあるときは、月が影になっているうえ、太陽が明るいために、月を見ることはできません。いっぽう、Bの位置にある月は、半月で、午後、東の空に見えます。

③太陽と反対方向にあるとき月は昼間には見えない

月がCの位置にあるときは、昼間に月を見ることはできません。Dの位置にある月は、半月で、夜が明けてもお昼近くまで西の空に見えています。

7月11日

夏に天の川がはっきりと見えるのはなぜ？

クイズ

❶星が明るくなるから。
❷銀河の中心を見ているから。
❸暑い季節だから。

天の川の星の数は、1年を通してちがいがあるのさ

➡ こたえ ❷ 銀河の中心を見ているから。

7月

これがヒミツ！

①銀河の中心が見える

天の川は、川のように銀河の一部が見えるものです。1年を通して夜空に天の川は見えますが、夏になると天の川銀河の真ん中の方向を見ることができます。銀河は中心になるほど星の数が多くなるため、夏は天の川がはっきりと見えます。

②地球の動きが関係する

地球は1年かけて太陽のまわりをまわっています。そのため、地球が移動するにつれて天の川のどこが見えているかが変わります。

③天の川の一番明るいところ

夏の天の川は、いて座の方向が一番明るく見え、天の川銀河の中心の一番分厚くなった方向が見えます。これは銀河の中心の、「バルジ」（→ P.345）の方向の星を観察しているからです。

夏は天の川銀河のバルジの方向を見ているんだよ

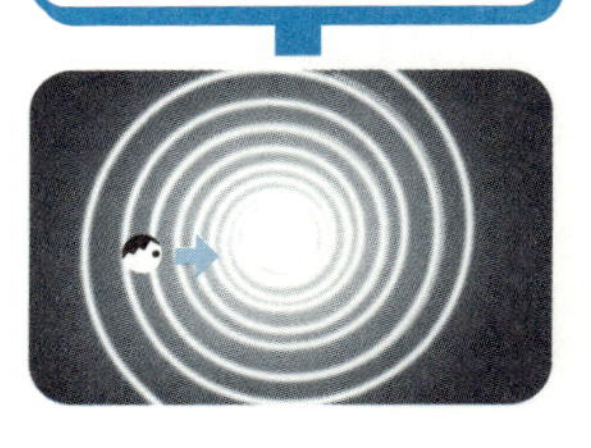

7月12日

使われなくなった人工衛星はどうなるの？

ギモンをカイケツ！

地球に落としてもやすか、じゃまにならないところに移動させるんだ。

人工衛星も古くなると使えなくなるのですよ

これがヒミツ！

ごみは長いあいだ、地球のまわりをまわっているのです

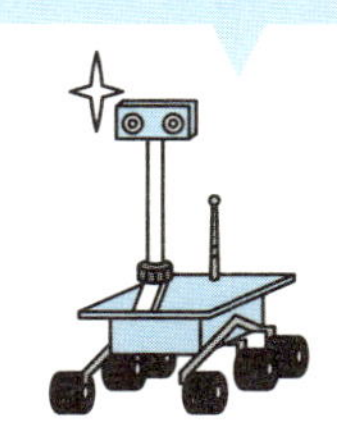

①人工衛星の寿命

人工衛星は地球のまわりをまわりつづけるために、つねに同じ高さでまわっていますが、機械なので必ず寿命をむかえます。

②低いところをまわる人工衛星の最後

低いところを飛ぶ人工衛星は、役目を終えると地球の大気圏に落とします。人工衛星のほとんどは空気の層を通る間にもえつきて、なくなってしまいます。

③高いところをまわる人工衛星の最後

高いところを飛ぶ人工衛星は、ほかの人工衛星のじゃまにならないようなところに移動させます。使われなくなった人工衛星がまわる軌道は「墓場軌道」とよばれます。使っていたときの高さから300km以上離れたところで、宇宙のごみ捨て場となっています。これらは「宇宙ごみ（スペースデブリ）」とよばれ、宇宙の環境問題になっています。

7月13日

無重力でドレッシングをふると水と油はどうなるの？

クイズ

水と油をまぜる実験が、いまから約 50 年前に、スカイラブという宇宙船でおこなわれたんだよ

①まざらない。
②まざって、しばらくすると分かれる。
③まざったまま分かれない。

まざったまま分かれない。

これがヒミツ！

スカイラブの実験では、10 時間たってもまざったままだったんだよ

①地上では水と油が分かれる

水と油が使われているドレッシングを地上でふると、最初はまざっていますが、やがて油と水がもとのように分かれてしまいます。これは、水と油がおたがいにまざり合いにくいことと、油が水よりも軽いことが原因です。

②国際宇宙ステーションでは水と油が分かれない

しかし、国際宇宙ステーション（ISS）の中でドレッシングをふると、まざった水と油は、時間がたっても分かれることがありません。

③重さがないために分かれない

国際宇宙ステーションの中は重力（→ P.46）（地球がものを引っぱる力）がはたらいていないので、ものに重さがありません。そのため、時間がたっても水と油が上下に分かれることがなく、まざった状態がいつまでもつづくのです。

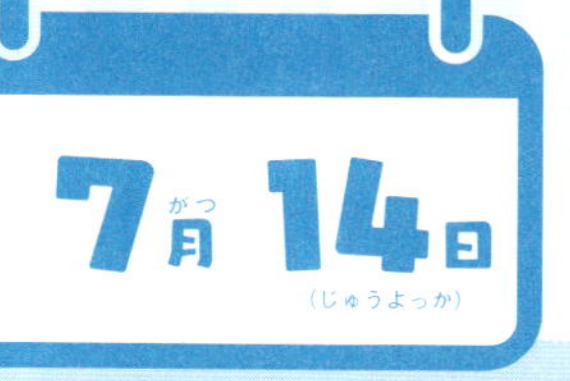

いままでになくなった星座があるってほんとう？

クイズ

❶ ない
❷ ある
❸ よくわかっていない

星座は長い時間をかけてつくられてきたんだぞ

➡ こたえ ❷ ある

これがヒミツ！

昔はあったけどいまはない星座は、少なくとも40個以上あるぞ

①古代文明の時代からあった星座

星座は、いまから約5000年前にメソポタミア地方（いまのイラク周辺）で考えだされたといわれています。その後、古代エジプトや古代ギリシャなどで、さまざまな学者がいろいろな星座を考えだしてきました。

②大航海時代にふえた

いまから400年以上前の大航海時代（ヨーロッパの人びとが船で世界中を探検した時代）には、夜の航海の目印として、さまざまな星座がつくられました。特に、南半球の空には、多くの星座がつくられました。

③ 20世紀に入って整理された

その後、次つぎとねこ座やカブトムシ座、でんききかい座、ボルタでんち座など、新しい星座が生まれました。しかし、20世紀に入って、国際天文学連合（IAU）によって星座が整理され、いまの88個という数になりました。

7月15日

山崎正光

どんな人？

日本で初めて彗星を発見したよ。

こんなスゴイ人！

①明治時代に単身でアメリカにわたり天文の道へ

山崎は高知県で生まれ、19歳でアメリカにわたりました。農場などで働くうち天文への興味を深め、カリフォルニア大学の天文学科を卒業しました。

②ガラス式反射鏡の技術を日本へもち帰る

アメリカでガラス式反射鏡をみがく技術を学んだ山崎は、帰国後そのみがき方を紹介しました。その技術は日本の天体望遠鏡の製作にいかされ、その後のさまざまな観測や研究を支えたのです。

③日本で初めて彗星を発見した

1928年、山崎は「クロムメリン彗星」を日本で初めて発見しました。水澤緯度観測所の技師として勤めていた彼が、自作の望遠鏡でねばり強く観測をつづけた結果でした。

山崎は発見した彗星に自分の名前ではなく、軌道計算をしたクロムメリンの名をつけさせたんだって

7月16日

火星はなぜ赤いの？

クイズ

火星の砂と岩は赤さびをふくんでいるのじゃ

①太陽の光が当たるから。
②火山からマグマが出ているから。
③火星の砂が赤いから。

こたえ ③ 火星の砂が赤いから。

これがヒミツ！

火星では砂嵐が見られるんじゃ

①火星の砂と岩

火星の表面は砂と岩からできています。火星の砂は「酸化鉄」を多くふくんでいるため、赤く見えます。地球では赤鉄鉱という鉱物で見ることができます。赤色の地面のほかにも、岩石の色のちがいで黒っぽく見えるところもあります。

②火星で起きる砂嵐

火星では、よく巨大な砂嵐が発生します。その回数は、1年間に100回以上になります。火星の地上は、巻き上げた砂で何か月もおおわれるため、火星全体の色合いや表面のもようも大きく変化して見えます。

③変化に富んだ火星の地形

火星には、山、丘、谷、クレーターなど、さまざまな地形が見られます。たくさんの筋に区切られた岩石におおわれたところは「カオス地形」、山の間に複雑に入り組んだ谷のことは「迷路」、昔に水が入っていたと考えられるところは「湖」とよばれています。

7月17日

月の中はどうなっているの？

ギモンをカイケツ！

金属でできた核を、岩石でできたマントルがおおうつくりになっているよ。

月の中心はやわらかいことがわかってきたのよ

7月

これがヒミツ！

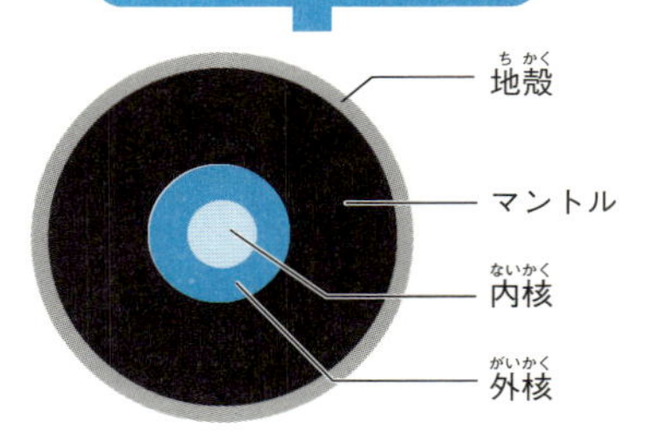

①形の変化から中がわかった

月は、地球の重力（引力と重力はほぼ同じ意味です）によって、ほんのわずかですがつねに形が変わっています。最近は、この形の変化などをもとに、月の中がどうなっているのかが、少しずつわかってきました。

②内核をマントルがおおっている

月の中心部分は、金属でできた核があり、そのまわりを岩石でできたマントルがおおっているつくりになってます。

③表面は地殻でおおわれている

中心から260km ぐらいまでは金属が固まってできた内核、260 ～ 400km はどろどろの金属からなる外核、400 ～ 1700km はどろどろの岩石からなるマントルです。そして表面の数十 km は、岩石からなる地殻という部分でおおわれています。

7月18日

天の川銀河のほかにも、目で見える銀河はあるの？

クイズ

❶見えない。

❷いくつか見える。

❸これからできるかもしれない。

➡ こたえ ❷ いくつか見える。

地球から見える、遠いところにある天体なのさ

これがヒミツ！

①目で見える銀河

アンドロメダ銀河（M31）とさんかく座の銀河（M33）は、太陽系をふくむ天の川銀河からひかく的近いところにある銀河です。目で見ることができる、もっとも遠い天体でもあります。とくにアンドロメダ銀河は秋の空の開けたところであればだれでも見つけられます。

②もっとも近い銀河

もっとも近い銀河は、大マゼラン銀河と小マゼラン銀河です。日本では見えませんが、南半球の国ぐにでは観察することができます。

大マゼラン銀河は、雲のような見た目なのさ

③銀河をまわる銀河

大マゼラン銀河と小マゼラン銀河は、天の川銀河のすぐ近くにあります。このような銀河は、「伴銀河」とよばれています。

7月19日

地球に人工衛星をたくさん落としている場所があるってほんとう？

ギモンをカイケツ！

人の住むところから離れた海に、使い終わった人工衛星を落としているよ。

南太平洋にあるのですよ

これがヒミツ！

①陸からもっとも遠いところ

太平洋には地球上で大陸からもっともはなれたところがあり、「ポイントネモ」とよばれています。ニュージーランドやチリの都市から約 4000km 離れたところにあります。陸から遠いため、船や飛行機もほとんど通りません。

②宇宙で使った機械がしずんでいる

ポイントネモは、人工衛星の墓場として使われています。大気圏に入ったときにもえきらなかったものが、海に落とされます。

ポイントネモは、だれもいないという意味ですよ

③国際宇宙ステーションも落とされる

またポイントネモは、国際宇宙ステーション（ISS）を使い終わったあとに落とすところにも選ばれています。

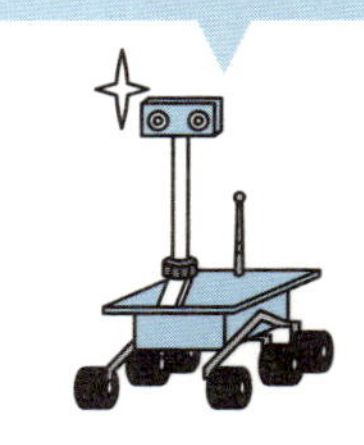

7月20日（はつか）

国際宇宙ステーションで洗たくはするの？

クイズ

❶地球にもどってきてから洗う。
❷国際宇宙ステーションの中で洗う。
❸洗たくはしない。

服のよごれを取るシートがつくられているんだよ

➡ こたえ ③ 洗たくはしない。

これがヒミツ！

いまから10年以上前には、国際宇宙ステーション内で洗たくの実験がおこなわれたことがあるんだよ

①国際宇宙ステーションの中で多くの水を使う作業はむずかしい

国際宇宙ステーション（ISS）の中では、水はとても貴重です。また、重力（→P.46）（地球がものを引っぱる力）がないことで水が飛びちってしまうため、多くの水を使う作業はかんたんではありません。

②服は使い捨て

そのため、国際宇宙ステーション内にはふろやシャワーなどの設備はありません。また、洗たく機もないため、服は基本的に使い捨てになります。

③着終わった服は宇宙でもやされる

着つづけてよごれがついた服は、荷物を運んできた補給船にごみといっしょにつめこみ、宇宙に打ち出します。補給船は、地球に向かって落ちていき、やがてもえつきます。

7月21日

星座早見はどうやって使うの？

ギモンをカイケツ！

時間と方角を合わせて夜空と見くらべるんだ。

星座早見は、文房具店や科学館などで買うことができるぞ

これがヒミツ！

①星や星座が見つかる星座早見

星座早見は、いつ、どの方角に、どのような星や星座が見えるかを確かめることができる道具です。星座早見は、2枚の円盤が重なったつくりをしています。

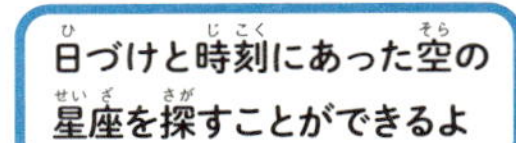

日づけと時刻にあった空の
星座を探すことができるよ

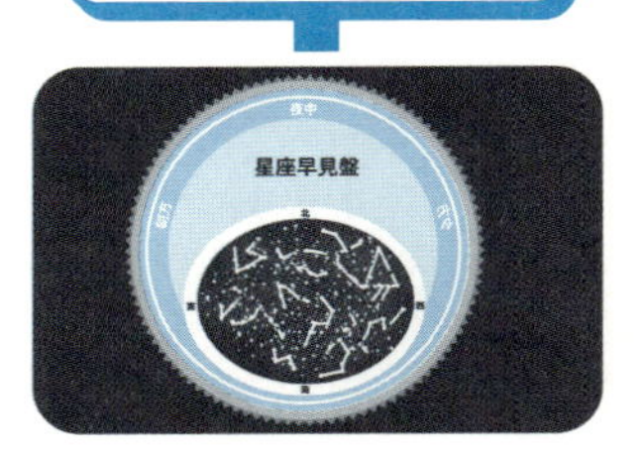

②日づけと時間を合わせる

使うときには、下の盤に書かれた日づけと、上の盤に書かれた時刻を合わせます。たとえば、10月1日の午後8時の夜空を見たいときには、下の盤の「10月1日」と上の盤の「午後8時（20時）」を重ねます。

③使ってみよう！

そして、上の盤に書かれている方角を実際の方角に合わせて、夜空と見くらべます。すると、いま見えている星と星座を知ることができます。

7月22日

エドウィン・ハッブル

どんな人？

宇宙がふくらんでいることを発見し、ビッグバン理論の土台となったよ。

宇宙が膨張しているという発見は、宇宙物理学を大きく発展させたんだって

こんなスゴイ人！

銀河が地球から遠ざかるきょりを測れれば、宇宙がふくらんでいることもわかるんだって

①天の川銀河の外の銀河に気づいた

ハッブルはアメリカの天文学者です。アンドロメダ銀河が、わたしたちの天の川銀河の外にある別の銀河だと証明し、それにより、わたしたちの天の川銀河（→ P.211）以外にも、宇宙にはたくさんの銀河があることがわかりました。

②銀河の形を分類した

また、ハッブルは銀河を形によって、楕円銀河、渦巻銀河、不規則銀河などに分類する方法を考えました（→ P.345）。

③宇宙の膨張を発見した

ほかにも、地球から遠い銀河ほど早い速度で遠ざかることを発見しました。この考え方は「ハッブル・ルメートルの法則」とよばれます。そして、宇宙の広がるスピードを表す「ハッブル定数」を発表しました。

7月23日

太陽系で一番高い山ってどこにあるの？

クイズ

①海王星
②水星
③火星

オリンポス山という名前の山なんじゃ

→ こたえ ③ 火星

7月

火星には「マリネリス峡谷」という、地球最大の峡谷であるグランドキャニオンよりはるかに深い谷もあるんじゃ

①標高約2万5000kmの山

火星にあるオリンポス山は、太陽系最大級の山で標高は約2万5000kmあります。地球最大の山エベレスト（約8849m）の、約3倍の高さです。

②さらさらとしたマグマでつくられた

オリンポス山はねばり気の少ないマグマでつくられた火山で、「楯状火山」とよばれるタイプの火山です。「楯状火山」の斜面はなだらかで、オリンポス山もはばが600kmと、とてもすそ野の広い山になっています。

③高い山が生まれた理由

なぜオリンポス山は高い山になったのでしょうか。地球は大陸が動く「プレートテクトニクス」とよばれる活動が起きていますが、火星の地面は動かずずっと同じところにあるため、マグマのふき出す位置は変わらず、溶岩を重ねつづけました。また、火星の重力は地球の3分の1しかないため、おしつぶされずにマグマを積み上げることができ、大きくなったのです。

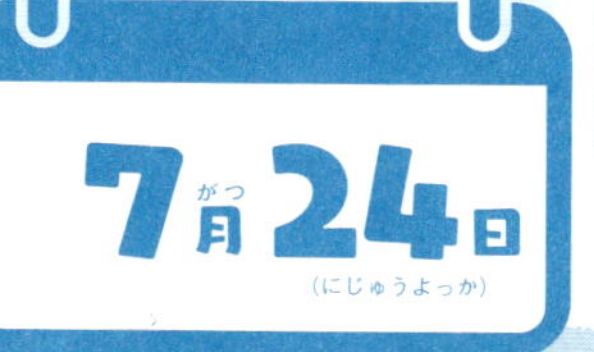

どうして月には丸い形をしたでこぼこがあるの？

ギモンをカイケツ！

隕石がしょうとつしたからだよ。

いまでも地球や月には隕石が落ちているのよ

これがヒミツ！

①隕石がぶつかってできたクレーター

月の表面には丸い形のでこぼこがあります。これは、隕石などがぶつかってできたもので「クレーター」といいます。

メキシコの地中には、恐竜がほろびる原因となったとされる巨大隕石のクレーターのあとがあるのよ

②隕石が月の重力で引っぱられる

月には重力（重さによって生まれる、ものを引っぱる力。引力とほぼ同じ意味）があります。月に近づいた小さな天体や岩石は、この重力によって引っぱられ、月につい落して丸い穴をつくるのです。

③空気や水がない月ではクレーターが残る

クレーターは地球にもできますが、地球は表面がつねに変わっていくため、多くのクレーターは時間とともにくずれてなくなってしまいます。いっぽう、月は表面が変わらないため、クレーターがいつまでも残るのです。

7月25日

星と宇宙空間

三大流星群はいつ見ることができるの？

ギモンをカイケツ！

しぶんぎ座流星群は1月はじめ、ペルセウス座流星群は8月中旬、ふたご座流星群は12月中旬に見られるよ。

天気がよければ、全国どこからでも見ることができるのさ

7月

これがヒミツ！

①観測しやすい流星群

三大流星群は、毎年流れ星がよく見られる流星群です。多いときには、1時間に50個も流れ星が現れます。もっともよく流星群を観察できる日を「極大日」とよびます。三大流星群ではしぶんぎ座流星群は1月3日から4日、ペルセウス座流星群は8月13日ごろ、ふたご座流星群は12月14日ごろに極大日になります。

②流星群の観測のポイント

流星群の観察をするには、夜空の星がはっきり見えるところがよいです。月明かりの少ない暗い日に空が広いところに行くとよく観察できます。

③流星群の現れる場所

流星群は、夜空の星座の同じところから現れるように見えます。この場所を「放射点」といいます。「放射点」が低いと、山や建物などの下にかくれて観察できる流れ星の数がへってしまうので、「放射点」が高いときに観察するとよいでしょう。

7月26日

日本が初めて人工衛星を打ち上げたのはいつ？

ギモンをカイケツ！

1970年に、日本で初めての人工衛星「おおすみ」が打ち上げられたよ。

鹿児島県から打ち上げた人工衛星が、地球をまわったのですよ

これがヒミツ！

「おおすみ」は打ち上げた鹿児島県の大隅半島にちなんだ名前だよ

おおすみ　©ISAS/JAXA

①世界のなかでも早く人工衛星を打ち上げた

「おおすみ」は長さ1mの人工衛星です。鹿児島県の内之浦の発射場から、1970年に打ち上げられました。おおすみの成功で、日本は世界で4番目に人工衛星を飛ばした国となりました。

②電池の力で飛んでいた

ロケットで打ち上げられた人工衛星おおすみは、太陽光パネルではなく、電池の力で宇宙を飛んでいました。宇宙に出てから電波で地上へ飛ぶ位置を知らせました。しかし、約15時間で電池が切れました。

③ 30年以上地球をまわった

しかし、電波を飛ばせなくなったあとも、おおすみは地球のまわりをまわりつづけました。33年後、2003年になっておおすみは、地球に落ちてもえつきたことが確認されました。

7月27日

国際宇宙ステーションではどうやってねるの？

クイズ

①からだにおもりをつけてねる。
②からだを固定してねる。
③まったくねない。

無重量状態でねると、うでが前に上がることがあるみたいだよ

➡ こたえ ② からだを固定してねる。

7月

これがヒミツ！

①乗組員は個室でねる

国際宇宙ステーションには、乗組員のために小さな個室があり、ふだん乗組員はその個室でねます。個室には、照明やエアコン、警報装置などが備えられています。

②ねむるときにはからだを固定する

ただし、重力（地球がものを引っぱる力）がない国際宇宙ステーションの中では、からだがプカプカういてしまうため、そのままではねることができません。そのため、多くの乗組員はからだを固定してねます。

個室は、自分の荷物おき場などにも使われているんだよ

③好きな場所でねることもある

新しい乗組員をのせた宇宙船がやってきて船内の人数が増えたときなどには、乗組員が自分の好きな場所を見つけて、そこで寝ぶくろなどに入ってねることもあるそうです。

7月28日

流星群の名前にはどんな星座の名前がついているの？

クイズ

❶流星がやってきた星がある星座
❷流星の形が似ている星座
❸流星が見え始める方向の先にある星座

→ こたえ ❸ 流星が見え始める方向の先にある星座

これがヒミツ！

①流星群の名前のつけ方

流星群は、それぞれの流星が見え始める位置を先にのばした方向にある星座の名前がついています。おもな流星群には、ペルセウス座流星群、ふたご座流星群、しぶんぎ座流星群などがあります。その星座にしか見られないわけではありません。

しぶんぎ座という星座は、いまはないんだぞ

②流星群の飛び出す向き

流星群は夜空の１点から飛び出して見えます。この点のことを放射点とよびます。流れ星のもとになるチリは、同じ方向から地球に飛びこんできます。しかし、地球から観察すると四方八方に広がって見えます。

③流星群の見え方

流星群のときに見られる流れ星は、放射点に近いところでは短い経路をゆっくりと動きます。また放射点から遠いところでは長い経路をすばやく動きます。流れ星が見える時間は平均で0.2秒くらいです。

7月29日

サン＝テグジュペリ

どんな人？

『星の王子さま』という小説で多くの人びとに影響をあたえたよ。

主人公の「大切なものは、目に見えない」という言葉が有名だよ

こんなスゴイ人！

①『星の王子さま』が世界中で人気を集めた

フランスの作家であるサン＝テグジュペリは、1943年に『星の王子さま』（Le Petit Prince）を書きました。この作品は、世界中で翻訳、出版されました。

②小惑星に彼の名前や作品名が命名された

小惑星番号2578は、1975年にタマラ・スミルノワがクリミア天体物理天文台で発見し、「サン＝テグジュペリ」と命名されました。1998年には、小惑星ウージェニアの衛星が発見されたあとに、Le Petit Princeと命名されました。

③小説中の小惑星名が財団の名前になった

『星の王子さま』に登場する架空の小惑星B612にちなんで名づけられたのが、アメリカのB612財団です。小惑星の衝突から地球を守るための民間の財団で、物理学者と宇宙飛行士が中心になってつくられました。

地球と惑星

昔は火星に水があったってほんとう？

ギモンをカイケツ！

火星は昔は水が豊かな星だったけれど、いまではうしなわれてしまったんだよ。

①水があった証拠

40億年くらい昔には、火星は豊かな水の惑星だったのではないかと考えられています。火星には川底のあとや、川の運んだ砂がたまってつくられる三角州などが残っています。現在でも火星の地下には、多くの氷がうまっています。

②水が消えた理由

火星の水の多くは失われてしまっています。火星の重力が小さいため、水蒸気になった水が宇宙空間ににげてしまったことが、理由の1つとして考えられています。

③水の再発見

しかし、火星にある岩石を調べたところ、水があることを示す鉱物が見つかり、まだどこかに水が残っているのではないかと考えられるようになりました。また、2018年から4年間にわたって活動した探査機「インサイト」のデータを分析した結果などから、火星の地下には水があるかもしれないと考えられています。

7月31日

太陽と月

「月の海」には水はあるの？

ギモンをカイケツ！

平らなので海のように見えるけれど、水はないよ。

「月の海」は溶岩でできているのよ

7月

これがヒミツ！

①黒くて平らな月の海

月を肉眼で見ると、黒っぽく見える部分があります。この部分は「月の海」とよばれています。

ちょうど、ウサギのように見える部分のことなのよ

②水があるわけではない

おもな月の海には、「豊かの海」、「晴れの海」、「静かの海」、「虹の海」、「雲の海」などがあります。ただ、海といっても、表面が比較的平らで黒く見えるために名づけられただけで、本当に水があるわけではありません。

③月には氷ならある

月には、水はありませんが、氷はあるようです。2010年にインドの月探査機が、月の北極に厚さ数mの氷を発見しました。そのほかにも、月の北極と南極では、クレーターの中に、氷があると考えられています。

8月

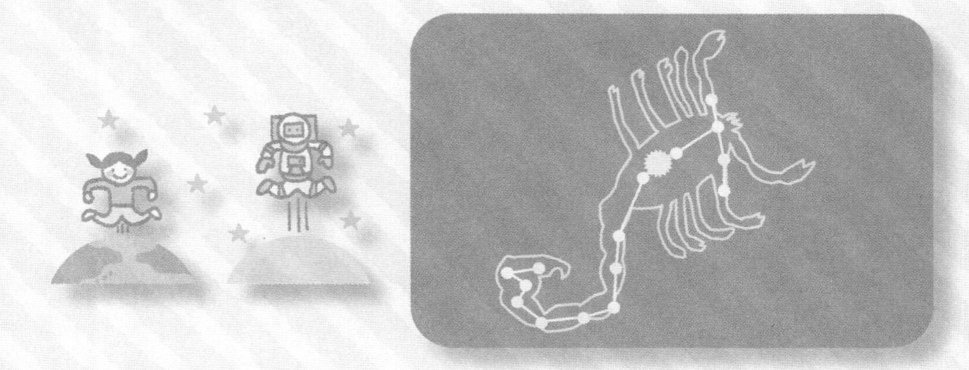

8月 1日

宇宙服を着ないで宇宙空間に出るとどうなるの？

クイズ

①からだが勝手に動く。
②息ができなくなる。
③年を取る。

これがヒミツ！

①宇宙では息ができない

宇宙空間には空気がありません。酸素もないため、呼吸ができなくなってしまいます。宇宙服は酸素を送ることで息ができるようになっています。

②宇宙ではからだがふくらむ

また、人のからだは地球の空気とつり合いを取っているため、空気がない宇宙ではからだがふくらんでしまいます。宇宙服は、地球と同じ空気の力がからだに加わるようになっています。

宇宙空間は危険ととなり合わせなんだ

宇宙空間にいる宇宙飛行士

③宇宙ではからだが暑くなる

地上では、空気にからだの熱を出していますが、空気のない宇宙では、熱がこもりやすくなります。さらに太陽の光が当たると、体温は上がりつづけます。宇宙服には、からだを冷やす機能もついています。

「人工衛星」と「探査機」のちがいはなに？

ギモンをカイケツ！

「人工衛星」は地球をまわる機械、「探査機」は地球からはなれたところに向かう機械のことだよ。

これがヒミツ！

①「人工衛星」と「探査機」

人工衛星は地球のまわりを飛んで、地球を観測をしたり、テレビに使われる放送衛星のように電波を送ったりしています。いっぽう探査機は地球からはなれ、天体の調査をおこないます。

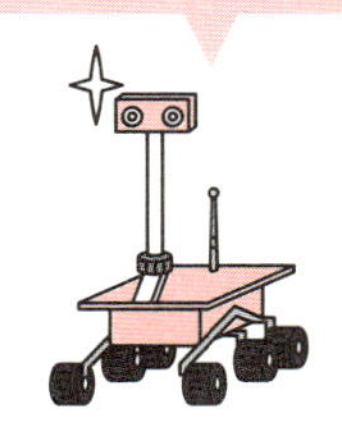

火星の調査にも探査機は使われていますよ

②探査機の歴史

探査機の歴史は 1959 年の「ルナ１号」が月に向かったことで始まりました。これまでに探査機は、月をはじめ太陽系の太陽や惑星や衛星、小惑星、彗星などの探査をしています。

③探査機の種類

探査機はさまざまな種類があります。無人の探査車を下ろして遠くから操作するもの、天体のまわりをまわって観測するもの、天体にある砂などを持って帰るものなどがあります。

8月 3日（みっか）

国際宇宙ステーションの中でうかないようにできないの？

ギモンをカイケツ！

特別な装置があれば、うかないようにできるんだ。

「きぼう」に重力をつくる装置があるんだよ

これがヒミツ！

①特別な装置を使えば重力を生みだせる

国際宇宙ステーションの中は、重力（地球がものを引っぱる力）がほとんどない状態です。しかし、「セントリフュージ」という特別な装置を使えば、重力を生みだすことができます。

②回転によって力を生みだすセントリフュージ

セントリフュージは、回転させることで遠心力（外側に引っぱられる力）を生みだし、地上の重力と同じような力を生みだすことができる装置です。かつては、大型のセントリフュージという実験施設を国際宇宙ステーションにつくる計画もありましたが、中止になりました。

③「きぼう」には小型のセントリフュージがある

大型のセントリフュージはつくられませんでしたが、日本の実験棟である「きぼう」には、小型のセントリフュージが備えられています。この装置は、地球での重力の2倍の力を生みだすことができます。

8月 4日（よっか）

さそり座の赤色の星はなに？

クイズ

① アンタレス
② ベテルギウス
③ 火星

さそり座はS字型に星が並んでいるんだぞ

→ こたえ 1 アンタレス

これがヒミツ！

①さそり座はオリオンを殺したサソリ

夏の夕方から夜中にかけて、南の空のあまり高くない場所に見えるのが、さそり座です。この星座のサソリは、ギリシャ神話で勇者オリオンをその毒で殺したサソリとされています。

アンタレスは「サソリの心臓」の星だよ

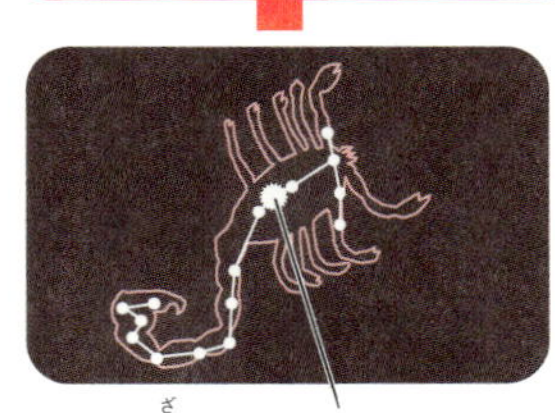

②サソリの胸にかがやくアンタレス

このサソリの胸のあたりで赤くかがやいている星が、1等星のアンタレスです。アンタレスは、色が赤くて明るい点で火星に似ています。アンタレスとは「火星ときそう星」という意味です。

③アンタレスは赤色超巨星

アンタレスは、オリオン座にあるベテルギウス（→ P.378）と同じく、寿命がつきる直前に赤く大きくなった「赤色超巨星」という種類の星です。その大きさは、太陽の約700倍もあります。

8月 5日（いつか）

ジョージ・ガモフ

どんな人？

宇宙はビッグバンを起こして生まれたという理論を発表したよ。

こんなスゴイ人！

①ビッグバン理論を広めた

ガモフはウクライナのオデッサ生まれのアメリカ人理論物理学者です。宇宙が大爆発から始まって広がっているという「ビッグバン理論」を1948年にとなえました。

ガモフは偉大な発見をしたいっぽうで、宇宙のむずかしい話や物理の話を取り入れて一般の人にわかるようなお話も書いたんだって

②宇宙に残るビッグバンの光の残りを予測した

ガモフはビッグバンがあったならば遠い昔の光「宇宙背景放射」が残っているはずだと考えました。後になってその電磁波が発見されたことで、ガモフの予想が証明されることになりました。

③恒星の一生を解き明かすヒントをつくった

ほかにも、ガモフは太陽のような恒星のかがやきについて研究しました。後の科学者たちに、恒星の変化や物質の起源を理解するための基礎をつくりました。

火星では夕日は何色なの？

① 青色
② 黒色
③ 赤色

火星の空の色は、砂のつぶが関係をしているのじゃ

こたえ 1 青色になることがあるよ。

火星の青色の夕日の写真は、2005年に探査車「スピリット」によって撮影されたのじゃ

①火星の空の色

火星の昼の空は黄色かったり、ピンク色っぽかったりします。そして、日の出と日の入りのとき、空が青く見えることがあります。

②火星の空気はうすい

火星の大気はうすく、地球の約170分の1しかありません。地球では昼の間、太陽の光が大気中の小さな粒子（つぶ）によって散らばることで、空の色が青色に見えますが、火星にとどいた太陽の光は、大気で散らばることはあまりありません。

③砂つぶが空の色をつくる

ところが、火星では空にまい上がった砂つぶによって光が散らばります。砂つぶのような大きさのものに光がぶつかると、赤色の光が散らばるので、空が黄色からピンク色っぽく見えます。また、朝方や夕方になると、太陽の光が地面にとどくまで時間がかかるので、最後まで通り抜けた青色の光が残り、空が青く染まることがあります。

なぜ月は追いかけてくるように見えるの？

クイズ

① 月が大きいから。
② 月が遠いから。
③ 月が丸いから。

月が遠いから。

これがヒミツ！

①歩いても月が見える方向は変わらない

町の中を歩いていると、まわりにある建物などは、どんどん後ろに遠ざかっていきます。でもどんなに遠くまで歩いても、空の上の月が見える方向は変わりません。まるで、月がわたしたちを追いかけてくるようです。

追いかけてはこないけれど、東から西にゆっくりと月は動いているのよ

②月は見える角度がほとんど変わらない

近くにあるものは、わたしたちが動くと、見える角度が大きく変化します。ところが、遠くにある月は、同じように動いても、角度がほとんど変化しません。そのため、月が追いかけてくるように見えるのです。

③山が動かないように見えるのも同じ理由

電車に乗っていると、近くの景色はどんどん後ろに遠ざかっていくのに、遠くの山などはあまり場所が変わって見えないのも同じ理由です。

8月 8日
(ようか)

地球から目で見える星の数はどれくらい？

ギモンをカイケツ！

8600個くらいだよ。

これがヒミツ！

目では見えないくらい、
暗い星もたくさんあるのさ

①地球から見える星

地球から肉眼で見える星は約8600個あります。ここには、もっとも明るい星から、夜空が真っ暗な場所で目でやっと観察ができるくらいの星がふくまれています。

②実際に見えるのは半分

しかし、地球は球体なので、空の見えるところはかぎられます。一度に見ることができる星の数はおよそ4300個くらいになります。残りの半分は地平線や水平線の下でかくれてしまい、見ることはできません。

③観察する場所も大事

また、まわりの山などにさえぎられてしまうと、空の見える広さもせまくなってしまいます。ただし、地平線近くまで見えていたとしても、地球の大気によって見えづらくなるので、4300個すべての星が観察できるとはかぎりません。

8月 9日（ここのか）

「はやぶさ2」ってなにをしたの？

同じ小惑星探査機には、2003年に打ち上げられた「はやぶさ」などがありますよ

ギモンをカイケツ！

小惑星の砂を地球に持ち帰ったよ。

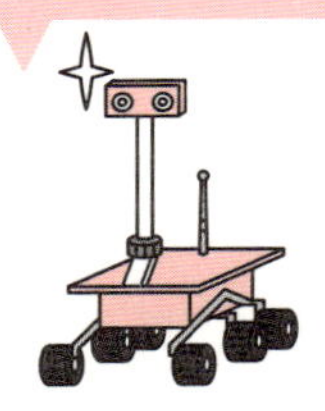

これがヒミツ！

はやぶさ2は2回に分けて小惑星の砂を集めたんだよ

はやぶさ2と小惑星リュウグウ（イメージ図）　©JAXA

① 2014年に打ち上げられた

「はやぶさ2」は日本の小惑星探査機です。小惑星「リュウグウ」を目指して、2014年12月に鹿児島県の種子島宇宙センターから打ち上げられました。

②小惑星の砂を持ち帰る

2018年6月、はやぶさ2は小惑星リュウグウに到着すると、小惑星の表面と内部の砂を集めました。また、小型の探査車をリュウグウの上に落として、画像を地球にとどけました。

③地球に小惑星の砂をとどけた

小惑星リュウグウからはなれたはやぶさ2は、2020年に地球の近くにもどると、小惑星の砂の入ったカプセルをオーストラリアの砂漠に落としました。小惑星の砂を分析した結果、生命のもとになるアミノ酸が見つかりました。2024年12月現在、はやぶさ2は次の小惑星「トリフネ」に向かっています。

8月10日(とおか)

国際宇宙ステーションの中で運動はするの？

ギモンをカイケツ！

1日2時間、運動をする時間があるよ。

立ったままひざを曲げたりのばしたりするスクワットもトレーニングのひとつなんだよ
骨が弱くなることをふせぐ薬の研究などもおこなわれているんだよ

これがヒミツ！

①宇宙では筋肉や骨がからだを支える必要がない

重力（→ P.46）がはたらいている地上では、わたしたちは筋肉や骨を使って、つねにからだを支えています。ところが、重力がほとんどない国際宇宙ステーション（ISS）の中では、骨や筋肉がからだを支える必要はありません。

②宇宙では筋肉や骨がおとろえる

国際宇宙ステーションに長くいると、筋肉がおとろえ、骨も弱くなってしまいます。そのため、国際宇宙ステーションで半年をすごして地球にもどってきたときには、自分の力で立てなくなってしまう可能性もあります。

③1日に2時間、運動をする

そうならないように、国際宇宙ステーションの乗組員は、1日に2時間の運動をします。重力がない状態では、バーベルなどを持ち上げる運動では効果がないので、運動のときにはゴムバンドでからだをおさえつけて走ったり、自転車のようなものをこいだりします。

8月 11日

誕生日の星座はどんな星座なの？

誕生日の12個の星座は長い歴史をもつ星座でもあるんだぞ
黄道十二星座は季節と深く関わっているんだよ

ギモンをカイケツ！

太陽の通り道にある12個の星座だよ。

これがヒミツ！

①黄道の上にある黄道十二星座

太陽は1年をかけて、空にある星座の間をめぐっています。この太陽の通り道を「黄道」といいます。この黄道の上にある12個の星座を「黄道十二星座」といいます。

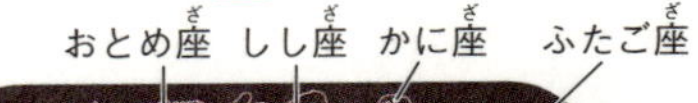

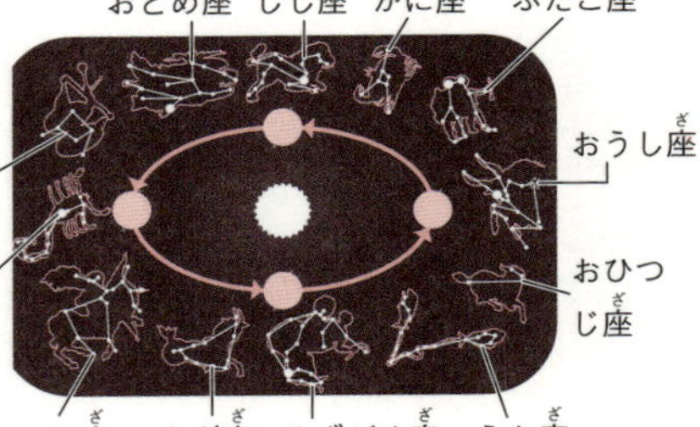

②うらないに使われるようになった黄道十二星座

黄道十二星座は、おもにいまから約5000年前の古代メソポタミア文明の時代につくられたといわれています。やがて人間の運命などにも影響をあたえると考えられるようになり、ヨーロッパなどでうらないに用いられるようになりました。

③黄道にある13個目の星座

実は、黄道にある星座はもう1個へびつかい座があります。しかし、誕生日の星座にはふくまれていません。

8月 12日

カール・ジャンスキー

どんな人？

宇宙からの電波を初めて発見したよ。

電話の無線研究をしているときに、ぐうぜん宇宙からの電波をキャッチしたんだって

こんなスゴイ人！

①宇宙からやってくる電波を発見

1931年、アメリカ人のジャンスキーは電波通信の研究のために巨大アンテナをつくり、この実験の最中に天体から発される電波の存在を発見しました。

彼の名にちなんで、電波強度の単位にはジャンスキー〔Jy〕が使われているんだって

②天体からの電波であることを確信

ジャンスキーは、宇宙には、目には見えなくとも電波を発する星ぼしがあることを確信しました。その論文も書いて発表しましたが、当時の天文学界からは注目してもらえませんでした。

③電波天文学という新しい分野をつくった

しかし、ジャンスキーのこの発見により、のちに電波を使って星や宇宙を調べる「電波天文学」という新しい科学の分野が広がりました。いまでは、天文学者たちはあたりまえのように電波を使って、遠くの星や銀河を調べています。

8月13日

火星の北極と南極にある白いところはなに？

ギモンをカイケツ！

ドライアイスと氷におおわれているんだよ。

火星の空気の中の二酸化炭素が、こおっているんじゃ

火星と金星の気温のちがいは、空気の量のちがいからも生まれているのじゃ

これがヒミツ！

8月

①こおった二酸化炭素

火星の空気の約95％は二酸化炭素です。火星の北極や南極にある白いところは、ほとんどがドライアイスでできており、水がこおった氷もふくまれます。火星が寒くなるときに、空気中の二酸化炭素がこおることで生まれると考えられています。

②暖かくなるととける

火星の北極と南極にあるドライアイスは、日の光が当たって暖かくなると、とけて二酸化炭素にもどります。このとき、強力な風が発生するため、嵐が起きたり、少ない水蒸気がこおって霜ができたりすることがあります。

③火星と金星の気温のちがい

金星も空気の96％が二酸化炭素です。しかし、金星と火星の平均気温は、金星が約470℃、火星が－63℃と大きくことなります。火星は金星と比べて空気の量が少ないため、熱をためこむことができないのです。火星の昼と夜の気温差はとても大きく、その差は100℃以上になります。

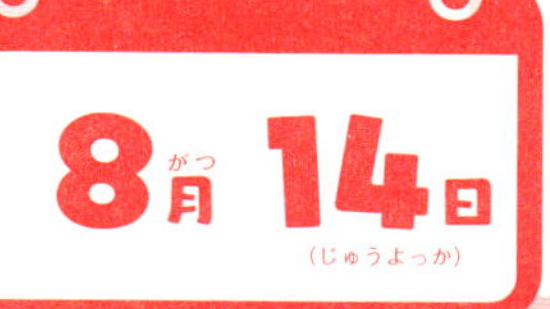

月は地球からどれくらいはなれているの？

クイズ

①約 3800km
②約 3 万 8000km
③約 38 万 km

光だと 1 秒くらいでとどくきょりなのよ

→ こたえ ③ 約 38 万 km

これがヒミツ！

①月と地球のきょりは約 38 万 km

月と地球のきょりは、約 38 万 km です。このきょりは、地球と太陽のきょりの約 400 分の 1 です。

②新幹線で行くと約 53 日かかる

光が月から地球までとどくのにかかる時間は、約 1.3 秒です。また、1 時間に 300km 走る新幹線で地球から月まで行くとすると、約 53 日かかります。

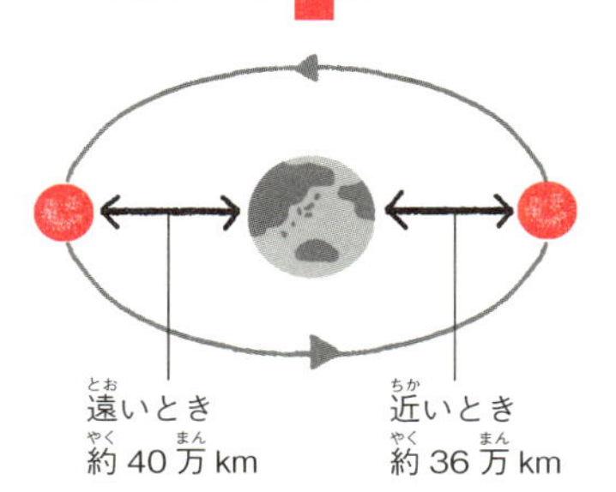

③月と地球のきょりは変化している

ただ、月と地球のきょりは、つねに変化しています。もっとも近いときの月の大きさは、もっとも遠いときの月よりも 10%ほど大きく見えます。大きく見えるときの満月を「スーパームーン」といいます。

8月 15日

星の数はずっと同じなの？

ギモンをカイケツ！

星の数は変化しているよ。

星には種類がいろいろあるんだよ

これがヒミツ！

①新しく生まれる星

新しい恒星も惑星も生まれつづけています。恒星は、宇宙空間のガスがもつ重力で、ガスどうしが集まって生まれます。そして、惑星は恒星のまわりに誕生します。

②星は長くかがやく

恒星は何億年、何兆年も光るものもあります。これらの恒星は、「白色矮星」や「中性子星」や「ブラックホール」といった天体にすがたを変えます。

③星の材料は昔の星が使われる

宇宙空間にうかぶガスやチリは、じつは昔の恒星にあった物質です。星は昔の恒星の残したガスやチリから生まれることになるのです。

星が誕生するときにも、星の爆発が関係することもあるのさ

8月16日

「はやぶさ2」がおこなったサンプルリターンってなに？

クイズ

① 地球の砂を宇宙に持っていくこと
② 宇宙から地球に探査機が帰ってくること
③ 天体に行って、砂などを地球に持ち帰ること

サンプルリターンは月から始まったのですよ

→ こたえ ③ 天体に行って、砂などを地球に持ち帰ること

次は、火星の衛星からのサンプルリターンを目指しているのですよ

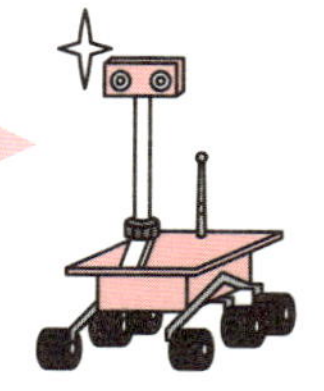

①太陽系のものを調べる

サンプルリターンとは、地球に天体の砂などを持ち帰ることです。それ以前は、太陽系の物質は、地球に落ちた隕石から調べていましたが、地球に落ちてから成分が変わっていないか、どこからきたものかがあいまいで、正確な資料が必要でした。

②サンプルリターンの始まり

サンプルリターンは、1969年に「アポロ11号」で初めて月面に着陸した宇宙飛行士が運んだ、月の石が始まりです。その次の年の1970年に、ソ連（いまのロシア）が無人探査機で月の石を地球に持ち帰りました。

③小惑星の砂を取ってきた「はやぶさ」と「はやぶさ2」

その後は、無人探査機によるサンプルリターンがおこなわれてきました。日本が2003年に打ち上げた小惑星探査機「はやぶさ」は、世界で初めて小惑星から砂の粒子を持ち帰り、2014年に打ち上げた「はやぶさ2」につながっています。

8月17日

無重力で汗をかくとどうなるの？

トレーニングのときに汗を
かくことが多いんだよ

ギモンをカイケツ！

したたり落ちないで、はだにはりつくんだ。

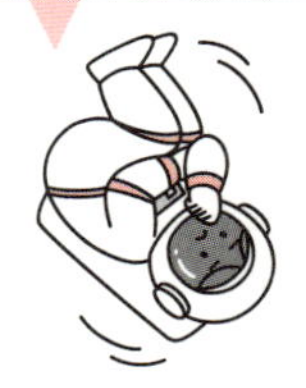

顔にかかると、そのままはりついて、
息ができなくなるおそれもあるんだよ

これがヒミツ！

8月

①汗ははだにはりつく

重力（地球がものを引っぱる力）がはたらかない場所では、汗はしたたり落ちることがなく、はだにはりついた状態になります。そのため、国際宇宙ステーションで汗をかくと、とても不快に感じます。

②汗を蒸発させる下着も研究されている

不快なだけではなく、汗が鼻などからすいこまれると、むせたりするおそれもあります。そのため、汗をすい取って蒸発させるはたらきをもつ下着などの研究も進められています。

③汗は水として再利用される

汗でぬれた服は、国際宇宙ステーションの中にほしておくと、数時間でからからにかわきます。空気中に出た汗の水分は集められ、専用の装置で水として再利用されます。

8月18日

誕生日の星座は、ほんとうに誕生日の月に見えるの？

クイズ

❶見える。
❷見えない。
❸年によってちがう。

見えない。

これがヒミツ！

数千年たって、誕生日の時期に見える
十二星座は1つずれているんだぞ

①誕生日の星座は黄道の上にある

誕生日の星座は、空にある太陽の通り道である「黄道」の上にある星座で、まとめて「黄道十二星座」といいます。太陽は1年をかけて、この黄道十二星座がある場所をまわっています。

②誕生日の星座はその時期に太陽の向きにある

誕生日の星座は、その時期に太陽の方向にある星座です。そのため、誕生日のころには、誕生日の星座は太陽から近すぎて、見ることができません。たとえば、3月21日から4月20日生まれの人の星座であるおひつじ座は、3月から4月ごろには見ることができないのです。

③誕生日からしばらくたつと見えるようになる

誕生日の星座は、誕生日から3か月から4か月たつと、地球が太陽のまわりを公転して位置が変わるため、夜明け前に見られるようになります。

8月19日

クライド・トンボー

どんな人？

冥王星を発見したよ。

冥王星の英語読み Pluto（プルートー）はイギリスの 11 歳の少女がつけたんだって

こんなスゴイ人！

①自力で天体観測の道を拓いた

アメリカの貧しい農家出身だったトンボーは、自作の望遠鏡による自力での惑星観測の腕を買われ、ローウェル天文台に採用されました。

②冥王星を発見したあと、天文学を長年教えた

トンボーはローウェル天文台で 1930 年に冥王星を発見、その功績により奨学金を得てカンザス大学を卒業しました。その後、ニューメキシコ大学で天文学の教授として、多くの学生に天文学を教えました。

トンボーの遺灰は、NASA（→ P.64）の探査機にのって、冥王星を訪れたんだって

③たくさんの天体を発見した

トンボーは冥王星だけではなく、ローウェル天文台での観測で多くの天体を観測しました。小惑星、彗星、銀河などを発見しています。

火星人はいないの？

くわしく観測される前は、本当にいると考える人もいたのじゃ

ギモンをカイケツ！

いまでは、いないことがわかっているよ。

タコのようなすがたの火星人は、『宇宙戦争』のさし絵から広まったのじゃ

これがヒミツ！

①天文学者の発見

1877年、イタリアの天文学者スキャパレリは、望遠鏡で火星の観測をおこなったときに、みぞのような筋状のもようを発見します。スキャパレリは、イタリア語でみぞという意味の「カナリ」と名づけました。

②知的生命体がいる

観測の結果が英語に訳されたときに、「カナル」とまちがえて訳されました。「カナル」とは運河のことです。そして、アメリカの資産家ローウェルなど、火星に運河をつくれる知的生命体がいるにちがいないと考える人が現れました。

③火星人の広まり

イギリスのSF作家、H・G・ウェルズ（→ P.179）が、1898年に『宇宙戦争』という小説を書いたことで、火星に知的生命体がいるというイメージは、世界中に広まりました。この小説は、地球に火星人がおそってくるお話でした。いまは調査が進み、火星に知的生命体はいないことがわかっています。

8月21日

月の温度はどれくらい？

クイズ

①昼は 25℃、夜は 15℃
②昼は 50℃、夜は 10℃
③昼は 110℃、夜は－ 170℃

空気のない月は、太陽の光がそのまま月面までとどいているのよ

こたえ ③ 昼は 110℃、夜は－ 170℃。

これがヒミツ！

1日が長いのは、自転（月自体が1回転する）がおそいからなのよ

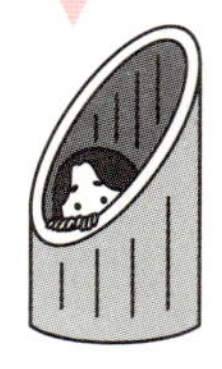

8月

①月の温度差は 280℃

わたしたちが住んでいる地球の多くの地域は、昼と夜の温度差が数℃～数十℃です。それに対して、月の温度は昼は 110℃にもなり、夜は－ 170℃にまで冷えこみます。

②大気がないために温度差が大きい

地球には、大気（空気）があります。この大気には、昼は地球の表面に当たる太陽の光をやわらげ、夜は表面の熱が宇宙ににげるのをふせぐはたらきがあります。ところが、月には大気がないため、昼は太陽の光で表面がそのままあたためられ、夜は表面の熱の多くが宇宙ににげます。そのため、280℃という大きな温度差が生まれるのです。

③１日が長いために温度差が大きい

また、月は昼が約 15 日、夜が約 15 日もつづきます。このように昼と夜が長いのも、温度差が大きくなる理由のひとつです。

8月22日

どうやって恒星は生まれるの？

ギモンをカイケツ！

恒星になる材料が集まってできるよ。

恒星はガスが集まって
いくうちにかがやくのさ

これがヒミツ！

①ガスやチリが集まって生まれる

恒星は、宇宙空間のガスのあつまりである「星間分子雲」から生まれます。星間分子雲の中でガスが集まり始めると、ちぢまりつづけるうちに温度が上がり、明るくかがやき始めます。そして、自ら光をつくりだすようになって、恒星が誕生します。

②恒星になるまでには時間がかかる

恒星が生まれるまでには、時間がかかります。自ら光を出すまで、太陽では約5000万年かかったと考えられています。

炭素や窒素や酸素は、
人間のからだの中にも
あるものなのさ

③新しい恒星は、死んだ恒星を材料に使う

恒星をつくるガスは、炭素や窒素や酸素などをふくんでいます。これは、恒星が寿命をむかえたときに、宇宙空間に残していったものです。

8月23日

宇宙にヨットがあるってほんとう？

クイズ

日本が初めてつくったのですよ

①宇宙にヨットはない。
②宇宙飛行士の月面の乗りものに使われた。
③宇宙を飛ぶヨットのような宇宙船がつくられた。

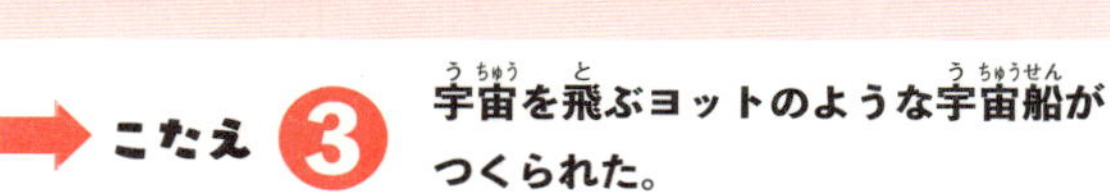

これがヒミツ！

①ヨットのような宇宙船

ヨットのような宇宙船は日本でつくられました。「IKAROS」とよばれ、2011年にH-IIAロケットで打ち上げられました。

②燃料を使わずに前に動く

IKAROSは、「太陽帆」とよばれるヨットのように大きな帆を持っています。太陽の光のもつ力を太陽帆の四角いまくで受けて進みました。

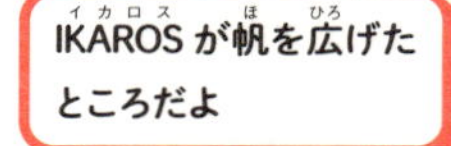

IKAROS（イメージ図） ©JAXA

③回転して帆を開く

IKAROSをロケットで打ち上げるときは、帆は折りたたんでしまっておき、宇宙に出たあと、本体を回転させて、帆を広げました。また、カメラを本体から外に飛ばすことで、帆を広げた様子を映すことに成功しました。

8月24日
(にじゅうよっか)

無重力では身長がのびるってほんとう？

ギモンをカイケツ！

ほとんどの人がだいたい1cmから2cmのびるんだよ。

背がのびて、からだが痛くなることもあるんだよ

これがヒミツ！

①宇宙では身長が1cmから2cmのびる

国際宇宙ステーションでくらしていると、だいたい1cmから2cmほど背がのびます。なかには、7cmのびた人もいたそうです。

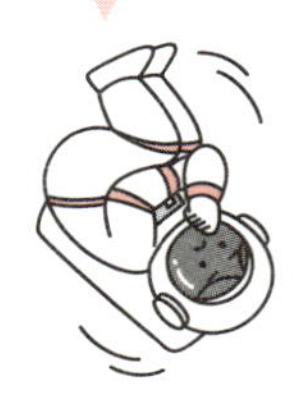

宇宙で身長がのびても、地球にもどったらもとにもどるんだよ

②背骨には椎間板がある

骨と骨の間（関節）には、骨の動きをなめらかにするはたらきをもつ軟骨というものがあります。背骨にはたくさんの骨がありますが、その骨のひとつひとつの間にも軟骨があります。この軟骨を椎間板といいます。

③椎間板がのびて身長がのびる

国際宇宙ステーションでは、重力（地球がものを引っぱる力）がはたらかないために、この椎間板がたて方向にのびます。そのため、身長がのびるのです。１つの椎間板あたり約1mmのびるといわれています。

8月25日

星空保護区ってなに？

ギモンをカイケツ！

暗い夜空を守る取り組みが認められた地域だよ。

明かりがじゃまをすると星が見えなくなってしまうぞ

8月

これがヒミツ！

①星を観察しやすい環境が守られている「星空保護区」

国際ダークスカイ協会（IDA）は、星を観察しやすいように、人工的な光をつくり出さないように気をつけている地域を認定しています。そして、認定された地域を「星空保護区」といいます。

②世界で211の地域が認定されている

この制度は、2001年からはじまりました。2023年10月の時点で、世界では211の地域が星空保護区に認定されています。

③日本では4か所が認定されている

日本では、2018年に沖縄県の西表島や石垣島が、日本初の保護区に指定されました。その後、2020年には東京都の神津島が、2021年には岡山県の井原市美星町がそして2023年には福井県の大野市が認定されました。

街灯をまぶしくないものにかえる取り組みもされているよ

8月26日

人物

糸川英夫

どんな人？

日本初の人工衛星「おおすみ」の打ち上げに貢献したよ。

糸川は「日本の宇宙開発の父」として知られているんだって

こんなスゴイ人！

①日本のロケット開発の先駆者

糸川は日本の航空工学者です。1955年には鉛筆サイズの「ペンシルロケット」を開発し、その後の日本のロケット開発の先がけとなりました。

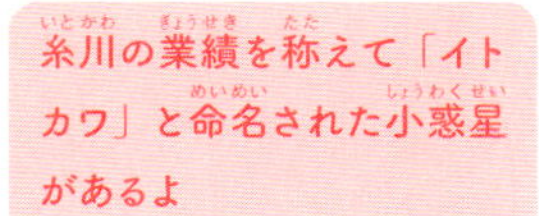

糸川の業績を称えて「イトカワ」と命名された小惑星があるよ

②宇宙飛行理論をつくり上げた

ペンシルロケットの成功を受け、より大型の「ベビーロケット」、高度100kmを超える探査をできる「カッパロケット」を開発しました。これらはそれぞれ日本のロケット開発と宇宙研究を発展させました。

③日本初の人工衛星「おおすみ」の打ち上げに貢献した

1970年には、1967年に引退した糸川の意志をつぎ、日本で初めての人工衛星「おおすみ」（→P.233）が打ち上げられました。この成功は、日本の宇宙技術が世界に認められるきっかけになったのです。

8月27日

ハビタブルゾーンってなに？

生命がいるかどうかは、天体の温度にも関わってくるのじゃ

ギモンをカイケツ！

生命のいることができる範囲のことだよ。

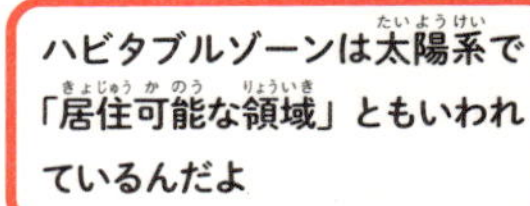

これがヒミツ！

①太陽系のハビタブルゾーン

ハビタブルゾーンは生命がすごすことができる範囲です。太陽系では恒星である太陽からどれだけはなれているかどうかで決まります。地球は完全にハビタブルゾーンにあります。

②太陽とのきょり

太陽に近づきすぎると、水は水蒸気になり、さらに惑星の温度を上げることになり、どんどん水がなくなります。逆に、遠すぎると水は氷になり、液体の水はなくなってしまいます。

③生命が生きるための条件

生命が生きるためには水は大事です。ハビタブルゾーンは液体の水が存在するところと重なります。また、ハビタブルゾーンは太陽系の外の天体を調べるときに、生命がいるかどうかを調べる基準にも使われています。

8月28日

月では体重がどれくらいになるの？

クイズ

①地球の2分の1
②地球の6分の1
③地球の12分の1

体操の技にある「月面宙返り（ムーンサルト）」は、まるで重力が小さい月の上でまわっているように見えるために、そう名づけられたのよ

→ こたえ ② 地球の6分の1

これがヒミツ！

①月の重力は地球の6分の1

地球と同じように、月にも重力（ものを引っぱる力）があります。ところが、月の重力は地球の約6分の1しかありません。

地球でジャンプするより高く飛べるんだよ

②高くジャンプできる

重力が地球の6分の1になると、わたしたちの体重は地球の6分の1になります。そのため、地球より高くジャンプできるようになります。

③月以外の天体の重力

太陽系の天体の重力の大きさはさまざまです。火星の表面で受ける重力は地球の約3分の1、木星の表面の重力は地球の約2倍、太陽の表面での重力は地球の約28倍になります。

8月29日

一番星ってなに？

ギモンをカイケツ！

夕方の空を見たときに、最初にかがやく星のことだよ。

一番星は、観察する場所や日によってちがうのさ

これがヒミツ！

①一番星は金星のことが多い

夕方の空に最初に見える星は、惑星の「金星」であることが多いです。太陽と月をのぞくと、地球のすぐ内側をまわっている金星はもっとも明るい星です。

恒星のなかでは、シリウスが一番星になることもあるのさ

②一番星は時期によってちがう

ところが、夕方には金星が見えないときがあります（→ P.187）。そのため、金星が一番星にならないことがあります。夕方の空で一番星を探したときに金星の次に明るく見える惑星は木星や土星や火星です。

③惑星は明るさが変化する

惑星は地球との位置関係が近くなったり遠くなったりするため、明るさが変化します。また、場所も変化するので、夕方に見えるとはかぎりません。惑星が夕方の空に見えないときは、明るい恒星（→ P.20）が一番星になることもあります。

8月30日

地球を小惑星から守るための探査機があるってほんとう？

ギモンをカイケツ！

小惑星の動きを変えた探査機があるよ。

小惑星が移動したことが確認されたのですよ

これがヒミツ！

探査機 DART は、小惑星にぶつかってこわれてしまったのですよ

①小惑星の動きを変える

隕石の多くは、小惑星のかけらが地球に向かってきたものです。地球にぶつかるかもしれない小惑星から地球を守る実験で、アメリカの探査機「DART」がつくられました。

②探査機の向かった小惑星

探査機 DART は体当たりをすることで小惑星の動きを変えます。目標となったディモルフォスは、地球から約 1100 万 km はなれたところにある小さな小惑星です。少し大きめな小惑星デディモスのまわりをまわっています。

③小惑星に体当たり

探査機 DART は、実験で 2022 年に小惑星ディモルフォスにぶつかることに成功し、この小惑星の動きを少しだけずらすことができました。

8月31日

国際宇宙ステーションでは髪をどうやって洗うの？

ギモンをカイケツ！

ドライシャンプーというものを使って、水を使わずに洗うんだ。

髪の毛のよごれをふき取る「シャンプーシート」というものもあるんだよ

これがヒミツ！

①国際宇宙ステーションの中では水が飛びちる

国際宇宙ステーション（ISS）では、水はとても貴重なものです。また、国際宇宙ステーションの中では重力（→ P.46）（地球がものを引っぱる力）がはたらかないため、多くの水を使うと船内に飛びちってしまいます。

②水を使わずに頭を洗う

頭を洗うときにも、多くの水を使うことはできません。そのため、頭を洗うときには水を使わないドライシャンプーという特別なシャンプーを使います。

ドライシャンプーは災害のときにも役に立つかもしれないんだよ

③洗ったあとはタオルなどでふき取る

ドライシャンプーはあわが出にくく、飛びちりにくいようにつくられています。このシャンプーを使って頭を洗ったあとは、水で流すのではなく、かわいたタオルでふき取ります。

9月(がつ)

9月1日（ついたち）

星座

秋の四辺形になっている星座はなに？

ペガススは、ギリシャ神話に登場する、つばさをもつ馬だぞ

クイズ

1. さそり座
2. くじら座
3. ペガスス座

→こたえ 3 ペガスス座

これがヒミツ！

①ペガスス座とアンドロメダ座の星からなる秋の四辺形

秋の夜中、ま上に近い南の空に、台形に近い四角形をつくる４つの星が見えます。これを「秋の四辺形」といいます。秋の四辺形は、ペガスス座の３つの星とアンドロメダ座の１つの星からできています。

秋の四辺形は近くに明るい星が少ないから見つけやすいよ

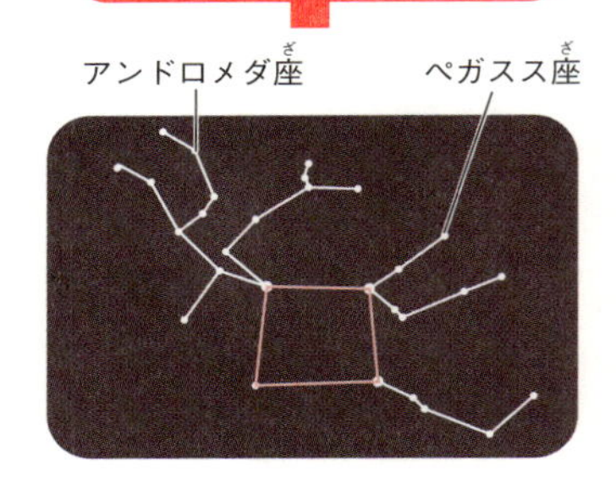

②秋の四辺形は神様がのぞく窓

この四角形は、古代ギリシャでは神様が地上を見るための窓と考えられ、四角形の中の星は神様たちの目だと考えられていました。

③ペガスス座の近くの星座

ペガスス座の近くには、アンドロメダ座のほかにこうま座やうお座などがあります。

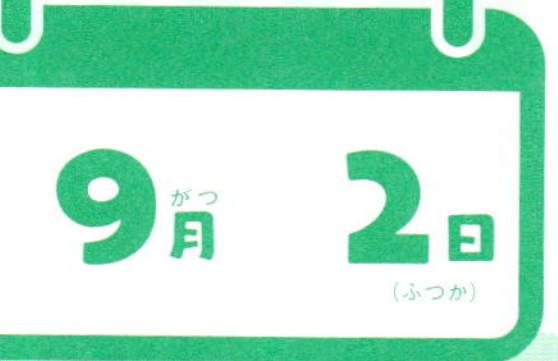

小山ひさ子

どんな人？

太陽の黒点を観測して国際的な観測基準をつくったよ。

アマチュア天文家だった小山は、女学生のころから天体観測に熱中していたんだって

こんなスゴイ人！

①長期間にわたって太陽の黒点を観測した

小山は日本の天文学者で、約50年間太陽の黒点（→P.99）を観測してそのデータを集めました。当時としてはめずらしい女性の天文学の研究者でした。

②観測のスケッチが日本天文遺産に認定された

国際科学博物館の研究者であった小山が観測しつづけたその約1万枚ものスケッチ群は、「日本天文遺産」に認定されました。1人の観測者が太陽の活動を長期間同じ方法でおこなった、とても高い信頼性をもったデータだったのです。

子どもや一般の人向けの天体観測会もおこなっていたんだって

③国際的な観測基準をつくった

小山は、太陽の黒点を数える方法を考えだしました。また、太陽の黒点数の数え方に関して積極的に議論をおこないました。その結果、最終的に国際的に信頼される記録をつくり上げました。

9月 3日(みっか)

太陽系のなかで一番大きい惑星は？

ギモンをカイケツ！

木星が一番大きいよ。

太陽とよく似た成分でできているのじゃ

これがヒミツ！

①太陽系の惑星でもっとも大きい

木星は太陽から5番目の位置にある惑星です。太陽のまわりを約12年かけてまわっています。地球を約11個横にならべることができるくらいの大きさです。

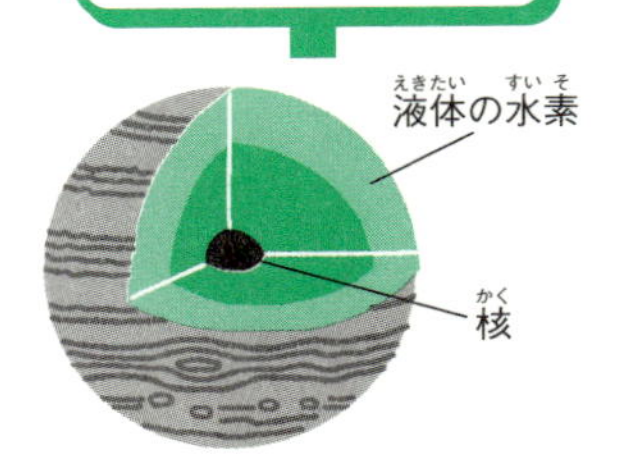

木星の雲の下には液体の水素があるんだよ
液体の水素
核

②木星の空気

木星は約90%が水素、約10%がヘリウムでできており、太陽と似たつくりになっています。しかし、太陽は水素をヘリウムに変える「核融合反応」を起こし、みずからかがやいているのに比べ、木星は重さが足りないため核融合反応が起こりません。木星が太陽のような光を出すためには、80倍ほどの重さが必要であると考えられています。

③木星の内側

木星のほとんどは、水素でできています。中心には鉄などでできた核があります。

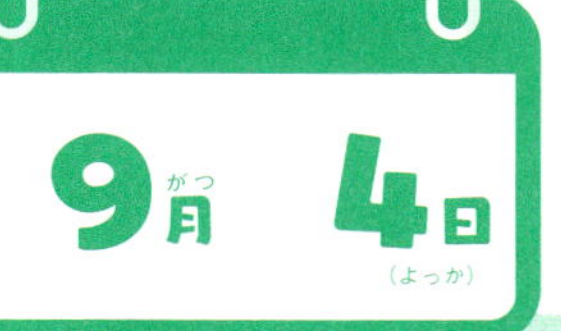

中秋の名月ってどんな月？

ギモンをカイケツ！

旧暦の8月15日の月のことだよ。

十五夜には月に見立てた、月見だんごを食べるのよ

いまのこよみだと、中秋は毎年ちがっていて、だいたい9月から10月ごろになるのよ

これがヒミツ！

①旧暦の8月15日が中秋

明治時代のはじめまでは月の動きをもとにしたこよみ（太陰太陽暦、旧暦）が使われていました。旧暦では7月から9月が秋にあたるため、そのまん中である8月15日を「中秋」とよんでいました。

②中秋の夜の月は中秋の名月

旧暦は新月（まっ暗な月）から次の新月までの29日または30日を1か月とするこよみなので、月のまん中である15日はほぼ満月になります。そのため、8月15日の月は「中秋の名月」とよばれ、とくに親しまれてきました。

③中秋の名月が見える夜が十五夜

中秋の名月が見えるのは15日の夜なので特に「十五夜」ともいわれ、その日には昔からお月見がおこなわれてきました。ただ、月は地球からのきょりを変えながらまわっているので、新月から満月までの日数は、一定ではありません。そのため、中秋の名月が必ず満月であるとはかぎりません。

どうして恒星は光るの？

恒星には、赤や青白い色などがあるよ

ギモンをカイケツ！

エネルギーをつくっているからだよ。

これがヒミツ！

青白い恒星の温度は1万℃をこえるんだよ

赤色	約3000度	ベテルギウスなど
クリーム色	約6000度	太陽など
白～青色	約1万度以上	シリウスなど

①恒星の燃料は「水素」

恒星の中は温度が高く、物質は重力によっていつもおしあっています。そのなかで水素がヘリウムに変わり、エネルギーや熱が生まれます。このことを「水素の核融合反応」といいます。

②恒星がエネルギーを生みだす時期

安定して水素からヘリウムをつくり出せる期間の恒星のことを、「主系列星」といいます。星の一生のほとんどは、この「主系列星」の時期です。

③恒星の温度によって明るさが変わる

恒星の光の色はその星の表面の温度によって変わります。温度が高い星が青白く、温度の低い星ほど赤くなります。太陽はちょうど真ん中くらいの温度で、クリーム色の光を出しています。また、恒星の色を見ることで、遠くの恒星の表面の温度を調べることができます。

9月 6日(むいか)

探査車が行ったことのある惑星は？

？クイズ

探査車は、惑星を走りながら調査をします

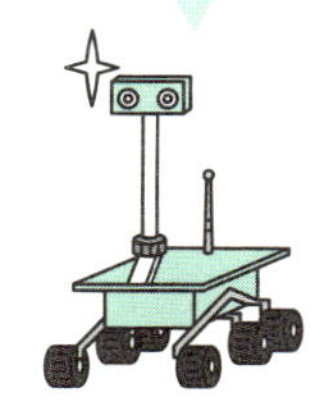

❶ 水星
❷ 火星
❸ 金星

→ こたえ ❷ 火星

これがヒミツ！

①探査車は惑星を調べる車

探査車は探査機とちがって、車のように走ることができます。火星に送られた探査車はどれも、地球からラジコンカーのように操作をして走らせています。

「パーサヴィアランス」はドリルを使って、火星の土を集めることができるよ

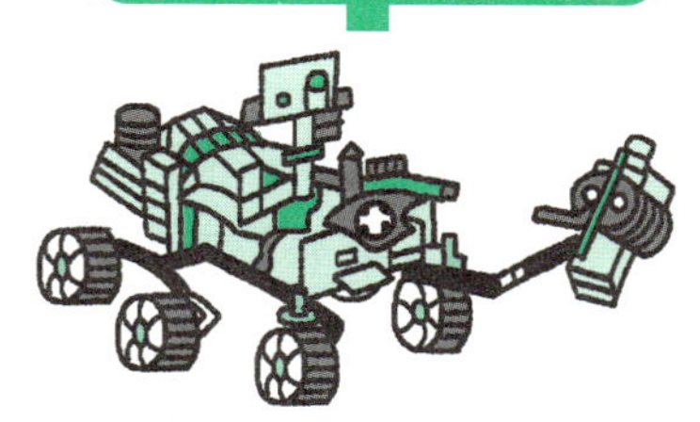
パーサヴィアランス

②火星に初めてついた探査車

火星を最初に走った探査車は、1997 年に到着したNASA（→ P.64）の探査車「ソジャーナ」でした。箱のような形の小型の探査車で、約 3 か月の間、火星の表面の土や石を調べ、画像を地球に送りました。

③探査車の進化

火星探査車は進化をつづけています。2020 年に火星に着いたNASA の探査車「パーサヴィアランス」は酸素をつくる機械がついています。探査中に、火星の空気から酸素をつくる実験をして、成功しました。

9月 7日

国際宇宙ステーションではどうやって髪の毛を切るの？

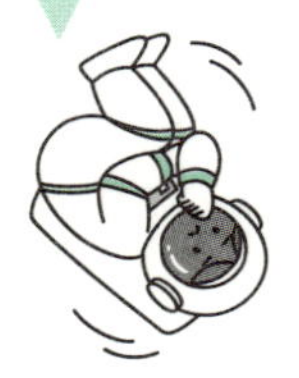

宇宙で髪がのびると、
四方八方に広がるんだよ

ギモンをカイケツ！

ふつうは、乗組員どうしで切り合うよ。

これがヒミツ！

①乗組員どうしで切り合う

宇宙でも、髪の毛はのびつづけます。そのため、国際宇宙ステーション（ISS）の乗組員も、ときどき散髪をおこないます。といっても、国際宇宙ステーションの中に理容師がいるわけではないので、乗組員どうしがおたがいに髪の毛を切り合います。

②ホースですい取る

髪を切るときには、吸引機からのびたホースの先につけたバリカンを使います。バリカンで切った髪は、そのままホースにすい取られるため、船内に切った髪の毛がちらばることはありません。

③ひげそりは地上と同じ道具でおこなう

また、ひげそりは、地上で使われているものと同じようなかみそりや電動ひげそり機を使っておこないます。

9月 8日（ようか）

なぜ、うお座の魚は2匹いるの？

ギモンをカイケツ！

神様がはなればなれにならないように、リボンでつないだからだよ。

これがヒミツ！

①女神アフロディーテとエロスのすがた

うお座は、秋の南の空に見える星座です。うお座は星うらないに使われる「黄道十二星座」のひとつです。この星座は、ギリシャ神話に登場する女神アフロディーテと息子のエロス（キューピット）が、変身したすがたとされています。

神様のパーティーには、やぎ座（→ P348）になった神もいたんだよ

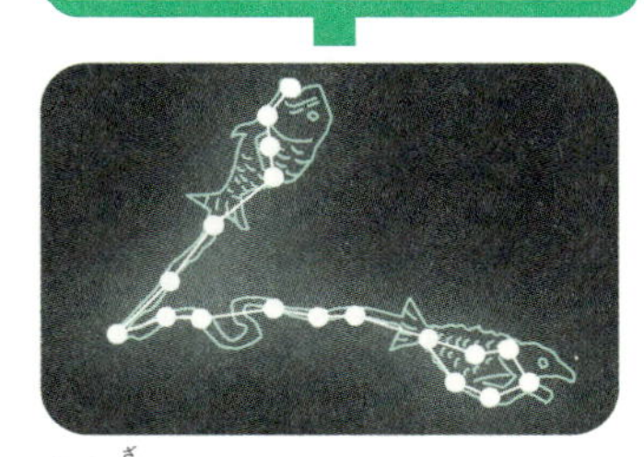
うお座

②怪物が神様のパーティーに現れた

女神アフロディーテは、愛と美の神様でした。ある日、神様たちがパーティーをしていると、テュフォンという怪物が現れたため、神様たちはにげだしました。

③魚に変身してにげだした

アフロディーテは魚に変身してにげました。しかし、息子のエロスとはなれてしまうことを心配したアフロディーテは、リボンで自分とエロスの足を結びつけました。そのため、うお座は２匹の魚がつながったすがたをしているのです。

小柴昌俊

どんな人？

「ニュートリノ」の観測で、小柴は 2002 年にノーベル物理学賞を受賞したんだって

「ニュートリノ」という物質を観測し、宇宙の仕組みを知る手がかりを示したよ。

こんなスゴイ人！

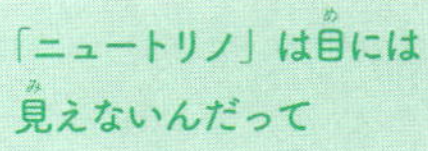

「ニュートリノ」は目には
見えないんだって

①「ニュートリノ」を世界で初めて観測した

小柴は日本の物理学者です。1987 年、小柴の実験チームは超新星爆発からとどいた「ニュートリノ」を世界で初めて観測し、星の進化の仕組みの解明に貢献しました。

②宇宙のしくみを教えてくれる素粒子ニュートリノ

ニュートリノはもっとも小さい物質で、「素粒子」の１つです。太陽や星などから現れ、ほとんどの物質を通りぬける性質をもっています。

③「スーパーカミオカンデ」開設への基礎をつくった

ニュートリノの観測に成功した実験施設「カミオカンデ」は、小柴が中心となり岐阜県神岡市につくられました。カミオカンデは地下約 1000 mの深さにある施設で、丸いつつのような形でなかにはたくさんの水が入っています。いまは、後継の大型装置「スーパーカミオカンデ」が活やくしています。

9月10日

木星に見えるもようはなにでできている？

ギモンをカイケツ！

アンモニアなどの雲がつくり出しているんだよ。

木星の表面の色のちがいも、雲が関わっているのじゃ

これがヒミツ！

「大赤斑」は最近小さくなっているようなんじゃ

①雲がつくるもよう

木星の表面は雲でおおわれており、しまもようは雲の形がつくり出しています。地球の雲とちがって、木星の雲はおもにアンモニアでできています。強い風がふいているため、もようの形は変化して見えます。

②色のちがう雲

木星は明るい色と暗い色が交互にならんで見えます。明るい色は高いところにある雲で、暗い色は低いところにある雲が見えてできています。波のような形の雲や細長い形の雲なども観測できます。

③木星の巨大な嵐

木星の雲の間には、赤色をした巨大なうずが見えます。「大赤斑」とよばれる木星の嵐です。地球が丸ごと１個入る大きさをしています。「大赤斑」は観測を始めたころから現在まで、300年以上一度もなくなっていません。

月のもようをウサギだと思っている国は日本だけなの？

クイズ

① 日本のほかにもいくつかある。
② ウサギに見立てているのは日本だけ。
③ 全世界でウサギに見立てられている。

身近なものやお話に、月のもようを見立てている国が多いのね

→ **こたえ ①** 日本のほかにもいくつかある。

これがヒミツ！

いろいろなものに見立てているんだよ

カニ　髪の長い女性

①火に飛びこんだウサギが月に上げられた

インドから伝わった月のウサギに関する言い伝えがあります。昔、ウサギとキツネとサルが、お腹をすかせた老人のために食べものを集めることになりましたが、ウサギだけは集めることができませんでした。すると、申し訳なく思ったウサギは「わたしを食べてください」といって、火に飛びこみました。これをかわいそうに思った神様が、ウサギを月に上げたという話です。

②アジアの一部の国ではウサギとされている

このように、インドや中国、韓国など、アジアの一部の国では、日本と同じように月のもようをウサギに見立てています。

③ウサギだけではない月のもよう

しかし、月のもようをウサギ以外のものに見立てている国も少なくありません。南ヨーロッパではカニに、東ヨーロッパや北アメリカでは髪の長い女性とされています。

恒星にも寿命があるの？

クイズ

①寿命はある。

②ずっとかがやきつづける。

③惑星に変わる。

夜空に光る星は、長い時間をかけていろいろな変化をするのさ

➡ こたえ 1 寿命はある。

これがヒミツ！

①寿命に近づくと星が大きくなる

恒星はエネルギーをつくるうちに、重たい物質が中心にできます。重たい物質は重力によっておしかためられて熱くなり、まわりのガスはふくらみます。このガスで100倍近くの大きさになった星のことを「赤色巨星」といいます。

②軽い星はガスがぬける

そして、赤色巨星のその後は、星の重さによってさまざまな変化をします。軽い星はまわりにあるガスを引きとどめきれなくなって、中心の重たい物質だけが残り、「白色矮星」という星になります。

③重たい星は爆発をする

重たい星は爆発を起こします。そのあとに、「中性子星」という星になったり、「ブラックホール」ができたりします。

column 04

重要ワード 恒星の一生

これだけでわかる！ 3POINT

いつまでも光りつづける
わけではないのさ

❶ 宇宙のガスから恒星は生まれる。

❷ 恒星の一生はその星の重さによって決まる。

❸「水素の核融合反応」が終わると、そろそろ恒星の寿命をむかえる。

星の誕生

チリやガスが集まって恒星ができる

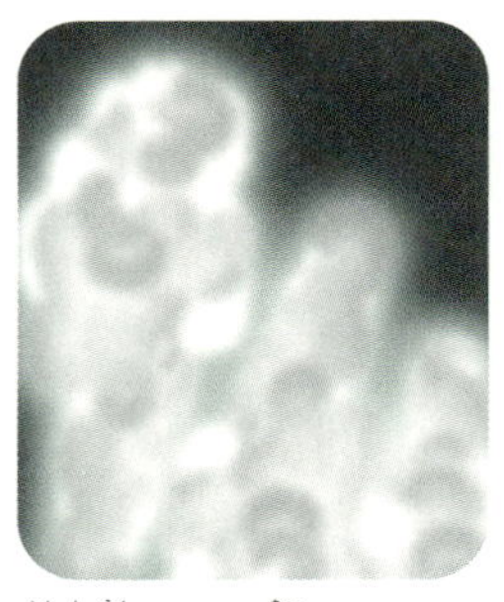

分子雲（ガスの集まり）

恒星

ガスがなくなってかがやき始める

恒星の光る時期の長さは、
重さによって決まるんだよ

恒星の安定期（かがやく時期）

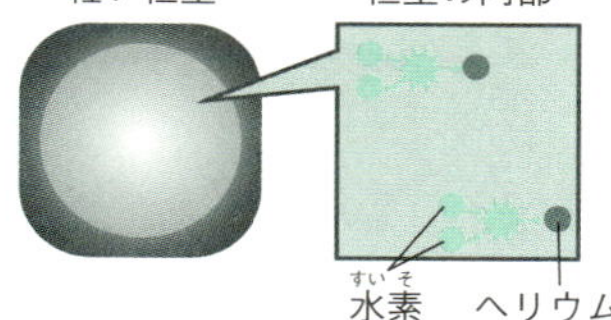

軽い星（水素の核融合反応が少ない）

重い恒星　恒星の内部

重い星（水素の核融合反応が多い）

恒星は水素をヘリウムに変える「水素の核融合反応」によって光るのよ

軽い星は赤く光り、重い星は青白く光りますよ

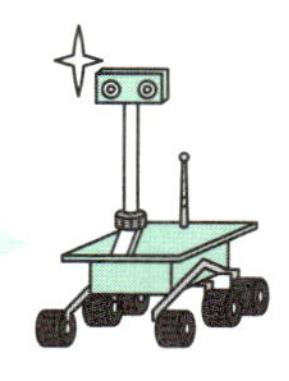

星の終わり

軽い星の方が長く光るよ

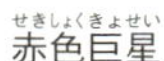

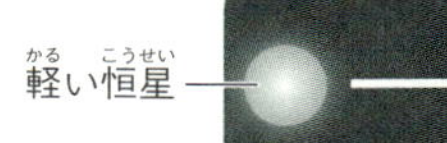

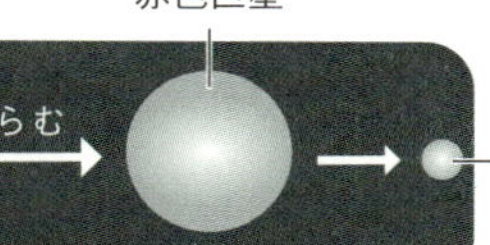

白色矮星になる

赤色超巨星　超新星爆発

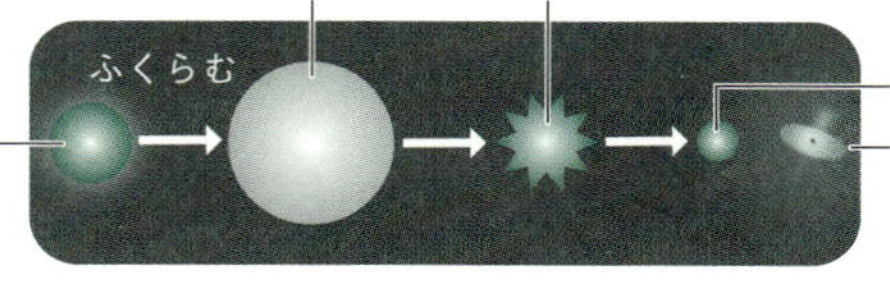

中性子星やブラックホールになる

とても明るくかがやく超新星爆発をおこすかどうかも、重さによって決まるのじゃ

太陽はいまは恒星の安定期。そして約 50 億年後には赤色巨星から白色矮星になって寿命をむかえるんだぞ

9月13日

火星でヘリコプターを飛ばしたってほんとう？

ギモンをカイケツ！

探査車「パーサヴィアランス」に積まれたヘリコプターが、初めて火星の空を飛んだよ。

プロペラをまわして
空を飛んだのですよ

これがヒミツ！

火星の空を飛ぶヘリコプターの研究が進んでいるよ

①地球以外の空を飛んだヘリコプター

火星探査車に積まれて火星に送られたヘリコプター「インジェニュイティ」は、初めて火星の空を飛んだ機械です。初めて地球以外の空を飛んだ機械になりました。

インジェニュイティ

②火星の空気に対応

ヘリコプターはローターという羽をまわすことで、空気の流れをつくって飛びます。火星は地球よりも空気がうすいため、インジェニュイティはローターをより速く回転させることで、うく力を生みだしました。

③何度も空を飛んだ

インジェニュイティは何度も上昇と着陸をくり返し、一番高く上がったときは、火星の地面から 24 mはなれたところまで飛びました。機械がこわれるまで、72 回飛行しました。

9月14日（じゅうよっか）

国際宇宙ステーションにいる宇宙飛行士は朝何時に起きるの？

クイズ

①4時
②6時
③10時

目覚まし用の音楽は、好きなものを選んでかけてもらうことができるんだよ

→ こたえ ② 6時

これがヒミツ！

①昼と夜がとても短い国際宇宙ステーション

国際宇宙ステーション（ISS）は約90分で地球を1周していて、そのうち約45分は太陽が見える時間、残りの約45分は太陽が見えない時間です。国際宇宙ステーションの昼と夜の時間はとても短いのです。

ねむっている時間は、8時間半なんだね

②乗組員は朝6時に起きる

しかし、国際宇宙ステーションの中で、乗組員は地上と同じように24時間を1日として生活しています。通常、起きる時刻はグリニッジ標準時（世界の基準となっている時刻）の6時です。これは、日本時間の15時にあたります。ねる時刻は21時30分（日本時間の6時30分）です。

③仕事の時間は約8時間

ほかにも、さまざまな時間が決まっています。仕事の時間は約8時間で、17時30分か18時30分には仕事を終え、20時ごろに夕食をとります。

9月15日

みずがめ座のみずがめにはなにが入っていたの？

クイズ

①牛乳
②消毒用アルコール
③酒

みずがめ座は英語では、水を運ぶ人という意味のアクエリアスといわれるんだぞ

➡ こたえ ③ 酒

これがヒミツ！

①美少年と水がめからなるみずがめ座

夏から秋の初めにかけて、ま夜中に南の空の低い位置に見えるのが、みずがめ座です。みずがめ座は星うらないに使われる「黄道十二星座」の１つです。この星座は、ギリシャ神話に登場するガニメデスという美少年と、彼が持つ水がめとされています。

みなみのうお座のフォーマルハウトが、探すときの目印になるよ

みずがめ座

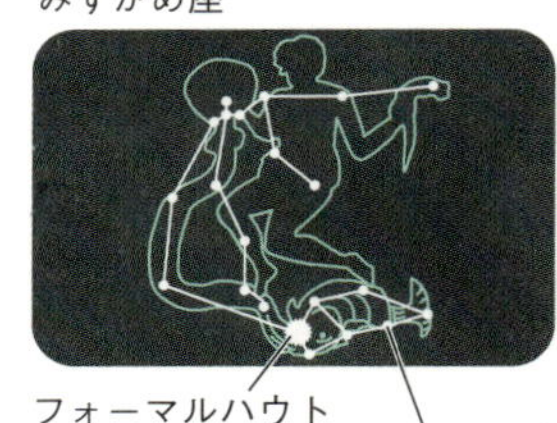

①酒をつぐ役目を命じられたガニメデス

ある日、大神ゼウスはワシに変身し、美少年であるガニメデスをさらってしまいます。そして、両親には代わりに金のブドウの木をあたえ、さらったガニメデスは神がみにネクタールという不死の酒をつぐ役目を命じられました。

③ガニメデスが天に上げられてみずがめ座に

そして、のちにこのガニメデスが、水がめとともに天に上げられてみずがめ座となったそうです。

9月16日

ベラ・ルービン

銀河の回転する速さから、暗黒物質があるだろうと考えたんだって

どんな人？

「暗黒物質」があることを証明したよ。

こんなスゴイ人！

①銀河の回転速度を調べた

ルービンはアメリカの女性天文学者です。たくさんの銀河を観測し、銀河の中心の動きの速さと銀河の端の動きの速さがあまり変わらないことに気づきました。

②見えない物質の存在を確信した

銀河のはずれが速く回転していることは、これまでの科学の常識では説明がつきませんでした。そのため、銀河の外側にも星に強い重力を及ぼす物質があるのではないかと考えたのです。

暗黒物質はどんな物質なのか、まだわかっていないんだって

③「暗黒物質」の存在を証明した

その後、ルービンが気づいた物質は、「暗黒物質（ダークマター）（→ P.374）」とよばれるようになりました。ルービンの観測によって、宇宙には暗黒物質があることが証明されたのです。

9月17日

太陽系のなかで一番衛星を多くもっている天体はなに？

ギモンをカイケツ！

土星と木星が１位の候補なんだよ。

木星と土星は新しい衛星が次つぎに見つかっているのじゃ

これがヒミツ！

①衛星の数の１位あらそい

木星と土星の衛星は、1610年にガリレオ・ガリレイ（→ P.67）が初めて木星の衛星を発見し、オランダの天文学者クリスティアーン・ホイヘンス（→ P.90）が1655年に初めて土星の衛星を発見しました。現在まで絶えず衛星が発見され、どちらが１位ともいえない状態がつづいています。

②木星の衛星

木星の衛星は約90個見つかっています。もっとも大きな衛星はガニメテです。太陽系で一番大きな衛星でもあり、惑星の水星よりも大きいです。

③土星の衛星

土星の衛星は約140個見つかっています。最大の衛星はタイタンです。太陽系の衛星のなかでも２番目の大きさになります。タイタンは、おもに窒素からなる空気をもち、天然ガスの成分であるエタンやメタンの川が流れています。

9月 18日

月までのきょりはなにを使ってはかるの？

クイズ

❶光
❷音
❸ひも

月までのきょりは、昔から調べられてきたのよ

光

これがヒミツ！

鏡とレーザーを使って、月と地球の正確なきょりがわかったんだ

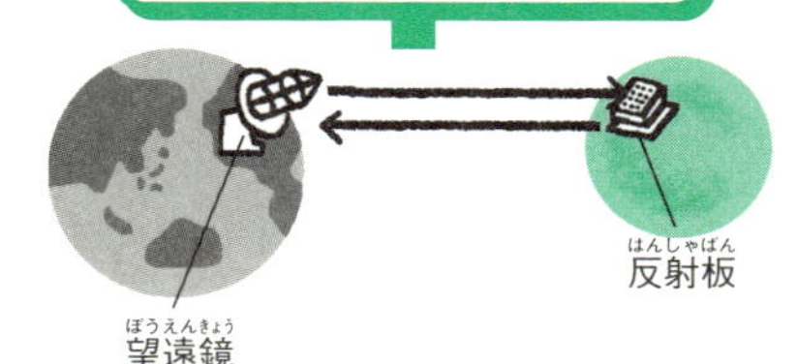

①月と地球のきょりは約 38 万 km

月と地球の平均きょりは、38 万 4399km です。このきょりは、どのようにしてはかったのでしょうか。

②初めて月と地球のきょりをはかった人

最初に地球の大きさをはかった人として記録に残っているのは、いまから 2300 年ほど前の古代ギリシャのアリスタルコスです。アリスタルコスは、太陽と月の観察から、月までのきょりを「地球の 9.5 個分」と計算しました。

③いまは月におかれた鏡ではかる

1969 年、世界で初めて月に着陸したアメリカの宇宙船アポロ 11 号は、月の表面に鏡をおいてきました。いまは、このような月面に置いた鏡に地球からレーザー光線を当て、はね返ってもどってくるまでの時間をはかることで、月までの正確なきょりを知ることができるようになっています。

9月19日

太陽の次に地球に近い恒星はなに？

ギモンをカイケツ！

ケンタウルス座にあるアルファ星という星だよ。

これがヒミツ！

地球から3番目に明るく
見える恒星でもあるのさ

①太陽のような恒星

ケンタウルス座のなかでもっとも明るい星で、「1等星」（→ P.182）です。地球からは太陽の次に近く、4.3光年はなれています。光が4年ほどかけてとどくところです。太陽と同じように黄色く光ります。

②近くに明るい星が3つある

ケンタウルス座のアルファ星は、3つの恒星が集まっています。そのなかのプロキシマ・ケンタウリという星のまわりには、地球のような岩石でできた惑星（→ P.32）が発見されています。

③見える時期

ケンタウルス座は南半球の星座で5月から8月にかけて見えます。ケンタウルス座のアルファ星は、日本では沖縄県から見ることができますが、そのほかの日本列島では見ることができません。

9月

9月20日
（はつか）

一番遠くまで飛んでいる探査機はなに？

クイズ

①はやぶさ
②アポロ11号
③ボイジャー1号

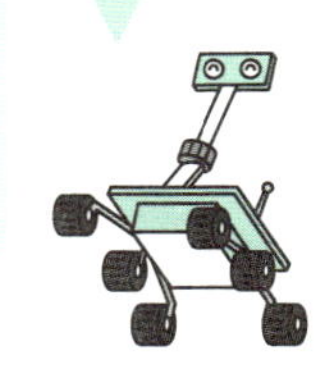

→ こたえ ③ ボイジャー1号

これがヒミツ！

①木星より遠い天体を観測した

探査機「ボイジャー１号」は、２号とともに1977年に打ち上げられました。２機のボイジャーは木星、土星といった惑星の近くを通り、美しい画像を地球にとどけました。

②さらに遠い宇宙に向かう

ボイジャー１号は、惑星を調べたあとも、さらに遠い宇宙空間を飛んでおり、太陽系の外に向かって進んでいます。

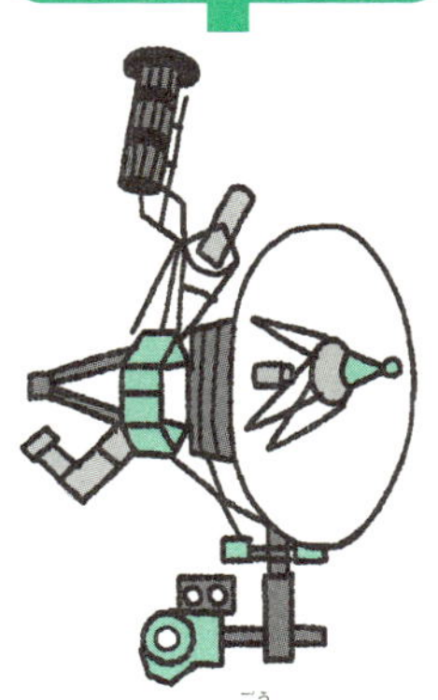

40年以上も宇宙を飛びつづけているんだ

ボイジャー１号

③知的生命体にわたすレコード

２機のボイジャーは、知的生命体に向けたメッセージをのせたレコードを積んでいます。「ゴールデンレコード」といわれ、地球の都市の様子や自然の写真、自然の音や音楽、世界中の人たちからのあいさつなどが入っています。

column 05

フライバイ

これだけでわかる！
3POINT

探査機の調査方法の1つなのさ

❶ 探査機が天体に近づいて観測すること。

❷ 天体まで近づいたら、スピードを落とさずに通りすぎる。

❸ 新しく発見された天体の調査にも使われる。

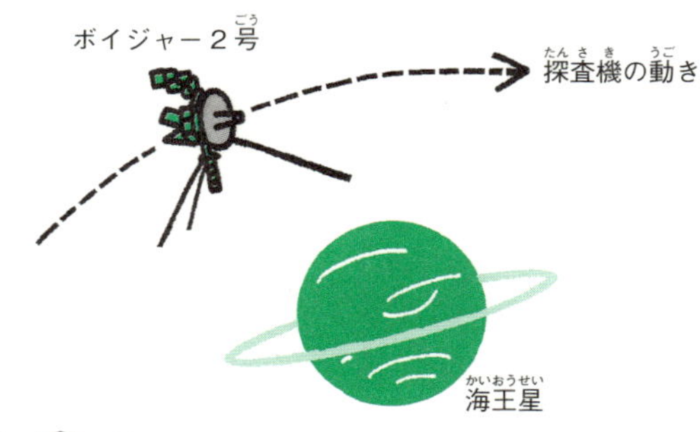

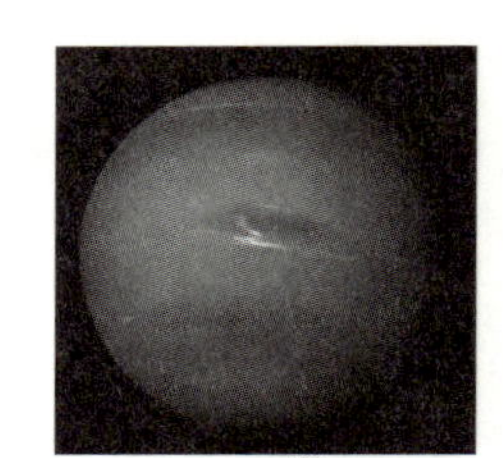

ボイジャー2号がとった海王星の写真

©NASA/JPL

探査機「ボイジャー2号」はフライバイをおこなって、初めて天王星と海王星のきれいな写真を撮影したよ

調査におとずれた天体の重力を使って探査機のスピードを上げたり、方向をかえたりして、次の天体に向かうこともできるのよ

初めてのフライバイは1959年に月でおこなわれたんだぞ

9月21日

国際宇宙ステーションにいる宇宙飛行士に自由時間はあるの？

クイズ

①約1時間半
②約4時間
③約10分

自由時間には、窓から地球をながめたり、写真をとったりする人もいるんだよ

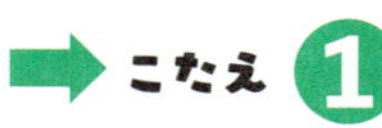

約1時間半

これがヒミツ！

本や映画は、自分の好きなものを地上からもっていくことができるんだよ

①夕食後の約1時間半が自由時間

国際宇宙ステーションの乗組員にも、自由時間があります。それは、夕食が終わってからねるまでの時間です。この時間にはDVDで映画を見たり、本を読んだり、音楽をきいたり、インターネットを使ったりしています。

②家族や友だちと通信をする人もいる

また、この時間を利用して、地上にいる家族や友だちなどと通信をしたり、SNSに国際宇宙ステーションでのくらしのようすを投稿したりすることもあります。

③休日もある

1日の自由時間のほかに、休日もあります。基本的に、土曜と日曜は休日です。また、それぞれの乗組員が、各国の祝日から自分が休む日を選んで休みます。この祝日は、半年に4日ほど取ることができます。

9月22日

星はどれも同じ大きさなの？

クイズ

①まったく同じ。
②ほぼ同じ。
③まったくちがう。

➡ こたえ ③ まったくちがう。

夜空に見える星は見た目はほとんど大きさがかわらないぞ

これがヒミツ！

①ベテルギウスは太陽の約800倍

宇宙にある星（恒星）には、さまざまな大きさがあります。太陽の大きさを1とした場合、こと座のベガは、約3倍の大きさがあります。また、オリオン座のベテルギウスは、800倍もの大きさになります。

とくに大きい星は、赤色巨星であることが多いぞ

②本来の明るさと色から大きさを予想

星はとても遠くにあるため、ふつうの方法では大きさをはかることはできません。そこで、見かけの明るさときょりから星の本来の明るさをもとめ、星の色から表面の温度をもとめます。そして、本来の明るさと色から、大きさを予想するのです。

③一生のうちに大きさを変える星

星は一生のなかでも大きさを変化させます。太陽と同じような「主系列星」とよばれる星は、年をとると大きくなり、温度が下がるために赤くなります。これを「赤色巨星」といいます。ベテルギウスは、赤色巨星のなかでも特に大きな星です。

9月23日

フランク・ドレイク
カール・セーガン

どんな人？

「地球外生命体」へのメッセージをつくって、M13星団へ送ったよ。

地球外知的生命体を探す活動の先がけになったんだって

こんなスゴイ人！

①地球外生命体へのメッセージを送った

1974年、アメリカの天文学者セーガンとドレイクはプエルトリコのアレシボ天文台から、ヘルクレス座のM13星団に向けて、地球外生命体へのメッセージを送りました。

②アレシボメッセージを作成した

これは「アレシボメッセージ」とよばれ、数字の1から10まで、人間の絵と平均的な身長、地球の人口、太陽系の配置、そして発信したアレシボ電波望遠鏡の図や大きさなどからできています。

③メッセージの伝え方を工夫した

ドレイクたちは、メッセージに数学を使いました。宇宙からの電磁波を受信して解析する技術と知能が地球外生命体にあれば、この解読方法がわかると考えたのです。

もしメッセージが目的地のM13にとどくとしても、到達には約25000年かかるんだって

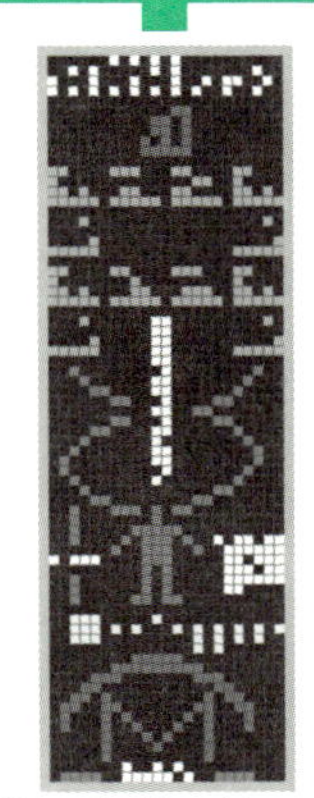

M13星団に送ったアレシボメッセージ
Arecibo message,CC BY-SA 3.0

9月24日
(にじゅうよっか)

木星の衛星に水があるってほんとう？

ギモンをカイケツ！

エウロパなどに水があるといわれているんだ。

木星の力が水をつくっているみたいなのじゃ

これがヒミツ！

①氷でできた衛星

木星の衛星エウロパは、表面を氷でおおわれています。エウロパは地下に液体の水があるといわれており、地球外生命体の発見が期待される天体の1つです。

②太陽の熱で海ができた

太陽からはなれたエウロパは表面が約－170℃にもかかわらず、地下の水の温度は約－4℃とあたたかいのではないかと考えられています。木星の重力に引っぱられることで衛星の形が変化するときに、熱が生まれるとされています。

③表面に水がふき出している

そしてエウロパでは、氷の上に水がふき上がる現象が見つかっています。この現象は、同じように地下に海をもつ土星の衛星のエンケラドスで、2005年に初めて観測されて知られるようになりました。

9月25日

いつも月が表側を向けているのはなぜ？

クイズ

①地球を１周する間に１回、自転するから。
②地球を２周する間に１回、自転するから。
③月は自分から自転しないから。

地球から月のうら側は、見ることができないのよ

➡ こたえ １ 地球を１周する間に１回、自転するから。

これがヒミツ！

月のうら側は、表側よりクレーターが多くてでこぼことしているのよ

①月は自転と公転の周期が同じ

月は、約27日かけて地球のまわりを１周しています（公転）。また、月は約27日かけて、こまのように回転しています（自転）。このように、公転と自転の時間（周期）が同じために、月はいつも地球に同じ面を向けているのです。

②月のうら側はなぞに包まれていた

月がいつも同じ面を地球に向けているため、月のうら側がどうなっているかは、長い間なぞでした。

③「ルナ３号」が月のうら側の写真さつえいに成功

しかし、1959年にソ連（いまのロシア）の月探査機「ルナ３号」が月のうら側にまわって、写真をとることに成功しました。これによって、初めて月のうら側のようすを知ることができたのです。

9月26日

夜空で一番明るい恒星はなに？

ギモンをカイケツ！

おおいぬ座のシリウスという星だよ。

シリウスは青白く光って見えるのさ

これがヒミツ！

①夜空で一番明るく見える星

おおいぬ座の「シリウス」は、太陽をのぞいて、地球から見える一番明るい恒星です。地球から8.6光年はなれています。光の速さで8年とちょっとかかるところにある、地球に近い星のひとつです。

シリウスはギリシャ語で「焼きこがすもの」という意味なのさ

②太陽より明るい

シリウスは太陽の40倍の明るさで光る星です。大きさは太陽の約2倍あります。でも、遠いところにあるため、地球から見ると大きさはほかの恒星と同じくらい小さく、太陽ほど明るく見えません。

③シリウスを見ることができる時期

おおいぬ座のシリウスは、冬の間に見ることができます。オリオン座の「ベテルギウス」、こいぬ座の「プロキオン」と「冬の大三角」（→P.44）をつくる星です。

9月

9月27日

宇宙飛行士はロケットでどこに向かっているの？

ギモンをカイケツ！

おもに、国際宇宙ステーション（ISS）に向かっているんだ。

国際宇宙ステーションの実験のようすは公開されることもありますよ

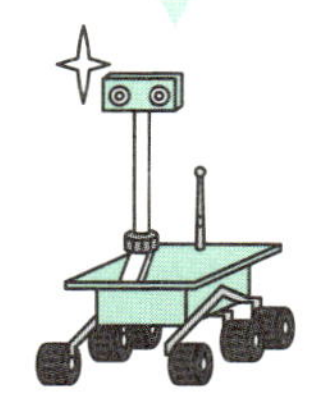

これがヒミツ！

①国際宇宙ステーションで過ごす

国際宇宙ステーション（ISS）は地球をまわる施設です。現在は、多くの国の宇宙飛行士が国際宇宙ステーションに向かい、そのなかで生活をしながら宇宙ならではの環境を使った実験をおこなっています。

次は月の有人探査を目指していますよ

②宇宙に長くいる生活

国際宇宙ステーションがつくられるようになってから、宇宙に長くいることができるようになりました。また、宇宙飛行士によって、人が宇宙空間にいるときに起こるからだへの影響についても、わかるようになってきました。

③月や火星に向かう力になる

宇宙飛行士が宇宙に長くいるあいだにおこなう研究が、将来、人間が火星や月に行ったり、生活をしようとしたりするときの役に立つと考えられています。

9月28日

宇宙服を着て、国際宇宙ステーションの外に出たときはなにをしているの？

ギモンをカイケツ！

こわれたところを直したり、新しい部品をつけたりする

国際宇宙ステーションの外にいる時間は長くて約８時間だよ

これがヒミツ！

①国際宇宙ステーションの外で作業をする船外活動

国際宇宙ステーションの乗組員は、宇宙で作業するために開発された特別な服「宇宙服」（→ P310）を着て、国際宇宙ステーションの外に広がる宇宙空間で作業をおこなうことがあります。これを「船外活動」といいます。

②装置の修理などをおこなう

船外活動は、国際宇宙ステーションについている装置、故障した人工衛星などを修理したりします。

船外活動のようすだよ

©JAXA/NASA

③健康のために入念な準備をおこなう

船外活動をおこなう前には、活動をおこなう乗組員の健康のために、からだを宇宙に慣らす入念な準備がおこなわれます。

9月29日

星座はいつからあるの？

ギモンをカイケツ！

いまから数千年前にはあったといわれているんだ。

古代エジプトでは、北斗七星（→ P82）をウシのもも肉座としていたんだぞ

これがヒミツ！

①約 5000 年前のメソポタミアでつくられた

人間は、大昔から目立つ星などに名前をつけていました。星どうしを結んでものなどに見立てる星座がつくられるようになったのは、いまから約 5000 年前のメソポタミア地方（いまのイラク周辺）の人びとだといわれています。

②古代エジプトでもつくられていた

同じころ、古代エジプトでも星の並びを人などに見立てた図がつくられていました。当時のエジプトでは、1 年を 360 日として 10 日ごとに区切っていましたが、星座はこの区切りの目安として使われていました。

③さまざまな場所でつくられた

日本を始め、さまざまな国や地域で独自の星座をつくっていました。みなさんも自分の星座をつくってみましょう。

ユーリ・ガガーリン

どんな人？

宇宙飛行士として人類初の有人宇宙飛行を成功させたよ。

ガガーリンはもともとパイロットを目指していたんだって

こんなスゴイ人！

①人類で初めて宇宙を旅した宇宙飛行士

ガガーリンはソ連（いまのロシア）の軍人でしたが、1961年に宇宙船「ボストーク1号」で宇宙飛行をし、地球を1周しました。これが人類初の有人宇宙飛行でした。

②身長の小ささで選ばれた !?

初期のボストークは船内がせまく、からだの大きな人は乗れなかったため、飛行士の候補には身長の低い人が選ばれていました。ガガーリンは身長158cmと小がらでした。

ガガーリンは操縦室にくまの人形をぶら下げて、人形がうけば無重量状態になったことがわかるようにしたんだって

③初めて宇宙を飛んだ人として名言を残した

有人宇宙飛行から帰ったガガーリンは時の人となりました。宇宙から地球を見た感想「地球は青かった」などの名言は、世界中の人びとに知られることになりました。

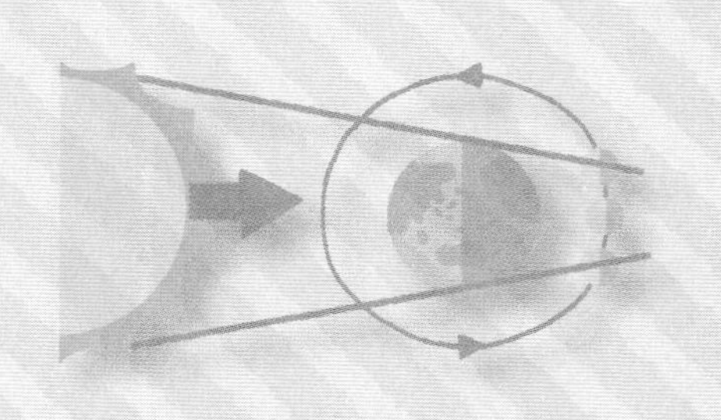
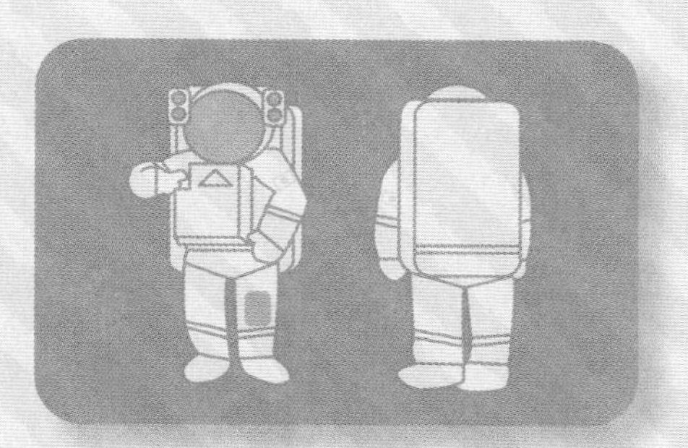

10月（がつ）

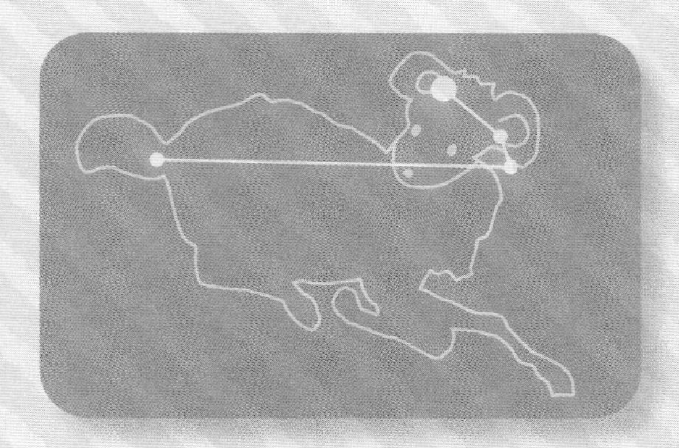

10月 1日
(ついたち)

地球と惑星

土星の環はなにでできているの？

ギモンをカイケツ！

氷でできているんだよ。

土星はいくつもの環がとりかこんでいるのじゃ

これがヒミツ！

①土星の環

土星は太陽から6番目に位置する惑星です。大きい環をもつことで知られます。環は大小さまざまな氷でつくられており、7本の環で囲まれています。じつは木星、天王星、海王星にもうすい環があります。

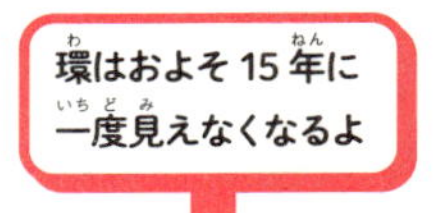
環はおよそ15年に
一度見えなくなるよ

環が見えなくなるとき

②環が見えなくなる

土星の環は土星とともにかたむきを変えます。ま横から見えるときは、地球から環を観測することができなくなります。およそ15年に一度、環が見えなくなる時期がやってきます。

③いつかなくなる

じつは、土星の環の氷は少しずつバランスをくずして土星の表面に落ちています。そのため、遠い将来には土星の環はなくなってしまうと考えられています。

10月 2日(ふつか)

かぐや姫から名前がつけられた探査機があるってほんとう？

ギモンをカイケツ！

日本には「かぐや」と名づけられた月探査機があったんだ。

月の表面の約 100km 上空をまわったのよ

これがヒミツ！

2 機の小さなおともの衛星の名も『竹取物語』にちなんで、おじいさん、おばあさんという意味の「おきな」と「おうな」と名づけられたのよ

① 2007 年に打ち上げられた月探査機

2007 年に日本によって打ち上げられた月探査機（月周回衛星）は、名前を「かぐや」といいます。この名は、昔の物語である『竹取物語』の主人公の「かぐや姫」にちなんでいます。

②月に帰ったかぐや

竹から生まれたかぐや姫は、最後にはふるさとである月に帰ってしまいます。月に向かう探査機のすがたに、そんなかぐや姫の昔話を重ねて名づけられました。

③月をまわりながらさまざまなことを調べた

かぐやは、本体の人工衛星と 2 機の小さな人工衛星からなっていました。月のまわりをまわりながら、月がどのようにして生まれ、どのように変化してきたか、将来、月をどのように利用できるかを調べました。打ち上げから 2 年後に仕事を終えて月の表側に落下しました。

10月3日（みっか）

ブラックホールって宇宙にあいたあななの？

ギモンをカイケツ！

あらゆるものをすいこむ天体だよ。

これがヒミツ！

①恒星が爆発してできる

ブラックホールは、とても重たい恒星が爆発したあとにできる天体です。星の真ん中の核とよばれるところが、小さくつぶれることで生まれます。

②光をすいこむ

ブラックホールはなんでもすいこみます。光でさえもぬけだせなくなるため、真っ暗なあなのような見た目になります。

2019年に発表された巨大なブラックホールのまわりの写真だよ

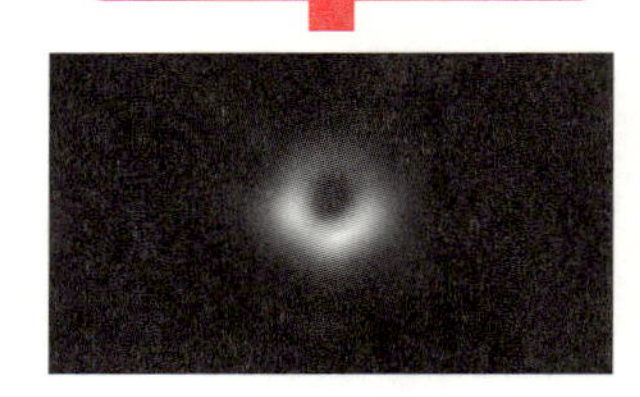

©EHT Collaboration

③ブラックホールの影

ブラックホールは光が出ない天体のため、望遠鏡を使っても直接見ることができません。しかし、明るいガスの影になってうかび上がるすがたは見ることができます。2019年に発表されたおとめ座の銀河（M 87）の中心にある超巨大なブラックホールの写真も、まわりのガスを撮影したものです。

10月 4日

国際宇宙ステーション(ISS)のほかにも、宇宙ステーションはあるの?

ギモンをカイケツ!

中国が独自の宇宙ステーションを打ち上げているよ。

これからは、いくつもの宇宙ステーションが宇宙を飛びまわるようになりますよ

これがヒミツ!

①中国がつくった宇宙ステーション

中国の宇宙ステーションはTの形をしており、おもに「天和」、「問天」、「夢天」という3種類の施設からできています。2021年から使われています。

ロシアも独自の宇宙ステーションをいくつも運用していましたよ

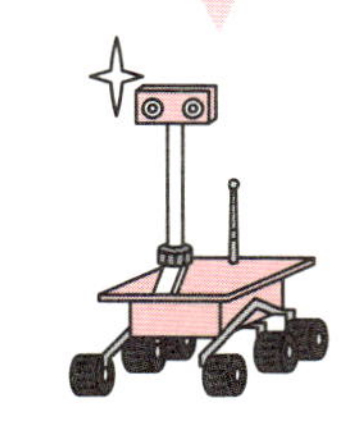

②会社がつくる宇宙ステーション

国ではなく、一般の会社がつくる宇宙ステーションも計画されています。その計画の1つに、いま宇宙にある国際宇宙ステーションに新しい宇宙ステーションをつなげて建設をする考えもあります。

③宇宙旅行に使われる宇宙ステーション

宇宙ステーションを宇宙飛行士でなくても泊まることのできるホテルとして建設する計画もあります。重力をつくることで、地球と同じようにすごす方法も考えられています。

10月 5日(いつか)

宇宙服は重くないの？

ギモンをカイケツ！

100kg以上あるけれど、重力がない宇宙では重く感じないんだ。

宇宙服はとても着にくいので、何人かで時間をかけて身につけるんだよ

これがヒミツ！

①船外活動のときに着る宇宙服

国際宇宙ステーション（ISS）の乗組員は、宇宙で船外活動をおこなうときに、宇宙服を着ます。このアメリカが開発した宇宙服を「船外活動ユニット（EVA）」といいます。

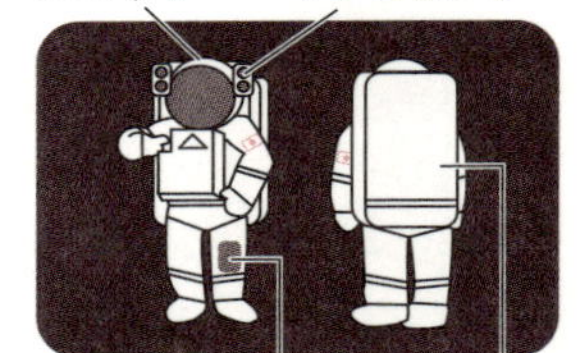

②宇宙でからだを守るじょうぶな布

宇宙服は、人のからだを宇宙の真空（空気がない状態）やさまざまな有害な光（紫外線など）、宇宙をただよっているちりなどから守るために、特別なフィルムなどからなる10層以上の布でできていて、頭にはヘルメットをかぶるようになっています。

③100kg以上もある

宇宙服の重さは100kg以上になるため、地上では立つことができませんが、宇宙は重力（地球がものを引っぱる力）がない状態なので、問題なく作業をすることができます。

10月 6日（むいか）

おひつじ座のヒツジの得意なことはなに？

クイズ

1. 深い海にもぐれた。
2. 空を飛べた。
3. 火の中でねむれた。

頭にある２等星がおひつじ座でもっとも明るい星だぞ

→こたえ ２ 空を飛べた。

これがヒミツ！

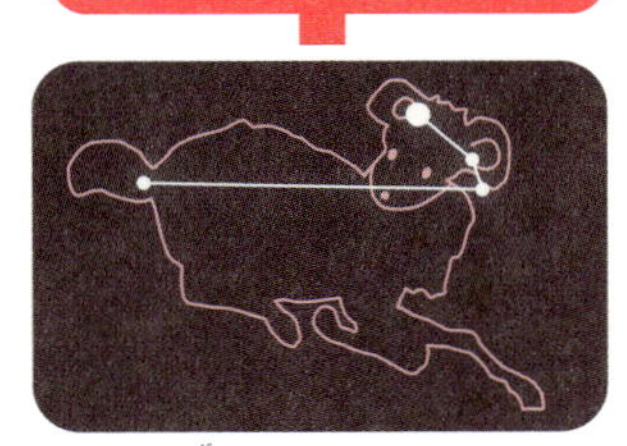

おひつじ座は３月から４月の誕生日の人の星座だよ

おひつじ座

①おひつじ座のヒツジは金色のヒツジ

おひつじ座は、秋の夜中に南の空の高い場所に見えます。おひつじ座のヒツジは、ギリシャ神話に登場する金色のヒツジとされています。

②神様からヒツジをもらった

テッサリアという場所で王の子として生まれたプリクソスとヘレーは、いつも母親にいじめられていました。かわいそうに思った神のヘルメスは、２人に金色のヒツジをあたえてにげさせました。

③空を飛んで２人をにがしたヒツジが星座になった

２人を乗せたヒツジは空を飛びはじめましたが、妹のヘレーは途中で海に落ちておぼれ、兄のプリクソスだけがにげのびることができました。そして、ヒツジは天に上げられて、おひつじ座となりました。

10月 7日

ワレンチナ・テレシコワ

どんな人？

世界で初めて、女性として宇宙単独飛行を成功させたよ。

女性搭乗者の候補400人のなかからテレシコワが選ばれたんだって

こんなスゴイ人！

①世界初の女性宇宙飛行士

ソ連（いまのロシア）のテレシコワは、1963年に、世界初の女性宇宙飛行士として、単独飛行を成功させました。26歳のときのことでした。「ボストーク6号」で地球を48周したのです。

②帰還の危機、宇宙船の不具合を乗り越えた

帰還時の大気圏再突入で、手動操作が効かずに、宇宙船が地球からはなれていくという不具合が起きました。しかし、テレシコワは地球と交信して不具合を修正し、無事に地球にもどることができたのです。

③女性宇宙飛行士への道を開いた

テレシコワが単独飛行を成功させたことで、その後、ソユーズやアメリカのスペースシャトルで、女性宇宙飛行士の搭乗がつづいていきました。彼女は宇宙への女性進出の道を開いたのです。

地球から土星は見えるの？

クイズ

❶ 見えない。
❷ 夏の間だけ見える。
❸ 半年以上見える。

→ こたえ ③ 半年以上見える。

これがヒミツ！

①目で見える惑星

太陽系の惑星のうち水星、金星、火星、木星、土星までは古くから観察されてきました。5個の惑星は地球から目で見ることができる惑星でした。土星は肉眼では黄金色の星として観察できます。

海王星は、計算から位置を予想して見つけられたのじゃ

②暗すぎて見えない

恒星は惑星よりはるかに遠いところにありますが、光を出すことで見ることができます。しかし、惑星は光を出さないため、太陽から遠くなるほど暗くなってしまうので観察はむずかしかったのです。

③土星より地球から遠い惑星

土星より外側の惑星は天王星です。1781年にウィリアム・ハーシェル（→ P.134）が望遠鏡を使って発見しました。天王星は地球から肉眼で見えるぎりぎりの明るさをもつ惑星ですが、暗くて目立たないため、知られていなかったのです。

どうして月と太陽は同じ大きさに見えるの？

クイズ

地球から月と太陽は、どれくらいはなれているでしょうか

❶ 同じ大きさの月と太陽のきょりが同じだから。
❷ 大きな月が小さな太陽より遠いから。
❸ 大きな太陽が小さな月より遠いから。

➡ こたえ ❸ 大きな太陽が小さな月より遠いから。

これがヒミツ！

太陽と月がほぼ同じ大きさに見えるから、太陽が月にかくれる皆既日食（→ P.129）がおこるのよ

①太陽までのきょりは月の約400倍

地球から太陽までのきょりは、約1億5000万kmです。これは、地球から月までのきょりの約400倍です。いっぽう、月のはばは直径約3500kmで、太陽のはばの約400分の1です。

②きょりが2倍になると見える幅は2分の1になる

ものは、きょりが2倍になると、見える幅は2分の1になります。そして、きょりが3倍、4倍……とのびていくと、幅は3分の1、4分の1……と小さくなっていきます。

③太陽は月より遠いが大きいので、同じ大きさに見える

つまり、太陽は月よりも400倍遠くにありますが、たまたま直径も月の400倍あるので、わたしたちがいる地球から見ると、月と太陽はほぼ同じ大きさに見えるのです。

10月10日（とおか）

ブラックホールに人がすいこまれるとどうなるの？

ギモンをカイケツ！

引きのばされてばらばらになってしまうんだ。

近づいたら、二度ともどれないらしい……

これがヒミツ！

①細長くなる

ブラックホールの近くにくると、どんなものも細く引きのばされると考えられています。その見た目から「スパゲッティ化現象」とよばれ、ブラックホールの引力によって起こります。

人も星も、ブラックホールに近づくと、細く引きのばされてしまうんだよ

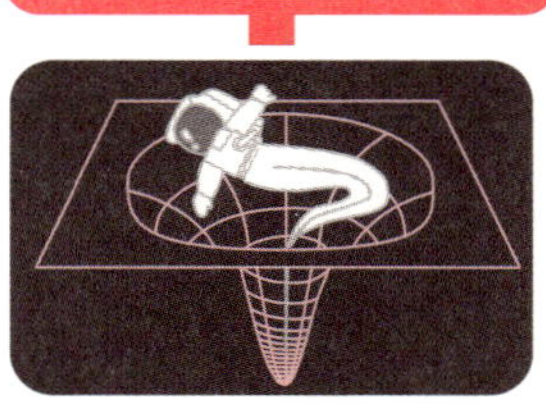

スパゲッティ化現象

②ブラックホールのすいこむ力

ブラックホールの引力は、地球がもつ重力よりも、はるかに強いものです。すいこまれたものは、この引力によってばらばらになってしまいます。

③なんでもすいこむ

大きいブラックホールは、ほかの星もすいこみます。そのときも、細長く引きのばす「スパゲッティ化現象」が起こります。ブラックホールが星をすいこむと、激しくガスをふき出すことがあります（→ P.336）。

10月 11日

世界で最初の宇宙ステーションはいつできたの？

クイズ

❶ 1804年
❷ 1971年
❸ 2015年

→ こたえ ❷ 1971年

これがヒミツ！

「ミール」と「スカイラブ」には、おふろがついていたのですよ

①世界で初めての宇宙ステーション

「サリュート」はソ連（いまのロシア）がつくった、世界で初めての宇宙ステーションです。1号から7号までつくられました。6号では、初めてソ連以外の国ぐにの宇宙飛行士が滞在しました。

②軍事目的でも使われた

また、サリュート2号と3号と5号はアルマースともよばれ、軍事目的で使われました。

③次つぎと宇宙ステーションが生まれる

その後、1973年にはアメリカがつくった初めての宇宙ステーション「スカイラブ」が完成します。ソ連は1986年から新しい宇宙ステーション「ミール」をつくり始めました。「ミール」の中でソ連の宇宙飛行士は、1年以上という記録的な長さで滞在しました。

10月12日

宇宙服は着ていて暑くならないの？

クイズ

①暑くならない。
②いつも暑い。
③とても寒い。

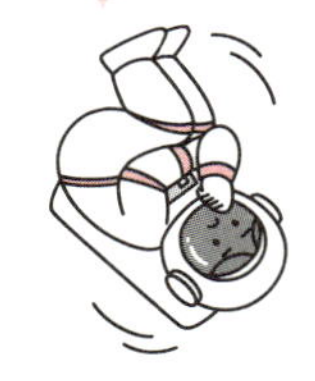

宇宙は、太陽の光が当たっているところは100℃以上になるんだよ

こたえ ① 暑くならない。

これがヒミツ！

①そのままでは暑くて死んでしまう

宇宙服は熱を通さない素材でできているため、そのままではからだから出る熱で中がとても暑くなります。そのため、そのまま放っておくと、宇宙服を着ている人は体力をうばわれ、やがて死んでしまいます。

下着の素材には、汗をすばやくかわかす特別なものが使われているんだよ

②暑くならない冷却下着

そこで、宇宙服を着る人は、中が暑くなりにくいように特別な下着を着ています。これを「冷却下着」といいます。

③チューブに水を流してからだを冷やす

この下着は、表面にチューブがはりめぐらされていて、その中に冷たい水を流すことで、からだを冷やします。さらに、汗を蒸発させてからだを冷やすために、せん風機のようなファンを使って風を送りこむ仕組みももっています。

10月 13日

くじら座のクジラがこわいのはなぜ？

くじら座にはミラ（→ P.325）という明るさが変わる星があるぞ

ギモンをカイケツ！

海から来た化け物だからだよ。

これがヒミツ！

メドゥーサの首で、ティアマトは石に変えられてしまったんだ

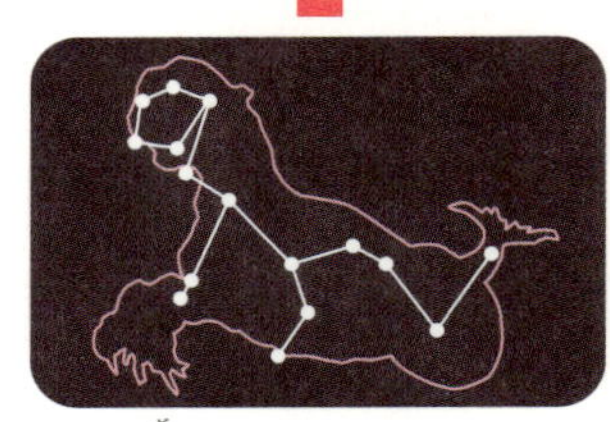

くじら座

①くじら座はクジラではなく海の怪物

くじら座は、秋の夜中に南の空に見える星座です。この星座は、ふつうのクジラとはちがって、前あしをもち、きばをむいたとてもこわいすがたをしています。このクジラの正体は、じつはクジラではなく、ティアマトという海の怪物です。

②アンドロメダを食べようとしたティアマト

ある日、エチオピア国王のきさきであるカシオペヤは、神をおこらせたため、むすめのアンドロメダを海にすむ怪物の生けにえにするように命じられます。この海の怪物が、ティアマトでした。

③退治されたティアマトがくじら座になった

ティアマトは、アンドロメダを食べようとしますが、勇者ペルセウスに退治されてしまいます。ティアマトは、その後、天に上げられてくじら座となりました。

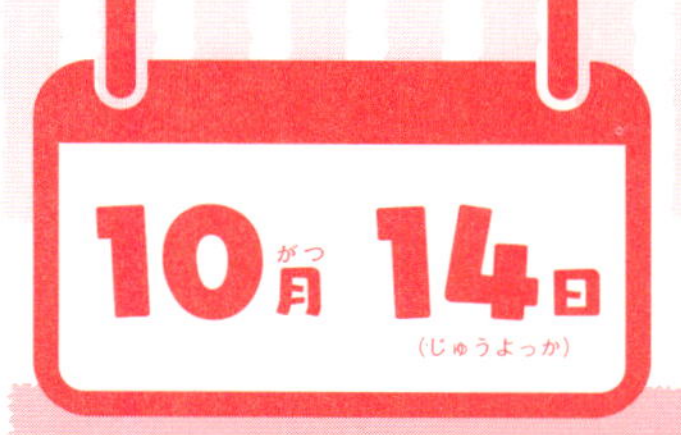

アレクセイ・レオーノフ

どんな人？

世界で初めて宇宙船外で活動をした宇宙飛行士だよ。

芸術的才能のあったレオーノフは、宇宙で初めて絵をかいた人でもあるんだって

こんなスゴイ人！

①人類初の宇宙遊泳（宇宙船外での活動）をした

レオーノフは、ソ連（いまのロシア）の宇宙飛行士です。1965年に「ボスホート2号」のミッションで約12分の船外活動を初めておこない、人類初の宇宙遊泳を成功させました。

当時の宇宙服は船外の過酷な環境に耐えられるかわからなかったから、危険な任務だったんだって

②アポロ・ソユーズテスト計画に参加した

1975年、レオーノフは宇宙船アポロとソユーズのドッキング（→ P.51）を、ソ連側の船長として成功させました。両国の乗組員たちはドッキングの成功を共に祝いました。

③ SF小説のなかにレオーノフの名前が登場した

SF作家のアーサー・C・クラークは、小説『2001年宇宙の旅』のなかに、宇宙船「アレクセイ・レオーノフ号」を登場させました。宇宙船に名づけられるほど、レオーノフは有名だったのです。

地球以外でオーロラの見られる惑星はあるの？

木星は巨大なオーロラが観測されているのじゃ

クイズ

❶ 地球だけ。
❷ 惑星では見られない。
❸ いくつかの惑星で見られる。

➡ こたえ ❸ いくつかの惑星で見られる。

太陽系の外の惑星にもオーロラは見られると考えられているのじゃ

これがヒミツ！

①地球以外で見られるオーロラ

オーロラは、太陽から出る「太陽風」（→ P.115）が、惑星のもつ「磁場」（→ P.209）によって向きを変え、惑星の大気とぶつかることで起きる現象です。地球以外でも、木星、土星、天王星そして海王星でも見られます。

②さまざまな見え方

木星や土星のオーロラは地球と同じように、惑星の北側と南側に見られ、ピンク色に光ります。大気の水素と太陽風のエネルギーが反応して生まれたものです。いっぽう、天王星と海王星はいろいろなところにオーロラがつくられます。これは、天体がつくる磁場の形が関係しています。

③木星のオーロラ

木星は太陽系のなかでも、強力なオーロラが観測される惑星です。衛星イオの火山活動が原因なのではないかという考えもあります。

10月16日

月の光で虹が見えることがあるの？

ギモンをカイケツ！

めずらしいけれど、見えるときもあるんだ

これがヒミツ！

①月の光でできる虹「月虹」

虹は、太陽の光が空気中の水のつぶではね返ったり、折れ曲がったりすることで現れます。月の光でも、同じように虹が現れることがあります。これを「月虹」といいます。月の光は太陽の光よりもはるかに弱いため、月虹はめったに見ることができません。

月虹は月と反対側の方角に、月光環は月のまわりに見えるのよ

②月のまわりにできる７色の輪「月虹環」

また、月にうすい雲がかかっていると、月のまわりに虹色の輪が見えることがあります。これを「月光環」といいます。

③光の回折で生まれる月虹環

月の光は、雲の中の水のつぶをまわりこむように進みます（回折）。このとき、回折のしかたは光の色によってことなるため、月の色がさまざまな色に分かれて、虹のように見えるのです。

10月17日

ブラックホールに入る人は外から見るとどうなっているの？

クイズ

❶速く動く。
❷止まって見える。
❸２人に分かれて見える。

すいこまれる人が止まるように見えるのも、ブラックホールの力なのさ

→ こたえ ❷ 止まって見える。

これがヒミツ！

①いつまでもすいこまれない

外からながめると、ブラックホールに近づく人はすいこまれたあとも、なぜか止まって見え、いつまでも動かないように見えると考えられています。

②時間の流れが変わる

なぜすいこまれるように見えないのでしょうか。それは、見ている人と時間の進み方がちがうために起こります。ブラックホールはとても重たいため、まわりの空間がゆがみ、時間がおそく進むのです。

③アインシュタインが考えた

ブラックホールのように、時間の流れ方は速さや重力によって変化するという考えは、アインシュタイン（→ P.215）の「相対性理論」のなかで生みだされました。

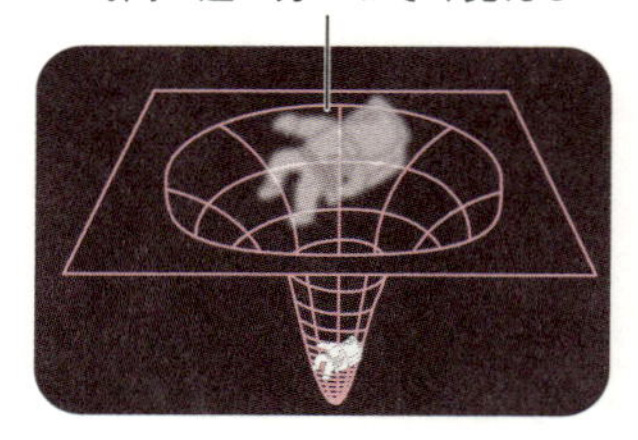

ブラックホールは光を曲げてしまう力があるんだよ
時間の進み方がおそく見える

10月18日

月に降り立った人は何人？

クイズ

❶12人
❷20人
❸9人

宇宙飛行士は月に下りて実験や探検をおこなったのですよ

➡ こたえ ❶ 12人

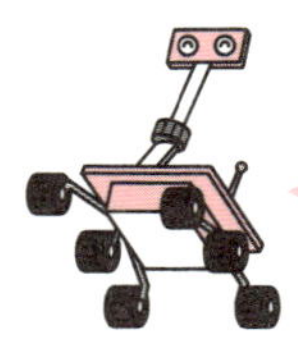

①月に向かう計画から生まれた

月に行った宇宙飛行士は1961年から始まったアポロ計画に参加した人たちです。1969年に「アポロ11号」でニール・アームストロングとバズ・オルドリンが初めて月に降り立ちました。

②月に向かったロケットと宇宙船

月にはサターンVロケットが使われました。このロケットは、30階建てのビルくらいの大きさでした。ロケットから切り離された宇宙船は月に近づくと、宇宙船の中の月着陸船を切り離して月面に下りました。帰りは月のまわりをまわる宇宙船にくっつくことで、地球にもどってきました。月の着陸には6回成功しています。

③月に下りなかった宇宙飛行士

アポロ計画では、宇宙船に乗った乗組員の3人のうち、1人は宇宙船に残ってほかの人の帰りを待っていました。たとえば「アポロ11号」では、マイケル・コリンズは月に下りず、宇宙船の中で2人がもどるのを待っていました。

10月19日

国際宇宙ステーションではどうやってからだの重さをはかるの？

クイズ

①ゴムボールを使う。
②ばねを使う。
③ペットボトルを使う。

宇宙では、血液が少なくなるから体重も減るんだよ

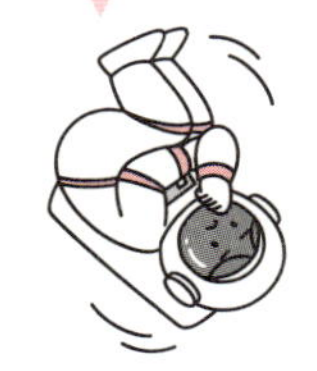

➡ こたえ ② ばねを使う。

これがヒミツ！

①国際宇宙ステーションでは地上の体重計は使えない

地上では、ものには重力（地球がものを引っぱる力）がはたらいているため、重力を利用して体重をはかることができます。しかし、国際宇宙ステーション（ISS）の中は重力がないので、ばねを使って地上とはちがう方法で体重をはかります。

②乗組員が乗った台をばねでゆらす

ものは、重いほど動きにくく、止まりにくいという性質があります。そこで、国際宇宙ステーションの体重計は、乗組員に台に乗ってもらい、その台をゆらす仕組みになっています。

宇宙で使う体重計だよ

③重いほど、ゆれの速さはおそくなる

このとき、体重が重いほどゆれはおそくなり、体重が軽いほどゆれは速くなります。このゆれの速さのちがいをはかることによって、体重をはかるのです。

10月20日
（はつか）

くじら座のミラという星は明るさが変わるってほんとう？

ギモンをカイケツ！

約11か月かけて、明るさを変化させているんだ。

一番暗いときは、天体望遠鏡を使わないと見えなくなってしまうんだぞ

これがヒミツ！

①明るさが変わる星

くじら座の胸のあたりにあるミラという星は、明るさが変わる星としてよく知られています。このような星を、「変光星」といいます。

②みゃくを打つように明るさが変化するミラ

「赤色巨星」（寿命がつきる直前に赤く大きくなった星）であるミラは、とても不安定で、約11か月かけて2等星から10等星にまで明るさを変化させています。このように、その星自身がみゃくを打つように明るさを変化させている変光星を「脈動変光星」といいます。

③いろいろな種類がある

変光星には、脈動変光星のほかにも、いくつか種類があります。星の重なり具合によって明るさが変わって見える変光星は「食変光星」とよばれます。

10月21日

ニール・アームストロング

どんな人？

世界で初めて月に降り立った宇宙飛行士だよ。

アームストロングら飛行士たちは、22kg の月の石を地球に持ち帰ったんだって

こんなスゴイ人！

①世界初の月面着陸を果たした

アメリカのアームストロングは、1966 年に「ジェミニ８号」で宇宙飛行をおこない、1969 年に「アポロ 11 号」で史上初の月面着陸を成功させました。

人類初の月面着陸の様子はテレビで放送されたよ

②着陸地点の変更を操作技術で乗り切った

予定していた着陸点が岩場で危険があったため、アームストロングは急きょ手動で月面着陸船を操作し、安全な場所へ着陸させました。このとき、着陸のための燃料は残りわずかでしたが、なんとか危機を乗りこえました。

③月面に降り立ち名言を残す

アームストロングは、月面へ降り立つとき、「これはひとりの人間にとっては小さな一歩だが、人類にとっては偉大な飛躍である」という言葉を残しました。彼の名言として世界中で知られています。

10月22日

天王星ってどんな星？

ギモンをカイケツ！

青色の太陽系の7番惑星だよ。

氷の惑星ともいわれているのじゃ

これがヒミツ！

天王星は、13本の環と27個の衛星をもっているんだよ

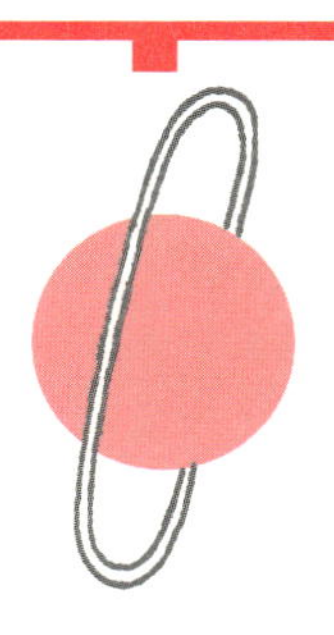

①青色の惑星

天王星は、太陽から7番目に位置する、木星と土星の次に半径の大きい惑星です。その大気はおもに水素とヘリウムとメタンなどからできています。表面は約－200℃で、天王星はメタンの性質によって、日の光が当たると青色に見えます。天王星の内部は、水とメタンとアンモニアがこおった状態です。

②天王星の雲

天王星は15時間かけて自転をしながら、約84年かけて太陽のまわりをまわっています。天王星では白い雲ができることがあります。

③天王星に向かった探査機

1986年、探査機「ボイジャー2号」が初めて天王星を観測しました。通り過ぎながら調査をする「フライバイ（→P.294）」という方法でおこなわれ、新しい衛星や環を発見することに成功しています。

月に巨大な空どうがあるってほんとう？

ギモンをカイケツ！

トンネルのようなあなが見つかっているんだ。

空どうには、月の成り立ちを知る手がかりがあるかもしれないと考えられているのよ

これがヒミツ！

①アポロ宇宙船が空どうらしいものを発見

アメリカのアポロ宇宙船が月で小さな地震を起こした実験の結果から、月の地面の下には空どうがあるかもしれないと考えられてきました。そして最近、さまざまな研究から、その空どうの正体が少しずつ明らかになってきました。

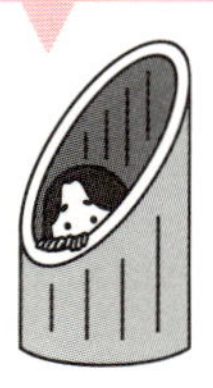

かぐやのデータからは、空どうにつづいているかもしれないたてあなも見つかったのよ

②大きなトンネルが発見される

2017年には、かつて日本の月探査機「かぐや」が2007年ごろにレーダーで調べた月のデータから、月の表面から数十mから数百mの深さに空どうがあることがわかりました。その1つは、東西の長さが数十kmもある大きなものでした。

③月面基地に使えるかもしれない溶岩トンネル

さらに2024年には、アメリカの月探査機のデータからも空どうが見つかりました。これらの空どうは、溶岩トンネル（溶岩が冷えてかたまるときにできるトンネル）と考えられ、月面基地などに利用できるのではないかと期待されています。

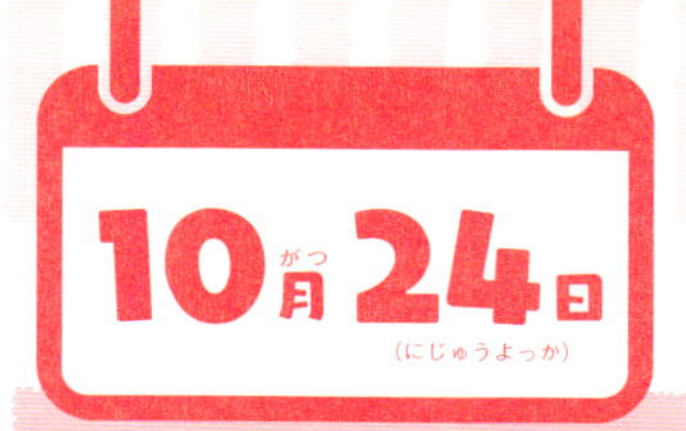

ブラックホールは地球から見えるの？

ギモンをカイケツ！

遠すぎて目では見えないんだ。

いろいろな工夫をして、ブラックホールを観測しようとしているのさ

これがヒミツ！

①遠いところにある

ブラックホールは地球から遠いところにあるため、目で見つけることはできません。地球から見ると、2019年に初めて発表されたブラックホールの影の大きさもとても小さいものでした。

②影を見る

ブラックホールは電波望遠鏡を使って観測します。電波望遠鏡はアンテナで電波を集め、コンピュータで再現した画像を見ます。2019年に初めて発表されたブラックホールの影は世界中の望遠鏡のアンテナを組み合わせて撮影されました。

③X線を探す

ほかにも、ブラックホールにすいこまれたものが出すX線を使って探す方法もあります。X線は地球にとどかないため、宇宙望遠鏡で探しています。

10月25日

有人宇宙飛行ミッションに貢献した人にあたえられる賞はなに？

ギモンをカイケツ！

宇宙飛行士が認めた人だけがもらうことのできるものなのですよ

シルバー・スヌーピー賞だよ。有人宇宙飛行の仕事に関わる人びとにわたされるよ。

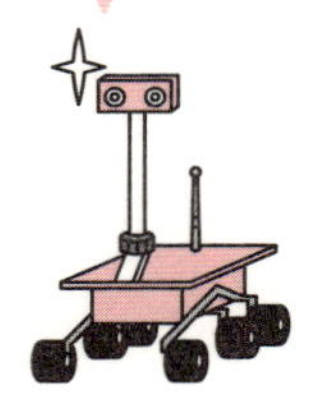

これがヒミツ！

①宇宙飛行士を支えた人にあたえられる賞

1968年からはじまったシルバー・スヌーピー賞は、NASAに関係する有人宇宙飛行の成功を支えた人たちにあたえられる賞です。特に活躍したと思う人に、NASAの宇宙飛行士からおくられます。

②銀色のバッジがわたされる

シルバー・スヌーピー賞は、バッジと表彰状と感謝状が宇宙飛行士から直接わたされます。宇宙服を着たスヌーピーのバッジは、実際に宇宙船に乗って宇宙に運ばれたものです。

IAAフォン・カルマン賞は、毎年1名ずつ選ばれるのですよ

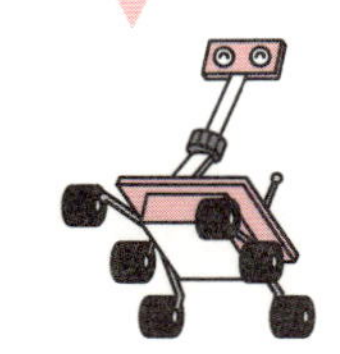

③宇宙に関わる人がもらう賞

宇宙に関わる人たちにあたえられる賞はほかにもあります。IAAフォン・カルマン賞は宇宙科学の分野で活躍した人におくられます。日本人も4人受賞しており、2023年には向井千秋宇宙飛行士（→ P.371）が受賞しました。

10月26日

国際宇宙ステーションの中でくつははいているの？

クイズ

1. 特別なくつをはいている。
2. スリッパをはく。
3. くつははかない。

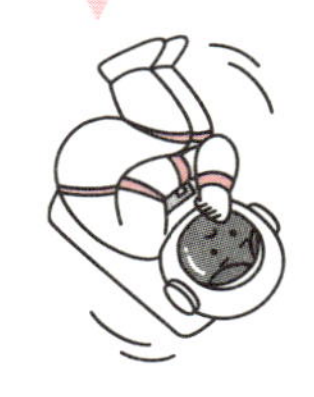

こたえ 3 くつははかない。

これがヒミツ！

①乗組員はくつ下ですごす

国際宇宙ステーション（ISS）の中では基本的にくつをはくことはなく、乗組員はくつ下ですごしています。

②すぐにボロボロになるくつ下

重力（地球がものを引っぱる力）がほとんどない国際宇宙ステーションの中では、足先を手すりに引っかけてバランスを取ったりからだを支えたりすることが多いため、くつ下はすぐにボロボロになってしまいます。

手すりなどに足を引っかけるので、くつ下がないと足をいためることがあるんだよ

③運動をするときにはくつをはく

ただし、運動をおこなうときには、くつをはきます。運動をおこなうときにはくくつは、地上で使われているものとほとんど同じものです。

10月27日

南半球のオーストラリアに行くと星座はどうなるの？

クイズ

❶形はちがうが、動き方は同じ。
❷形は同じだが、動き方はちがう。
❸形も動き方も同じ。

南半球に行かないと見ることができない星座があるぞ（→ P.30）

形は同じだが、動き方はちがう。

これがヒミツ！

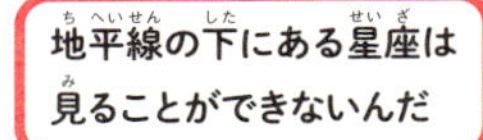

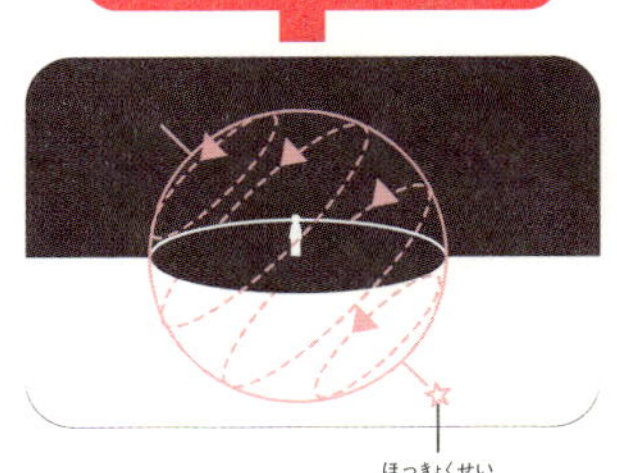

①北極星の近くにある星座は見えない

南半球にあるオーストラリアでは、日本では見ることができない、天の南極（地球の自転のじくをのばした場所）の近くにある星座を見ることができます。いっぽう、天の北極（北極星がある場所）の近くにある星座は、見ることができません。

②日本の空の星の動き

日本では、東からのぼった星や星座は南の空を通り、西にしずみます。また、北の空の星や星座は、北極星を中心として反時計まわりにまわって見えます。

③南半球の星の動き

いっぽう、オーストラリアなどの南半球では、東からのぼった星や星座は北の空を通り、西にしずみます。また、南の空の星や星座は天の南極を中心として時計まわりにまわって見えます。

10月28日

ロジャー・ペンローズ

どんな人？

ブラックホールの存在を理論的に証明したよ。

こんなスゴイ人！

①ブラックホールができることを証明した

ペンローズはイギリス生まれの数学・理論物理学者です。ブラックホールの形成を証明して、天文学者たちにブラックホールの存在を確信させました。

②特異点定理を発見した

ペンローズは一般相対性理論の理論をもとに、ブラックホールでは「特異点」ができることを数学的に示しました。特異点は星などが無限につぶれることでつくられます。

③特異点のなぞ

特異点は一般相対性理論では説明できないところです。そのため、現在特異点でどんなことが起きるかはよくわかっていません。

宇宙のはじまりにも特異点があったと考えられているんだって

地球と惑星

天王星は何年もずっと昼がつづくってほんとう？

クイズ

❶昼の長さは地球よりも短い。
❷昼の長さは地球と同じくらい。
❸昼の長さは地球よりも長い。

→ こたえ ❸ 昼の長さは地球よりも長い。

これがヒミツ！

①長くつづく昼と夜

天王星は太陽のまわりを横だおしになってまわっています。天王星の自転するじくの中心近くでは、約42年の間、ずっと昼か夜がつづくことになります。

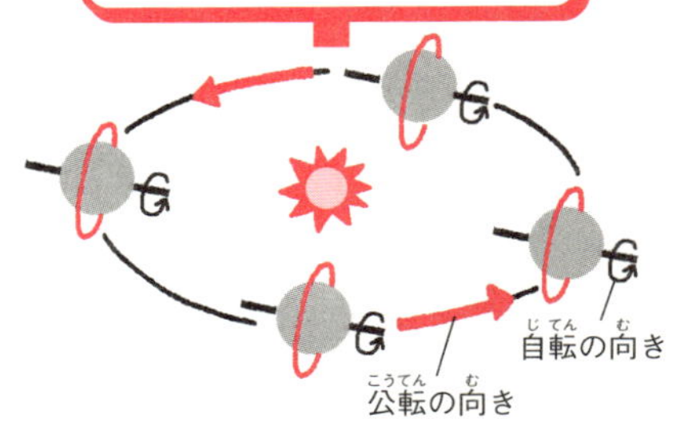

天王星は地球からおよそ26億kmはなれているんだよ
自転の向き
公転の向き

②横だおしの理由

天王星がなぜ横にたおれたまままわっているのかは、はっきりとした理由はわかっていません。巨大な天体がぶつかったからではないかという説が考えられています。

③天王星の温度

1986年に探査機「ボイジャー2号」の観測によって、天王星は調べられました。表面の温度を測ったところ、太陽の光が当たったところより、惑星の中心である赤道の近くがもっとも温度が高いことがわかりました。なぜ太陽の光から遠いところが一番暑くなるのか、理由はまだわかっていません。

10月30日

月食ってなに？

ギモンをカイケツ！

満月のときに見られるのよ

太陽、地球、月の順に一直線にならんだとき、月が暗くなることだよ。

これがヒミツ！

満月のときに、月食が起きるんだよ

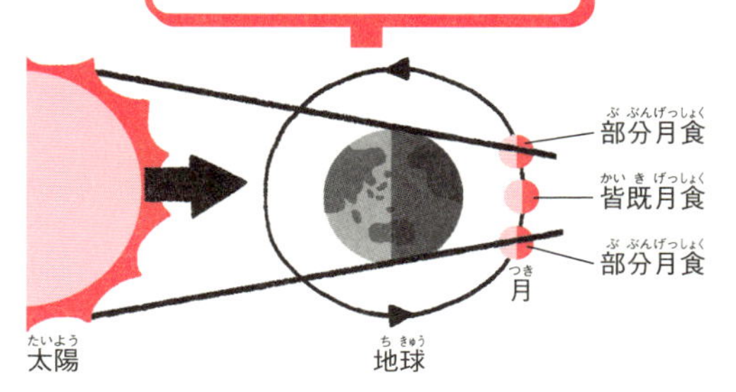

①太陽の光で明るくなる

月が光るのは、太陽の光をはね返しているからです。そのため、月は太陽の光が当たらなくなると、暗くなってしまいます。

②太陽、地球、月の順にならぶと月食が起こる

太陽と地球、月の位置関係は、つねに変化しています。太陽、地球、月の順に一直線にならんだとき、月が地球の影に入って、暗くなります。これが「月食」です。

③一部だけが影に入る部分月食とすべてが影に入る皆既月食

月食には、一部だけが地球の影に入る「部分月食」と、すべてが影に入る「皆既月食」があります。皆既月食になると、わずかに赤くかがやく月を見ることができます。

宇宙の中で一番明るくなるものってなに？

ギモンをカイケツ！

クエーサーという天体の出す光だよ。

クエーサーは地球から遠いところにあるのさ

これがヒミツ！

①太陽よりはるかに明るい

クエーサーは宇宙の中で一番明るい天体で、活動的な銀河のことです。太陽の約100兆倍の光を出しています。

②遠いところにある

クエーサーは地球からとても遠いところにあります。そのため、地球から見るとあまり明るくありません。ほかの星と同じように見えることから、星とまちがえられたときもありました。

③ガスがふき出している

クエーサーの光は、銀河の中心にあるブラックホールから熱をもったガスがおしだされることで生まれるのではないかと考えられています。

銀河のなかでも、めずらしい種類なんだよ

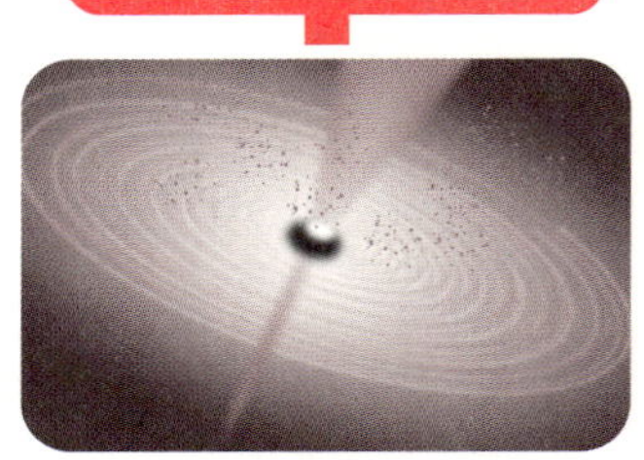

クエーサー（想像図）

11月
がつ

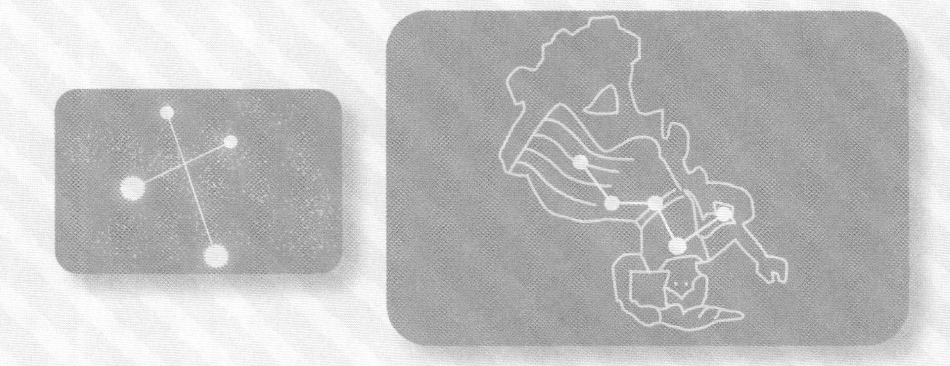

月面車は、いつ月に行ったの？

ギモンをカイケツ！

アポロ計画では1971年から1972年にかけて、月の上を走ったよ。

車を使って、月の岩や石を運んだのですよ

これがヒミツ！

現在でも、月面車（LRV）は月に置いたままになっているよ

①宇宙飛行士の移動に役立った

NASAの月面車は、2人乗りです。1971年のアポロ15号とその後の16号、17号で使われました。月面車に乗って移動をすることで、遠いところまで行けるようになりました。

月面車 ©NASA

②月の上では、車はよくはずんだ

月面車の重さは、地球ではかると約210kgでした。しかし、月面では重力が少ないため35kgほどにしかなりません。そのため、月の上を走ると、簡単にはずんでうき上がりました。宇宙飛行士はスピードを出しすぎないように事前に注意を受けていたといいます。

③月で初めての無人探査車も使われた

また、1970年には、ソ連（いまのロシア）が世界で初めての無人探査車である「ルノホート」を月に送っています。太陽電池の力で動くため、日の光が当たるときは動きまわり、夜になると休むことをくり返しながら移動しました。

国際宇宙ステーションで病気になったらどうするの？

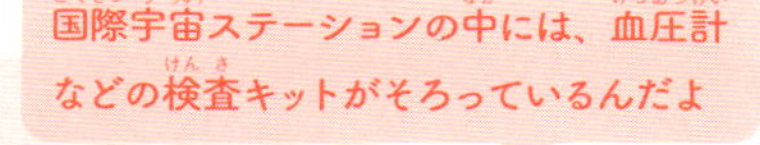

国際宇宙ステーションの中には、血圧計
などの検査キットがそろっているんだよ

クイズ

❶ 自分で治す。
❷ 治療ができる乗組員にみてもらう。
❸ 地上から医師がやってくる。

➡ こたえ ② 治療ができる乗組員にみてもらう。

これがヒミツ！

国際宇宙ステーション内で、
応急処置などの訓練をする
こともあるんだよ

①さまざまな薬がある国際宇宙ステーション

国際宇宙ステーション（ISS）には、さまざまな病気やけがを治療するための救急キットのほか、痛みをおさえる鎮痛剤や細菌などを退治する抗生物質、麻酔薬などの薬も備えられています。

②医師と同じような役目をもつCMO

また、乗組員のなかには、医師と同じような役目を果たすための訓練を受けた人がいます。そのような役目をもった乗組員を「クルーメディカルオフィサー（CMO）」といいます。

③地上の医師と交信しながら治療をおこなうことも

CMOは、傷口をぬったり歯をぬいたりできるだけでなく、緊急のときには手術をおこなうこともできます。むずかしい治療をおこなうときには、地上にいる医師と交信をしながら、患者を治療します。

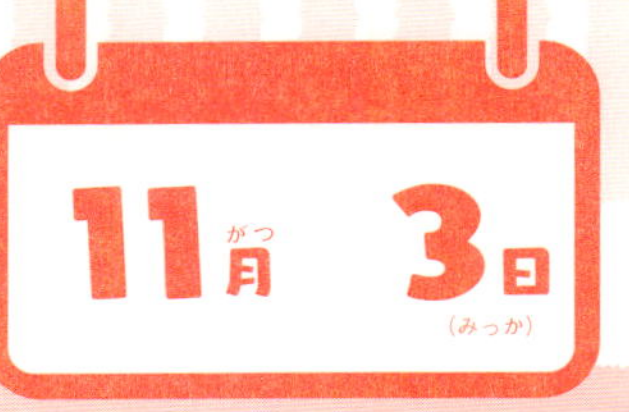

カシオペヤ座のカシオペヤはだれ？

カシオペヤ座の W の形は、北極星を探すための目印になるんだぞ

ギモンをカイケツ！

エチオピアという国の王のきさきだよ。

これがヒミツ！

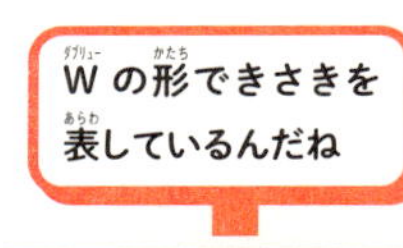

W の形できさきを表しているんだね

①北の空に見える W の形のカシオペヤ座

カシオペヤ座は、北の空で北斗七星のまわりをまわっている W 字形の星座です。このカシオペヤ座は、ギリシャ神話に登場するエチオピアという国の王ケフェウス（ケフェウス座）のきさきカシオペヤのすがたです。

カシオペヤ座

②神をおこらせたきさきカシオペヤ

ある日、カシオペヤは「自分のむすめは神様よりも美しい」と言いました。これを聞いた神はいかり、むすめのアンドロメダを怪物の生けにえにするように命じますが、むすめは通りかかった勇者ペルセウスにすくわれました。

③しずむことなくまわりつづけるカシオペヤ座

その後、カシオペヤやケフェウス、アンドロメダ、ペルセウスは星座になりました。しかし、神のいかりはおさまりませんでした。そのため、カシオペヤ座は地平線の下にしずむことはなく、頭を下にしながらまわりつづけることになりました。

スティーブン・ホーキング

どんな人？

「ホーキング放射」を発見し、宇宙やブラックホールのなぞにせまったよ。

ホーキングの研究は多くの若い科学者や学生に影響をあたえているよ

こんなスゴイ人！

①宇宙物理学における画期的な発見をした

ホーキングはイギリスの理論物理学者です。ペンローズ（→ P.333）と共同で、ブラックホールにあるとされる、特異点ができる条件を導きだしました。

『ホーキング、宇宙を語る』といった科学をわかりやすく伝える本を書いて宇宙の魅力を伝えたんだって

②ブラックホールの新たな真実を示した

また、ホーキングはブラックホールがX線やγ線を出しているという「ホーキング放射」を発表しました。ホーキングは、ブラックホールがエネルギーの放射で質量を減らしていき、最終的に消えてしまうのではないかと考えました。

③長年病気とたたかいながら研究の第一線にいた

ホーキングは若いときに筋萎縮性側索硬化症（ALS）という難病をわずらいました。しかし、難病に負けることなく研究をつづけました。

太陽系の惑星で一番風が強いのはどこ？

クイズ

① 火星
② 海王星
③ 天王星

地球の台風よりはるかに強い風がふいているのじゃ

→ こたえ ② 海王星

海王星の衛星トリトンは、－200℃の火山があることで知られているのじゃ

海王星は太陽から8番目にあります。太陽系で太陽からもっとも遠いところにある惑星です。はばは天王星の次で、4番目です。約－200℃の低温で、ほとんどがこおった水とメタンとヘリウムでつくられています。大気は水素とヘリウムとメタンでできており、メタンの量は天王星より多いため、より青く見えます。

②激しい風

海王星は、秒速600mの風がふいています。秒速20m以上の風で人は立っていられなくなりますが、その約30倍の強さです。

③さまざまな気象現象

海王星の雲の量はつねに大きく変化しています。白い色をした雲は太陽の光をよくはね返すため、雲の量が多いほど、明るく見えるようになります。また、海王星には「大暗斑」という嵐が見られることがあります。大暗斑は地球ひとつ分くらいの大きさをしています。海王星に大暗斑が現れる理由は、まだよくわかっていません。

月はどうやってできたの？

ギモンをカイケツ！

天体が地球にぶつかってできた、かけらから生まれたと考えられているよ。

月は、地球からはぎとられた物質が混ざっているかもしれないのよ

これがヒミツ！

①月のでき方にはいくつかの説がある

月がどのようにしてできたかについては、いくつかの説がありました。いまでは「ジャイアント・インパクト説」が有力です。

月は 45 億年くらい前にできたらしいのよ

②星がぶつかってできた

これは、できたばかりの地球に、大きさが火星と同じくらい（地球の 10 分の 1 くらい）の星がぶつかって多くのかけらが飛びちり、このかけらがふたたび集まって月になったという説です。

③もっとも有力なジャイアント・インパクト説

この説であれば、それまでの説では説明できなかった「大きい」「地球と同じような岩でできている」という月の特ちょうがすべて説明できます。

銀河どうしがぶつかると どうなるの？

遠い将来には、天の川銀河も
ほかの銀河とぶつかるらしい

クイズ

❶ すりぬける。
❷ 爆発する。
❸ ブラックホールになる。

➡ こたえ ❶ すりぬける。

これがヒミツ！

①銀河の引き寄せ合い

銀河は重力によっておたがいに引き寄せ合っています。天の川銀河も、アンドロメダ銀河と約40億年後にぶつかると考えられています。

もともと2つだった銀河がぶつかって
1つになろうとしているんだよ

ねずみ銀河 ©NASA

②銀河がぶつかると起こること

2つの銀河がぶつかると、銀河どうしはすりぬけていきます。そのとき、重力のために形が変化します。すりぬけるスピードがゆっくりな場合は合体してひとつになることもあります。

③銀河の中の星たち

銀河はとても大きいため、星と星がぶつかることはありません。しかし、銀河の中のガスがおしつぶされるため、新しい星がたくさん誕生します。

column 06

銀河の種類

これだけでわかる！
3POINT

さまざまな形の銀河があることがわかったんだぞ

❶ 形によってなかま分けしている。

❷ 1926年にエドウィン・ハッブルが考えた。

❸ 形で分類できない銀河を「不規則銀河」とよぶ。

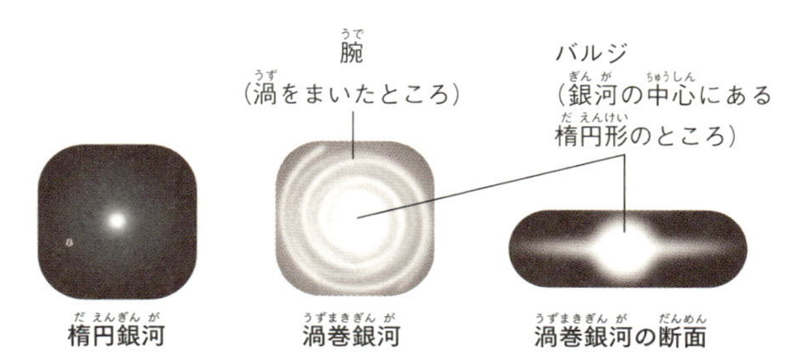

大きく銀河は「楕円銀河」「渦巻銀河」「不規則銀河」に分けられます。

地球のある天の川銀河は「渦巻銀河」だよ

ほとんどの銀河では、星が生まれているのさ

多くの銀河の中心には、巨大なブラックホールがあるのじゃ

宇宙旅行ができるようになるのはいつ？

ギモンをカイケツ！

これから本格的に宇宙旅行ができる時代がやってくるよ。

宇宙旅行をする方法も広がっているのですよ

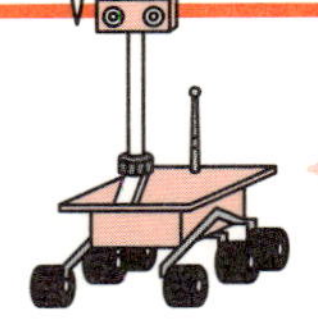

これがヒミツ！

気球のような乗りもので、宇宙へ行く方法も考えられていますよ

①いろいろな宇宙体験

宇宙旅行は、現在でもすでにおこなわれています。数分の間、無重量状態を体験できるものから、地球のまわりを宇宙船に乗って数日間まわるもの、国際宇宙ステーション（ISS）の中で数日間過ごすものまでさまざまな種類があります。どの宇宙旅行でも、必ず出発する前に宇宙船の学習などの訓練を受けます。

②宇宙旅行の進化

自分のお金で初めて宇宙旅行をした人は、アメリカ人でした。2001年にソユーズ宇宙船に乗って国際宇宙ステーションへ向かい、その中で約8日間過ごしています。2021年にはアメリカの会社が、旅行客だけで地球のまわりをまわる計画を成功させています。

③宇宙船の外へ

さらに、2024年には旅行客だけで宇宙船の外に出ることもおこなわれました。宇宙は宇宙飛行士だけが行くところではなくなってきているのです。

無重力でグランドピアノをひくとどうなるの？

クイズ

❶地上と同じように音が鳴る。
❷音が鳴らない。
❸音が鳴りつづける。

国際宇宙ステーションで楽器をひいても音の高さはかわらないんだよ

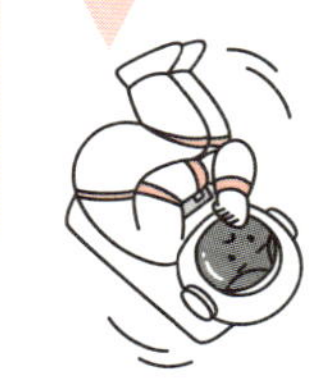

➡ こたえ ❸ 音が鳴りつづける。

これがヒミツ！

①重力を利用しているグランドピアノ

グランドピアノは、けんばんをおすとハンマーという部品が上がり、げんをたたくことで音を出します。げんをたたいたハンマーは、重力（地球がものを引っぱる力）でもとにもどるため、けんばんを1回おしたときに出る音は、1回だけです。

同じけんばん楽器でも、たて型のアップライトピアノはげんをたたくしくみがちがうから、国際宇宙ステーション内でも演奏できるんだよ

②重力がない船内では音が鳴りつづける

ところが、重力がほとんどない国際宇宙ステーションの中では、けんばんを1回おすとハンマーが動きつづけ、何度もげんをたたきます。そのため、音が鳴りやまなくなります。

③管楽器は演奏できる

いっぽう、トランペットやフルートなどの管楽器は、地上と同じように音が出るため、国際宇宙ステーション内でも演奏を楽しむことができます。

やぎ座のヤギはなんで後ろあしがひれになっているの？

逆三角形の見つけやすい星座だぞ

クイズ

1. 変身に失敗したから。
2. 魚とヤギの星座がひとつになったから。
3. 魚に食べられているヤギだから。

➡ こたえ 1 変身に失敗したから。

やぎ座の変身に失敗したすがたは、神様たちに気に入られたんだよ

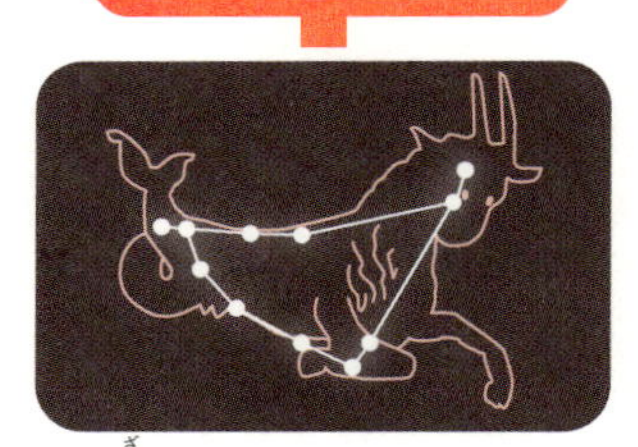

やぎ座

これがヒミツ！

①牧畜の神様パーンのすがた

やぎ座は、8月から11月の夜に南の空に見える星座で、星うらないに使われる「黄道十二星座」の1つでもあります。このヤギは、ギリシャ神話に登場する牧畜の神パーンのすがたを表しています。

②怪物が神様のパーティーに現れた

パーンは、ヤギのような角とあしをもつ神様でした。ある日、神様たちがパーティーをしていると、テュフォンという怪物が現れたため、神様たちは変身してにげました。

③変身に失敗して上半身はヤギ、下半身は魚になった

パーンは魚に変身して川ににげようとしましたが、あわてていたために変身に失敗してしまいました。そのため、やぎ座のヤギはふつうのヤギではなく、下半身が魚の形になっています。

11月 11日

ミシェル・ギュスターヴ・マイヨール

どんな人？

世界で初めて太陽系の外にある惑星を発見したよ。

発見された惑星の公転周期は4.2日と短く、天文学界がおどろいたんだって

こんなスゴイ人！

①系外惑星研究の先駆者

スイスのローザンヌに生まれたマイヨールは、天体物理学が専門の天文学者で、太陽系の外にある「系外惑星」の研究の第一人者です。

② 1995年、史上初の「系外惑星」を発見

マイヨールは、星のわずかなゆれから、その星のまわりに惑星があることを調べる技術を使って、太陽系の外にある恒星のまわりをまわる惑星を見つけました。これが、はじめての太陽系以外の惑星の観測でした。

③惑星を見つけるための装置を改良した

その後、マイヨールが惑星の発見を可能にする装置を改良したこともあり、現在では7000個以上もの系外惑星が確認されています。地球以外の生命の可能性など、人類の宇宙観にも大きな影響をあたえています。

地球と惑星

冥王星はなぜ惑星ではなくなったの？

もともと、9番目の惑星とよばれていたのじゃ

クイズ

1. 本当はなかったから。
2. 惑星のルールを満たさなくなったから。
3. ほかの惑星の衛星だったから。

→ こたえ 2 惑星のルールを満たさなくなったから。

これがヒミツ！

冥王星は2015年にはじめて近くから写真がとられたのじゃ

①月より小さい天体

冥王星は海王星の外側にある天体です。1930年に、アメリカの天文学者クライド・トンボーによって発見されました。大きさは月よりも小さく、窒素でできたうすい大気でおおわれています。

②惑星から「太陽系外縁天体」に

1930年に発見されてから、2006年までの間、冥王星は9番目の惑星でした。しかし、2006年に惑星かどうかを決めるルールが変わった（→P.32）ことで、冥王星は惑星ではなくなり、いまでは「太陽系外縁天体」とよばれる別のなかまになっています。

③新しい天体の発見

なぜ冥王星は惑星から外されたのでしょうか。冥王星が惑星になったあとから、海王星の外側にたくさんの天体が見つかりました。そのため、冥王星はたくさんの天体の1つなのではないかと考える人が現れ、惑星そのものの決め方を考えなおす必要がでてきたのです。

11月 13日

地球の海はなぜ満ちたりひいたりするの？

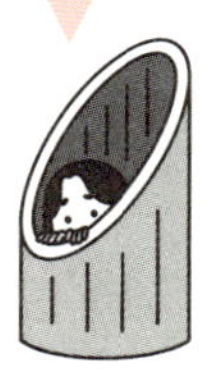

ギモンをカイケツ！

海水に月や太陽の引力がはたらくからだよ。

これがヒミツ！

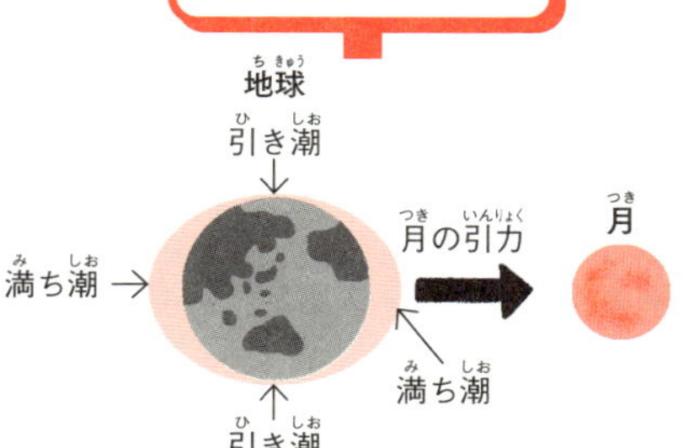

①月と地球の間にはたらく引力

月と地球の間には、おたがいに引力がはたらいています。太陽と地球も同じです。「潮の満ち引き」は、おもに、月の引力によって起こります。

②月のあるほうに海水が集まる

地球の海水は、月の引力によって、月のある方向とその反対側に集まります。すると、月の方向とその反対方向にある場所は海水面が高くなって「満潮（満ち潮）」になり、月と直角の方向にある場所は海水面が低くなって「干潮（引き潮）」になります。

③反対側は引力が小さいので満潮になる

このとき、月と反対側にある場所は、月から遠いことで月の引力があまりはたらかないため、海水が引っぱられずにのこって満潮となります。

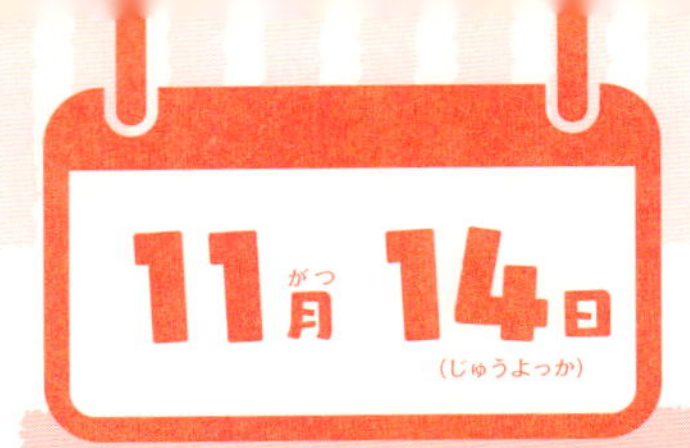

どうやって宇宙はできたの？

クイズ

①爆発してできた。
②コンピュータの計算からできた。
③地球から出てきた。

宇宙の誕生が、水素とヘリウムをつくったのさ

→ こたえ ① 爆発してできた。

これがヒミツ！

①最初の宇宙は小さかった

宇宙は小さい火の玉が急に大きくなって始まったとされています。この宇宙の誕生の仕方は「ビッグバン」とよばれています。

ビッグバンが起こってしばらくは天体が1つもない真っ暗な時期があったんだよ

火の玉

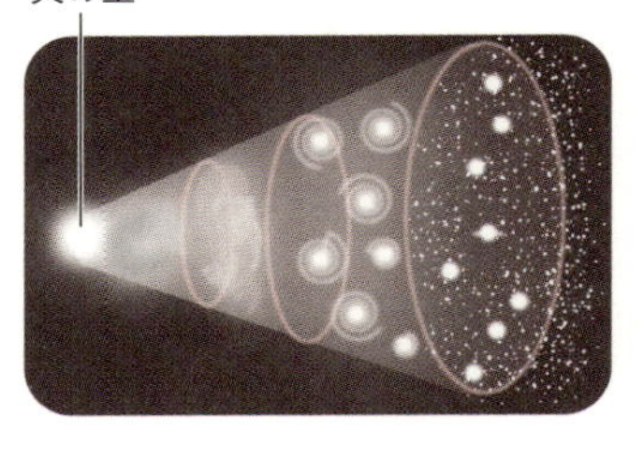

②発見のきっかけは宇宙の膨張

アメリカの天文学者エドウィン・ハッブル（→ P.229）が宇宙の膨張に気づいたことが発見のきっかけのひとつです。そのあとの研究から宇宙が大きくなるなら、もともとは小さかったにちがいないと考えるようになったのです。

③宇宙の誕生がつくった物質

「ビッグバン」が起きたエネルギーで、宇宙が誕生した約３分後に水素とヘリウムのもとが生まれ、その数億年後に最初の恒星や銀河ができたと考えられています。

宇宙で発電した電気を地球にもってくる計画があるってほんとう？

ギモンをカイケツ！

宇宙で太陽の光を使って電気をつくろうとしているのですよ

宇宙で電気をつくる「宇宙太陽光発電システム」というものだよ

これがヒミツ！

日本も「宇宙太陽光発電システム」の研究をおこなっているよ

宇宙太陽光発電システム（想像図）　©JAXA

①宇宙で発電

「宇宙太陽光発電システム」という考えは、1968年にアメリカで生まれました。宇宙に太陽電池を置いて太陽の光を使って発電し、地球のアンテナに電波を送るというものです。

②宇宙につくるよいところ

「宇宙太陽光発電システム」は宇宙で発電をするため、雲で太陽がさえぎられることがなく、いつまでも電気をつくることができます。また、二酸化炭素などの温室効果ガスも出ないため、地球温暖化を防ぐことにつながります。

③まだ課題はある

しかし、「宇宙太陽光発電システム」は、まだつくられていません。こわれたときにすぐに直しに行けないことや、宇宙に発電機をつくって使う費用が高すぎることなどが原因となっています。

11月16日

無重力で紙飛行機を飛ばすとどうなるの？

❶宙返りをする。
❷まっすぐ飛ぶ。
❸折る前の紙にもどる。

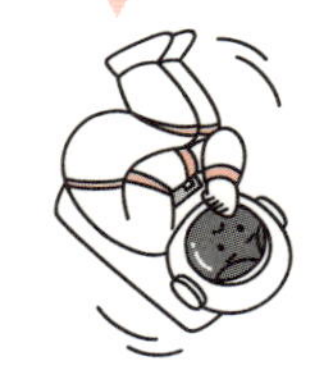

無重量状態ではものはうかびつづけるんだよ

➡ こたえ 1 宙返りをする。

これがヒミツ！

①地上では揚力と重力がつり合う

紙飛行機を飛ばすと、つばさに空気が当たって、上向きの力（揚力）が生まれます。地上では、この揚力と地球の重力（地球がものを引っぱる力）がつり合って、まっすぐに飛ぶのです。

速く飛ばしてもゆっくり飛ばしても、宙返りでえがく円の大きさは変わらないんだよ

②無重力では宙返りをする

ところが、国際宇宙ステーションの中は、重力がほとんどない無重量状態（→ P.377）です。そのため、紙飛行機には上向きの揚力だけがはたらきます。揚力だけがはたらいている飛行機は、上向きに曲がります。そして、揚力がはたらきつづけることで、紙飛行機は宙返りをくり返します。

③やがてただよいはじめる

ただし、速さがおそくなると揚力も小さくなるため、やがて紙飛行機は宙返りをやめ、宙をただよいます。

11月17日

川を表した星座の名前はなに？

6番めに大きい星座だぞ

クイズ

①ペルセウス座
②エリダヌス座
③ケフェウス座

→ こたえ ② エリダヌス座

これがヒミツ！

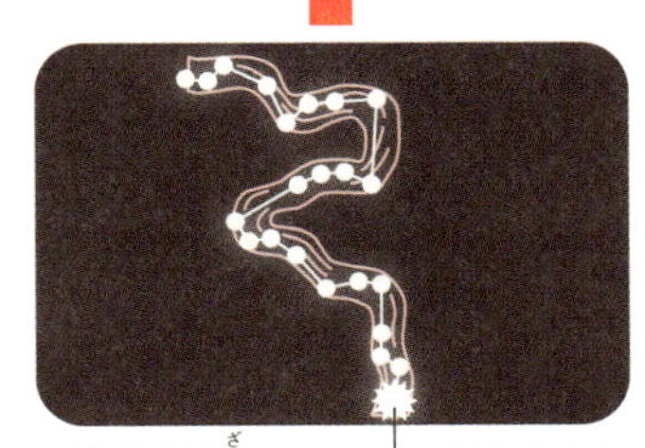

アケルナルという1等星があるよ
アケルナル

エリダヌス座

①ギリシャ神話に登場する川エリダヌス

エリダヌス座は、オリオン座の西どなりにある星座で、冬が始まる11月の夜中ごろに南の空の低い場所に見られます。このエリダヌスとは、ギリシャ神話に登場する川の名前です。

②太陽の馬車で空が火事になる

太陽の神アポロンの子であるパエトンは、父親がもっている太陽の馬車をこっそり借りて、天を走りました。しかし、馬車のそうじゅうはパエトンにとってはむずかしく、馬車の火が空にもえうつって火事になってしまいました。

③川で命を落としたパエトン

すると、大神ゼウスが火を消すためにパエトンの乗った馬車を川に落とし、パエトンは死んでしまいました。この川が、エリダヌスです。川に落ちたパエトンは、川の精たちに手あつくほうむられたということです。

秋山豊寛

どんな人？

日本人で初めて宇宙に行ったジャーナリストだよ。

民間人である秋山が伝える宇宙生活のリポートは、人びとの興味をかきたてたんだって

こんなスゴイ人！

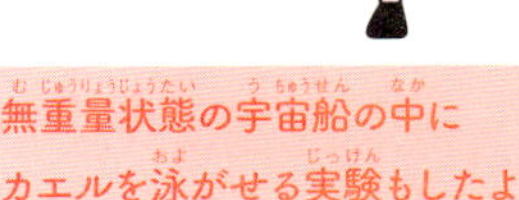

無重量状態の宇宙船の中にカエルを泳がせる実験もしたよ

①初めて宇宙に行った日本人

秋山は日本のテレビ局の記者として働いていました。社内で選抜され、日本人として、またジャーナリストとして、初めて宇宙に向かいました。

②宇宙から取材報道をした

1990年、ソ連（いまのロシア）の宇宙船「ソユーズTM-11」に搭乗した秋山は、テレビの生放送で宇宙飛行の様子を伝えました。宇宙ステーション「ミール」とドッキングしたあとも、ジャーナリストとして宇宙飛行の生活などをリポートしました。

③日常生活の面からの宇宙実験に参加した

秋山はジャーナリストとしての搭乗員でしたが、かいわれ大根の栽培、乗りもの酔いに似た宇宙酔いの影響、無重量空間でのものの動きや、食事や、飲みものがあたえる影響など、身近な研究で人びとの宇宙への興味を深めました。

11月19日

日本語の惑星の名前はどうやってつけられたの？

クイズ

① 中国の考えと惑星の英語読みからつけられた。
② たくさんの人の投票でつけられた。
③ 惑星に聞いて決めた。

中国からきた考えが使われているのじゃ

➡ こたえ ① 中国の考えと惑星の英語読みからつけられた。

これがヒミツ！

冥王星は英語では「プルート」とよばれているんだよ

水星	マーキュリー
金星	ビーナス
地球	アース
火星	マーズ
木星	ジュピター
土星	サターン
天王星	ウラヌス
海王星	ネプチューン

①名前のつけ方

日本語の惑星の名前のつけ方は２種類あります。水星、金星、火星、木星、土星は昔から知られたもので、これは中国の考え方から影響を受けています。あとの時代に発見された天王星、海王星は英語の名前のウラヌスとネプチューンが天の神様と海の神様であることからつけられました。

②惑星の色と思想

水星、金星、火星、木星、土星は、世界は木、火、土、金、水で説明ができるという中国の「五行思想」からつけられた名前です。

③思想に合わせた名づけ

いっぽう、英語の惑星の名前のつけ方は、地球の（earth）のほかはギリシャ神話やローマ神話の神様の名前からつけられています。

月の満ち欠けに合わせて行動をする生きものがいるってほんとう？

ギモンをカイケツ！

たとえば、サンゴは満月の数日後にいっせいに卵をうむんだ。

いっせいに卵をうむことで、「受精」（オスの精子とメスの卵が合体すること）する可能性が増えるのよ

これがヒミツ！

①満月の数日後に卵をうむサンゴ

いくつかの生きものは、月の満ち欠けに合わせて行動することが知られています。たとえば、サンゴは１年に一度、満月の数日後にいっせいに卵をうみます。

②満月の夜に卵をうむオカガニ

オカガニというカニは、ふだんは陸地にすんでいますが、おもに満月の夜には海にやってきて卵をうみます。これは、満月の夜には潮の満ち引きが大きい「大潮」になるためだと考えられています。

クサフグというフグも、新月や満月のときに海岸でいっせいに卵をうむのよ

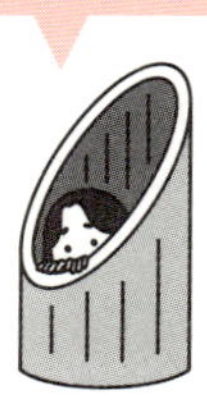

③新月のときにからを大きく開くカキ

また、カキは新月（まっ暗な月）のときにはからを大きく開き、満月のときには小さく開くことがわかっています。これは、新月のときにえさの「プランクトン」（水の中の小さな生きもの）が増えるからではないかと考えられています。

宇宙の年齢はどれくらい？

クイズ

①約1000歳
②約6500万歳
③約138億歳

宇宙の年齢は、天体の観測から求められたのさ

こたえ ③ 約138億歳

これがヒミツ！

①広がる宇宙

宇宙の年齢はどうやって知るのでしょうか。宇宙は広がりつづけていることがわかっています。じつは、地球から観測できる天体も、宇宙が大きくなるにつれてはなれていっています。

宇宙は約138億年の間、大きくなりつづけているのさ

②宇宙の広がり方

さらに、宇宙がどれくらいの時間をかけて広がっていくのかを求めることができるようになりました。その時間から、宇宙の年齢も計算されています。

③小さな点から宇宙ができた

宇宙が広がりつづけているなら、さかのぼると、宇宙の誕生は小さい点から大きくなったのではないかと考えられるようになりました。この宇宙誕生の仕組みは「ビッグバン宇宙論」とよばれています。

アルテミス計画ってどんなことをするの？

ギモンをカイケツ！

月に人間を降り立たせ、月のまわりをまわる宇宙ステーションをつくって、火星探査を目指す計画だよ。

いままでにおこなったことのない挑戦なのですよ

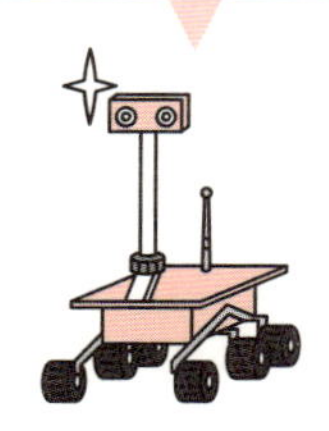

これがヒミツ！

「アルテミス」は、月の女神の名前ですよ

①最初の目標は人間が月に下りること

アルテミス計画は、月に人間を到着させることを第一目標とした計画です。1972年のアポロ17号の計画以降達成されていない、人の月への着陸を目指しています。

②最新のロケットと宇宙船

アルテミス計画の実現のために、新しいロケットと宇宙船が開発されました。ロケット「SLS」は、超大型の液体ロケットです。宇宙船は「オリオン」とよばれ、「SLS」の先におさめられて宇宙に向かいます。

③宇宙船は月の力を使う

アルテミス計画では、宇宙船「オリオン」は、史上初めて月の重力を使った飛行をおこないます。宇宙船に人間を乗せて月のまわりをまわる「アルテミス」という計画では、乗組員の4名は歴史上、地球からもっともはなれた人間となる予定です。

11月23日

無重力でヨーヨーをするとどうなるの？

古川聡宇宙飛行士も宇宙でヨーヨーをする実験をしているんだよ

クイズ

❶もどってこない。

❷ときどきもどってくる。

❸必ずもどってくる。

➡ こたえ ❸ 必ずもどってくる。

これがヒミツ！

じょうずな人は、できるトリックがかぎられちゃうんだよ

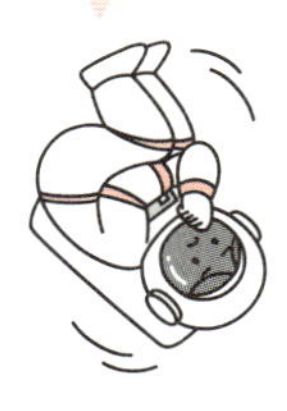

①地上では空回りしたあと、もどってくる

地上では、ヨーヨーを投げると糸がのびきったところで空回りをはじめます。このとき、ヨーヨーは重力（地球がものを引っぱる力）によって下向きに引っぱられながら回転しています。そして、この状態で糸を軽く引くと、糸が空回りをやめ、じくに巻きつくことで、ヨーヨーが手元にもどってきます。

②無重力ではすぐにもどってくる

国際宇宙ステーションのように、重力がはたらいていない無重量状態でも、ヨーヨーはできます。しかし、糸がのびきると、その反動でヨーヨーがすぐに手元にもどってきてしまうため、地上のように糸がのびきった状態で空回りすることはありません。

③無重力では空回りさせられない

そのため、空回りさせた状態でおこなうトリックは、無重力の状態ではできません。

南十字星はおもにどんな目印として使われた？

みなみじゅうじ座は、88個の星座のなかで、もっとも小さいぞ

クイズ

1. 航海の目印
2. ロケットを飛ばすための目印
3. 背が伸びる目印

➡ こたえ 1 航海の目印

これがヒミツ！

①「南十字星」はみなみじゅうじ座の一部

「南十字星」とは、天の北極の近くにある、十字型にならんだ4個の星をさします。南十字星は、みなみじゅうじ座ともよばれています。

南十字星は、日本でも石垣島までいくと見ることができるよ

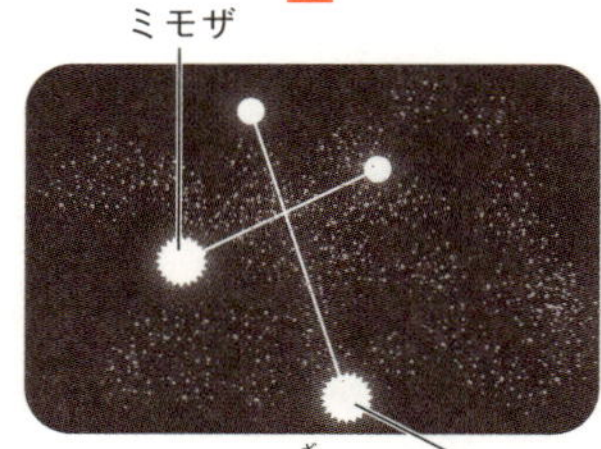

みなみじゅうじ座

②長く忘れられていた南十字星

南十字星は、いまから約2000年前の古代ギリシャでは知られていましたが、その後は地球の自転のかたむきの変化によって見えなくなったため、長く忘れられていました。

③航海の目印として使われるようになった

しかし、いまから500年以上前の大航海時代（ヨーロッパの人びとが船で世界中を探検した時代）になると、船で南半球に行くようになった人びとによってふたたび発見され、夜の航海のときに南を示す目印としてさかんに利用されました。

毛利衛

どんな人？

日本人で初めて宇宙に行った宇宙飛行士であり、科学者だよ。

生中継で日本の子どもたち向けに、初の宇宙授業もおこなったんだって

こんなスゴイ人！

地球の食文化をもちこみたいという思いから、宇宙でおにぎりをつくる実験もしたんだって

①日本初の宇宙飛行士として宇宙へ行った

毛利は日本人として初めて宇宙飛行士に認定され、1992年と2000年にスペースシャトル「エンデバー号」で宇宙飛行を果たしました。

②科学と技術の両分野にわたる実験をおこなった

毛利は物理科学者として、宇宙環境下での材料についての実験や、タンパク質の結晶をつくる実験、生物の発育を調べる生物学実験などをおこないました。科学技術の進歩のために、宇宙環境が物質や生命体にあたえる影響を調査したのです。

③宇宙から地球の地形データを集めた

2000年のミッションでは、地球全体の地形マップを作成するため、毛利はレーダー装置を操作して三次元地形データを集めました。このデータは地球環境のモニタリング、災害予測、地質研究など多くの分野で使われています。

太陽系の惑星で一番重い惑星はなに？

クイズ

① 木星
② 水星
③ 天王星

木星は太陽系のなかで、一番大きな惑星でもあるのじゃ

➡ こたえ ① 木星

これがヒミツ！

木星は、もっとも速く自転する惑星でもあるのじゃ

①惑星の重さ

太陽系の惑星を重い順にならべると、木星、土星、海王星、天王星、地球、金星、火星、水星の順になります。大きな惑星であるほど重くなる傾向にありますが、直径の大きい順にすると海王星と天王星の順位が入れ替わります。

②飛びぬけて重い惑星

木星の重さは地球の約318倍にもなります。太陽系のほかの惑星や衛星を足しても、木星の重さの半分にもならないといわれています。

③水にうく土星

木星や土星は重いですが、ほとんどが水素とヘリウムという軽い物質でできています。重さが2番目の土星は、大きさのわりに軽い物質からできているため、もし大きなプールの中に入れることができれば、水にうかせることができるといわれています。

11月27日

月は衛星のなかでどれくらい大きいの？

ギモンをカイケツ！

太陽系で5番目に大きいんだ。

これがヒミツ！

①太陽系には衛星がたくさんある

月は地球のまわりをまわる衛星です。太陽系には地球以外にも、衛星がたくさんあります。

②月より大きい衛星

一番大きい衛星は木星のガニメテです。「ガリレオ衛星」（→ P.290）の1つで、惑星の水星よりも大きい天体です。4番目までの衛星は、土星の衛星タイタンと、木星の衛星のカリストとイオです。

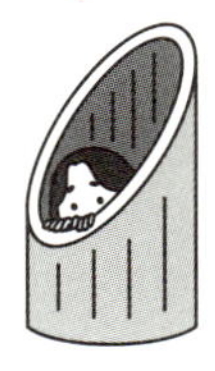

準惑星の冥王星の衛星カロンは
冥王星の半分の大きさなのよ

③地球と月

ほかの惑星と衛星の大きさに比べて、月は地球に対して特別大きい衛星です。一番大きい衛星のガニメテは木星の27分の1の大きさです。いっぽう月は地球の4分の1の大きさです。太陽系のなかでは、惑星に対してもっとも大きな衛星となっています。

11月28日

宇宙に終わりはあるの？

クイズ

①終わりはある。
②ずっとつづく。
③わからない。

→ こたえ ③ わからない。

これがヒミツ！

①宇宙は広がっている

宇宙は「ビッグバン」とよばれる爆発をしてから広がりつづけています。銀河の観測から宇宙の膨張は見つかりました。これは銀河のきょりと遠ざかる速さを調べたアメリカの天文学者エドウィン・ハッブル（→ P.229）が発見しました。

②宇宙の広がるスピード

現在、宇宙の広がる速さは増しています。スピードが上がる原因として、宇宙空間にある正体不明の物質、「ダークエネルギー」がかかわっていると考えられています。

宇宙はふくらむか、
縮むかで分かれるのさ

③宇宙のこれから

宇宙がこれからどうなるのかは、まだわかっていません。広がろうとする「ダークエネルギー」と、縮まろうとする引力である「ダークマター」のバランスによって宇宙の寿命は決まるのではないかと考えられています。

11月29日

火星に行こうとしているってほんとう？

ギモンをカイケツ！

火星に行くことは、宇宙開発の目標のうちのひとつなんだよ。

火星に向かうロケットの開発も、どんどん進んでいますよ

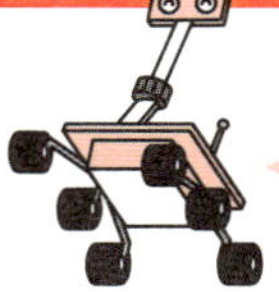

最近火星の空気で酸素をつくる実験に成功していますよ（→ P.277）

これがヒミツ！

①まずは火星に人が下りる

火星は地球のひとつ外側をまわる惑星です。空気はとても少なくその多くは二酸化炭素です。平均気温は地球の南極より寒い約－60℃です。しかし、たくさんの国が有人火星探査に向けた計画を進めています。

②火星に行きやすくなる時期

火星より地球の方が速く太陽のまわりをまわっているため、約２年に１度、地球が火星を追いぬきます。地球と火星のきょりが近づいた「打ち上げウィンドウ」とよばれる時期にロケットを打ち上げると、火星までの移動時間が短くなります。

③現在も火星探査は進行中

それでも、実際に火星へと向かおうとすると、行くだけで約７か月かかります。長く住むためには、水と酸素と食べものを火星でつくる必要があります。現在は、有人探査の準備を進めながら、火星の様子をくわしく知るためにいくつもの無人探査機や探査車が送りこまれ、土の成分や水があるかどうかなどを調べています。

無重力の中で植物を育てるとどうなるの？

クイズ

①根は下に、葉は上にのびる。
②根や葉が上下に関係なくのびる。
③根は上に、葉は下にのびる。

人間は無重量状態にいると上下の感覚がなくなってくるらしいよ

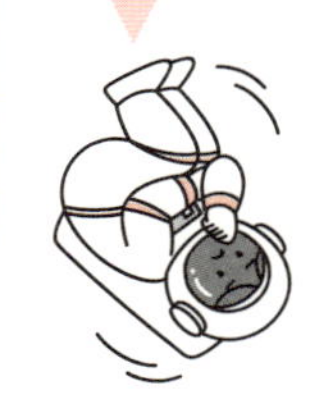

→ こたえ ② 根や葉が上下に関係なくのびる。

これがヒミツ！

①地上では根は下に、くきや葉は上にのびる

地上では、種をどのような向きに植えても、根は下に向かってのび、くきや葉は上に向かってのびます。これは、根にとって必要な土は下にあり、くきや葉にとって必要な空気や太陽の光は上にあるからです。

重力は、根の先やくきの中などにある特別な細胞で感じているんだよ

②植物はのびる方向を重力で判断している

植物が根を下にのばしたり、くきや葉を上にのばしたりするはたらきには、重力が関係しています。植物は、重力によって上と下を判断し、根は下に、くきや葉は上に向かってのばしているのです。

③重力がないと勝手な方向にのびる

しかし、重力がほとんどない無重量状態では、植物は上や下を判断することができません。そのため、根やくき、葉は勝手な方向にのびていきます。

12月
がつ

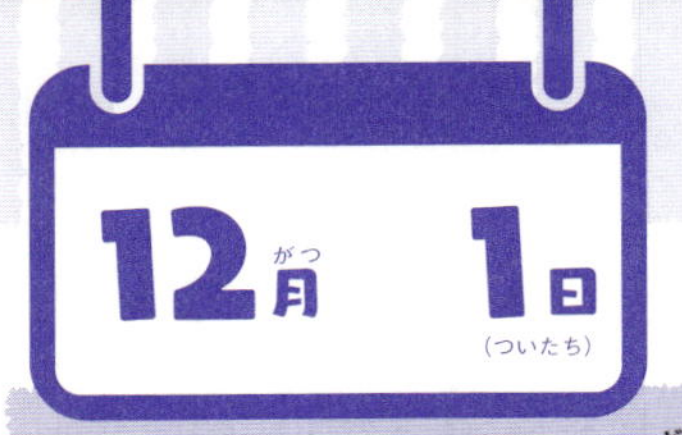

オリオン座のオリオンってだれ？

ギモンをカイケツ！

オリオンをさしたサソリは、さそり座（→ P.243）になっているんだぞ

神を怒らせてサソリに殺された狩人だよ。

これがヒミツ！

①ギリシャ神話に登場する狩人オリオン

冬の夜中に南の空にオリオン座は見えます。この星座のオリオンとは、ギリシャ神話に登場する狩人のことです。

オリオン座はとても見つけやすい星座だよ

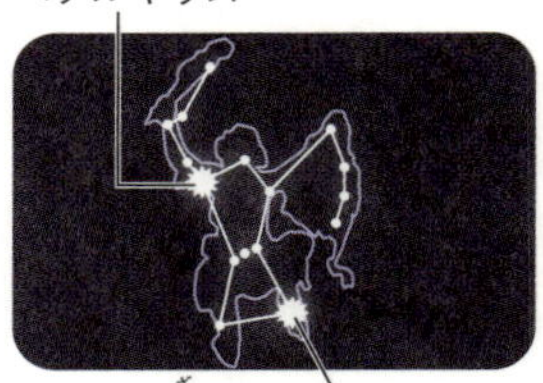

②女神を怒らせたオリオン

海の神ポセイドンの息子であるオリオンは、怪力の美男子で狩りも得意でしたが、自信家でらんぼうな性格でもありました。ある日、オリオンは月の女神であるアルテミスに「おれは地上にすむどのけものよりも強い」と言いました。

③サソリにさし殺される

怒ったアルテミスは、大きなサソリにオリオンをさし殺させました。オリオンは、この話を知った大神ゼウスによって天に上げられ、オリオン座になったということです。

向井千秋

どんな人？

アジア人初の女性宇宙飛行士で、お医者さんでもあるよ。

宇宙医学研究を発展させ、次世代の育成にも貢献しているんだって

こんなスゴイ人！

①アジア人女性初の宇宙飛行士として宇宙へ行った

向井は日本で外科医として活動したあと、アジア人女性として初めて宇宙に向かいました。

②宇宙で医学実験をおこなった

1994年にはスペースシャトル「コロンビア号」に、1998年には「ディスカバリー号」に搭乗しました。医師である向井は、心臓や筋肉の変化などの実験をおこない、からだの健康を守るための研究を進めました。

向井は実験担当の「ペイロードスペシャリスト（PS）」として、スペースシャトルに搭乗したよ

③宇宙医学や健康管理のための次の世代を育成した

２回目のミッションのあと、国際宇宙大学の教授になりました。その後もJAXA宇宙医学研究センター長を務めるなど、次世代のリーダーの育成にも力を注いでいます。

12月 3日（みっか）

太陽系の惑星で一番寒い惑星はなに？

宇宙にはとても寒い天体がたくさんあるんじゃ

ギモンをカイケツ！

天王星か海王星だよ。

「ブーメラン星雲」は、地球から5000光年はなれている天体なのじゃ

①もっとも冷たい惑星

太陽系の惑星でもっとも冷たい惑星は、天王星と海王星です。ともに表面平均温度は約－200℃となっています。太陽の熱がとどかないくらい遠いところにあることが理由です。ほかの惑星では夜の水星の表面もとても冷たく、太陽に当っていない夜の時間の温度は約－170℃まで下がります。

②冷たさの限界

ものの温度には、一番冷たくなる限界があります。絶対零度といい、約－273℃のことをいいます。ものは熱が出せなくなると、それ以上冷たくならなくなります。

③絶対零度に近い星

宇宙のさらに遠いところに目を向けてみましょう。すると、絶対零度に近い天体も見つかっています。一番冷たい天体ともいわれる「ブーメラン星雲」は、恒星がなくなったあとの天体で、約－272℃が観測されています。

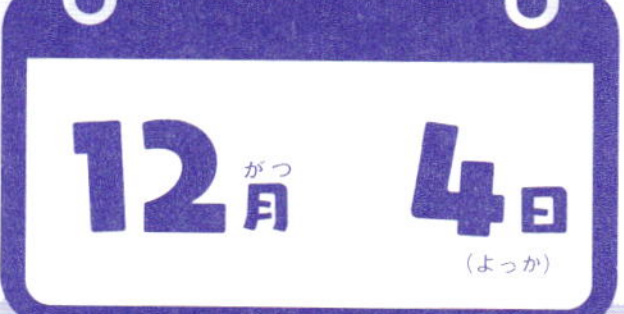

月はいつも同じ大きさなの？

ギモンをカイケツ！

月の大きさは変わらないけど、大きさが変わって見えることがあるんだよ。

地球から見える大きさが変わるのよ

これがヒミツ！

空の低いところに見える月は、赤色に見えることがあるのよ

①月の大きさは変わらない

月の大きさは変わりません。欠けて見えるときも、太陽の光の当たり方のちがいが関係しています（→ P.188）。

②月と地球のきょりは変化している

月と地球のきょりは、つねに変化しています。月と地球はもっとも近いときには、そのきょりは約 36 万 km になり、もっとも遠いときには、約 41 万 km になります。もっとも遠いときのきょりは、近いときの約 1.1 倍になります。しかし、地球から見える月の大きさはほんの少ししか変わりません。

③低いところに見える月

月が空の低いところに見えるときは、大きく見えることがあります。しかし、実際の大きさは変わりません。これは、目の錯覚によるものと考えられています。

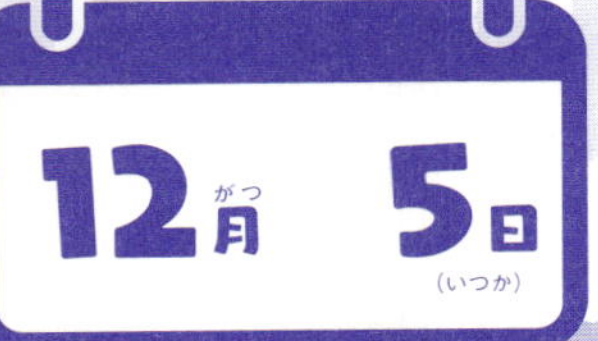

宇宙には物質以外なにもないの？

宇宙の物質はなぞに満ちているのさ

クイズ

①何もない
②ダークマター
③ダークエネルギー

➡ こたえ ②と③ ダークマターとダークエネルギー

ダークマターは1930年代から、ダークエネルギーは1990年代から考えられるようになったのさ

これがヒミツ！

①宇宙をつくるもの

宇宙はたくさんの星が集まった銀河からできています。銀河にはガスやチリなどがふくまれています。しかし、わかっている物質は5%しかなく、ほとんどは観測されたことがなく、なにかがまったくわかっていない「もの」と「エネルギー」で満たされています。

②まだ見つかっていない物質

このまだ見つかっていないものとエネルギーは、「ダークマター」と「ダークエネルギー」とよばれています。宇宙空間の中で、ダークマターは27%、ダークエネルギーは68%をしめます。

③ダークマターとダークエネルギーがあると考える理由

ダークマターがあると、「銀河」(→ P.345) 全体の重さや、銀河の回転する速さについて説明できます。ダークエネルギーは、宇宙空間が広がるために必要なものであるとわかっています。

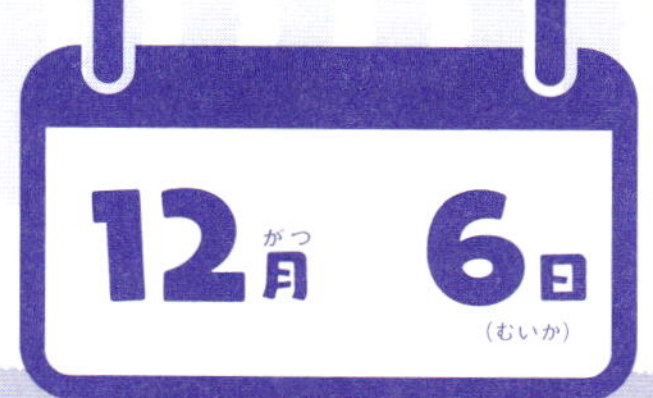

月の宇宙ステーション「ゲートウェイ」ってなに？

月面に行くための基地としても使われますよ

ギモンをカイケツ！

月のまわりをまわる宇宙ステーションのことだよ。

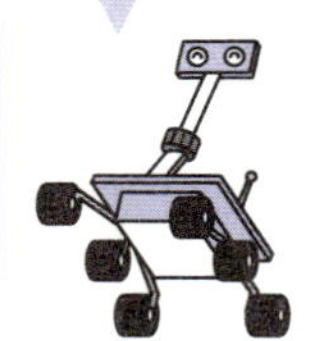

これがヒミツ！

ゲートウェイは「玄関」という意味だよ

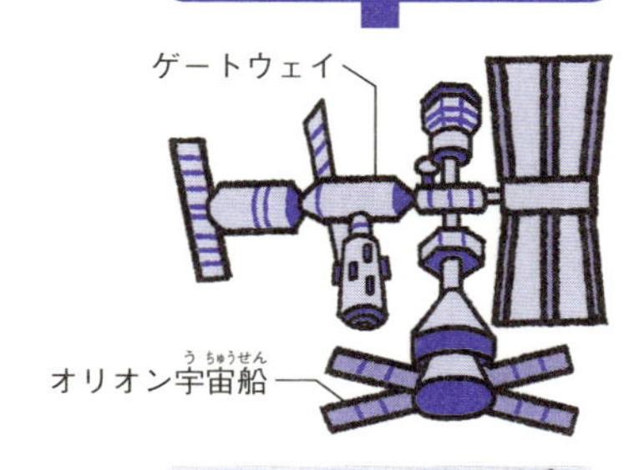

ゲートウェイ（完成予想図）

①月のまわりを飛ぶ宇宙ステーション

「ゲートウェイ」は、月のまわりをまわる、宇宙飛行士４名が約 30 日間過ごすことができる宇宙ステーションです。

②日本も協力している

日本は、ゲートウェイの生命維持・環境制御システムという、室内の空気を人が過ごしやすい空気にかえる機械をつくっています。また、宇宙船に荷物を乗せて運びます。日本人の宇宙飛行士が、ゲートウェイが完成したあとに過ごすことも決まっています。

③火星に向かう基地

ゲートウェイは、月面に行く前に立ち寄る場所として使われます。さらに将来的には火星に向かう基地にすることも考えられています。

国際宇宙ステーションでういたままうで相撲をするとどうなるの？

? クイズ

❶ うでの動きと反対向きにからだがまわる。
❷ うでの動きと同じ向きにからだがまわる。
❸ 地上と同じようにできる。

腕の動きとは反対向きにからだがまわる。

これがヒミツ！

①うで相撲をするとからだが回転する

重力（→ P.46）がほとんどない国際宇宙ステーション（ISS）の中でうで相撲をすると、どうなるでしょうか。じつは２人とも、腕をまわそうとした方向とは逆向きにからだが回転してしまいます。

②加えた力と同じだけの力を受ける

ものに力を加えると、ものから同じ大きさの反対向きの力を受けます。これを「作用・反作用の法則」といいます。

③国際宇宙ステーションの中ではふんばれなくなる

うで相撲で相手に力を加えると、相手から同じだけの力を受けますが、地上では足でふんばることで、その力を受け止めることができます。しかし、重力がない国際宇宙ステーションの中ではふんばることができないため、相手に加えた力と同じだけの力で、からだがおし返されます。そのため、からだがくるくると回転してしまうのです。

column 07

無重量状態

これだけでわかる！
3POINT

国際宇宙ステーションの中は無重量状態なんだよ

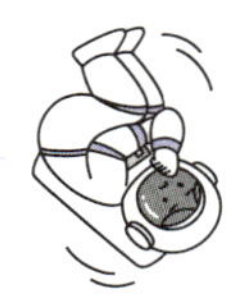

❶ 重さがない状態のことで、「無重力」ともいう。

❷ 重力が打ち消されたときにできる。

❸ 天体から遠くはなれたところでは重さのない状態になる。

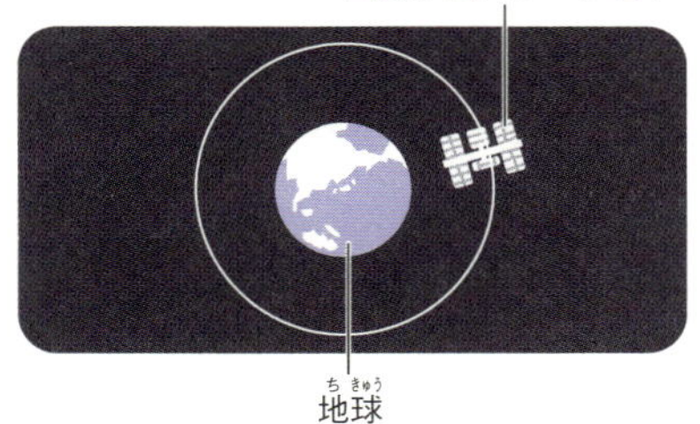

無重量状態になると、からだがぷかぷかうかぶぞ

国際宇宙ステーションの中では、ものをなくさないように服につけたマジックテープでとめておくんだって

飛行機が上空で重力にまかせて落ちる実験をすると、無重量状態ができますよ

12月 8日

オリオン座は明るい星がたくさんあるってほんとう？

ギモンをカイケツ！

ふたつの1等星と5つの2等星をもつ、明るい星座だよ。

オリオン座の1等星のベテルギウスは冬の大三角（→P.44）のなかの星のひとつだぞ

これがヒミツ！

三ツ星とリゲルの間には、オリオン大星雲があるぞ

①2つの1等星と5つの2等星をもつオリオン座

冬を代表する星座のひとつであるオリオン座（→P.370）には、2つの1等星と5つの2等星があります。そのため、冬の星座のなかでももっとも明るく、見つけやすい星座のひとつといってもいいでしょう。

②三ツ星をはさんでふたつの1等星がある

オリオン座は、まん中のすぼまった部分には3つの2等星がならんでいます。この3つの2等星は「三ツ星」ともよばれます。そして、三ツ星をはさんで両側には、赤い1等星のベテルギウスと青白い1等星リゲルがかがやいています。

③ベテルギウスの寿命は残りわずか!?

ベテルギウスは、寿命がつきる直前に赤く大きくなった「赤色超巨星」という種類の星です。ベテルギウスは、あと数百万年以内に爆発して、なくなるといわれています。

土井隆雄

どんな人？

日本人で初めて、船外活動をおこなったよ。

「きぼう」（→ P.118）の取りつけに成功したんだって

こんなスゴイ人！

①日本人として初めて船外活動をした

日本の大学で航空学と宇宙工学を学んだ土井は、1997年、スペースシャトル「コロンビア号」に搭乗し、日本人として初めての船外活動をおこないました。

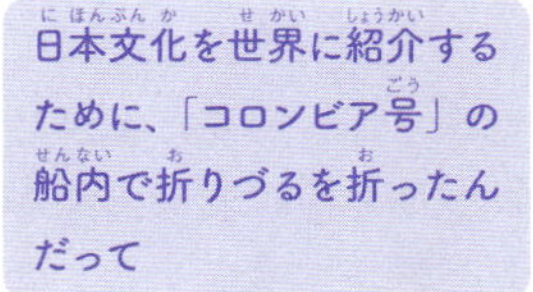

日本文化を世界に紹介するために、「コロンビア号」の船内で折りづるを折ったんだって

②超新星を発見した

宇宙飛行士以前にアマチュア天文家としても活動していた土井は、2002年には自分でつくった観測所から超新星を発見しました。この発見で日本天文学会から「天体発見賞」を受賞しました。

③国際宇宙ステーションに日本の施設を取りつけた

2008年の「エンデバー号」のミッションでは、日本の実験棟「きぼう」を国際宇宙ステーションに取りつけました。土井は、日本が開発した有人宇宙施設に乗った最初の日本人となりました。

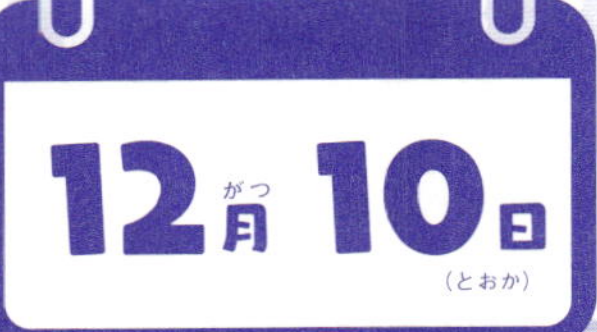

地球と似ている惑星はどれ？

太陽ができたときのチリが惑星をつくったのじゃ

クイズ

① 水星、金星、火星
② 木星、土星、天王星
③ 太陽、水星、木星

→ こたえ 1 水星、金星、火星

①岩石と鉄でできた惑星

地球に似た惑星には水星、金星、火星があり、「地球型惑星」とよばれています。地球型惑星は岩石と鉄が多く入った惑星です。太陽が生まれたときに、チリやガスの円盤が太陽のまわりにつくられ、最初の小さな天体ができました。そして、惑星の素が大きくなるにつれて重力が増し、まわりのチリやガスを引きつけました。

②ガスがなくなり誕生した

しかし、太陽のかがやきが増すにつれて、太陽に近い場所のガスが遠くへふき飛ばされてしまったため、岩石などの固い物質だけでできた惑星が誕生しました。このようにしてできたものが水星、金星、地球、火星です。

③太陽系の外でも発見された

太陽系の外でも、地球型惑星がいくつも見つかっています。たとえば太陽系から一番近い、地球から 4.2 光年のきょりにある恒星のプロキシマ・ケンタウリをまわる、岩石でできた惑星が発見されています。

12月 11日

月はどんどんはなれているってほんとう？

ギモンをカイケツ！

1年に4cmずつ遠くなっているんだ。

月が遠ざかる速さは同じではなく、何億年という長い目で見ると変化しているのよ

これがヒミツ！

①月は1年に約4cmずつ遠ざかっている

月は、地球に近づいたり、地球から遠ざかったりしながら、地球のまわりをまわっています。月と地球のきょりは、平均すると約38万kmです。ところが、正確に計算すると、月は1年に約4cmずつ、地球から遠ざかっているのです。

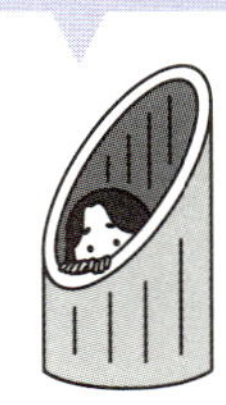

②約45億年前はいまよりずっと近かった

月ができた約45億年前、月と地球のきょりはとても近く、いまの約6%ぐらいしかありませんでした。そして、30億年前にはいまの約70%、20億年前には約84%、10億年前には約90%にまで広がり、いまの位置になりました。

③10億年後には4万km遠ざかる

これから先も、月は遠ざかりつづけると考えられています。その速さを1年に3.8cmとして計算すると、10億年後にはいまより4万km遠ざかることになります。

12月 12日

宇宙ってひとつだけなの？

ギモンをカイケツ！

**たくさんあっても
おかしくないと
考えられているよ。**

別の宇宙に別の人間が、
いるかもしれないのさ

これがヒミツ！

①無数の宇宙

宇宙はたくさんあるという考え方を「マルチバース」といいます。それぞれの宇宙には、別べつの特徴があるとされています。

②人間に都合のよい宇宙

そのため、数ある宇宙のなかに、人間の誕生に必要な条件をもった宇宙が現れても不思議ではないという考え方です。

宇宙はたくさんあるかもしれないんだって

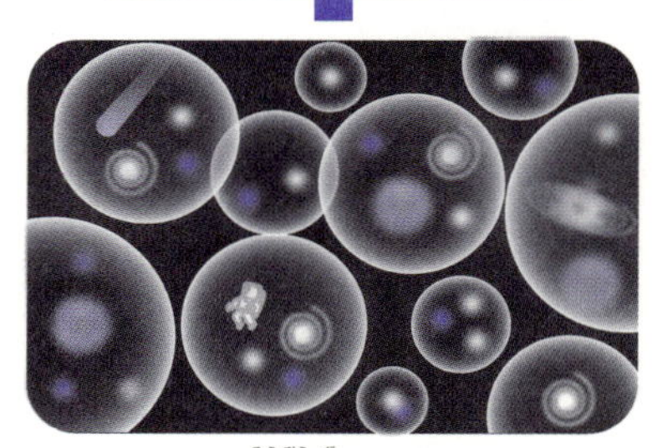

マルチバースの想像図

③もうひとつの世界がある？

無数にある宇宙には、わたしたちの住む宇宙（ユニバース）とよく似た宇宙が生まれるかもしれません。しかし、いまのところほかの宇宙への行き方も、ほかの宇宙があるのかどうかを明らかにする方法も、見つかっていません。

12月13日

100人乗りの宇宙船をつくるってほんとう？

ギモンをカイケツ！

アメリカで、「スターシップ」とよばれる大型ロケットがつくられているよ。

月面着陸に向けて試験をくり返しているところなのですよ

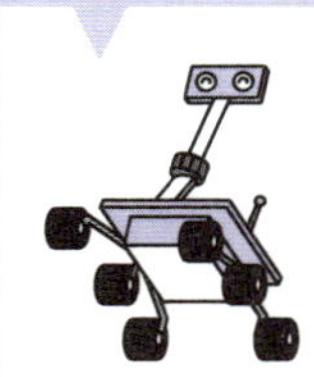

これがヒミツ！

とても大きいロケットなんだよ

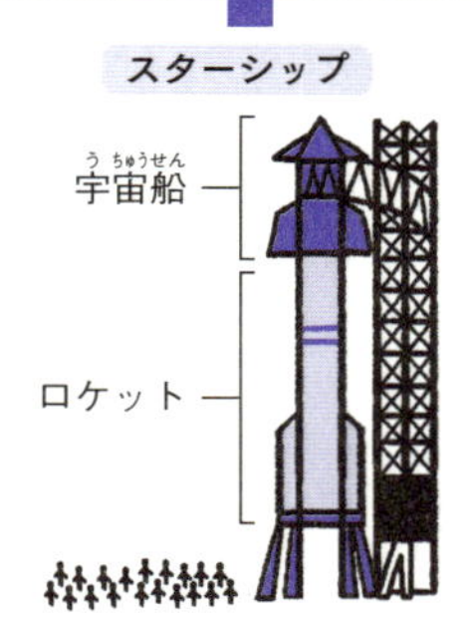

①巨大なロケット

「スターシップ」はアメリカのスペースX社のつくるロケットです。いままでつくったロケットのなかで一番大きく、宇宙船とロケットを合わせると120 mにもなります。荷物なら100トン、人間は100人運ぶことができます。

②何度も使うことができる

スターシップでは、いままでは使い捨てが多かったロケットと宇宙船を何度も使うことができます。ロケットの部分は、地上に下りてきたあとに、発射場につけられた「メカジラ」とよばれるロボットアームではさんでつかまえる計画です。

③打ち上げる準備をしている

スターシップは現在打ち上げるための試験をおこなっています。4回目の試験で宇宙船とロケットを地球にもどすことに成功しました。

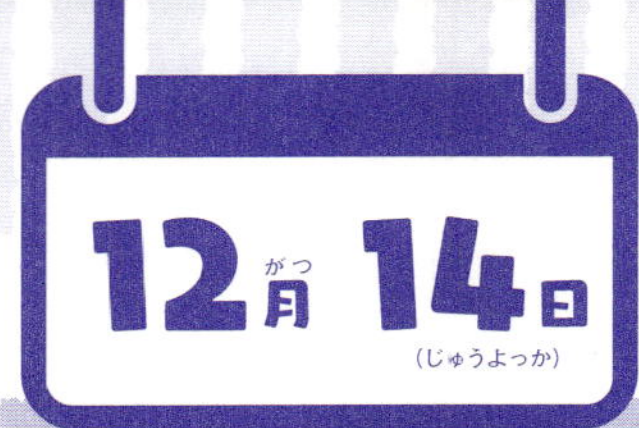

国際宇宙ステーションで水鉄砲をうつとどうなるの？

? クイズ

❶ 途中で曲がる。

❷ 飛ばずにその場にただよう。

❸ まっすぐに飛んでいく。

若田宇宙飛行士（→ P.386）が、船内で実際に実験したんだよ

➡ こたえ ❸ まっすぐに飛んでいく。

これがヒミツ！

①国際宇宙ステーション内では水はまっすぐに飛び、丸くなる

重力（地球がものを引っ張る力）がほとんどない国際宇宙ステーション（ISS）の中で水鉄砲をうつと、水はどうなるでしょうか。水はまっすぐに飛んでいき、そのまま丸いしずくとなって船内をただよいます。

②まっすぐ飛ぶのは重力がはたらかないため

地上では、重力によって水鉄砲の水は下向きに引っぱられ、やがて地面に落ちてしまいます。しかし、国際宇宙ステーション内では重力がはたらかないために、水はまっすぐに飛ぶのです。

かべなどに当たった水は、くっついたまま広がっていくんだよ

③表面張力で丸くなる

また、水には、表面の面積をできるだけ小さくしようとする力がはたらきます。重力がはたらかない国際宇宙ステーション内では、水鉄砲から出た水のしずくやかたまりは、表面の面積がもっとも小さい形である丸い形（球形）になります。

12月 15日

星座に日本でつけた別の名前があるってほんとう？

ギモンをカイケツ！

カシオペヤ座には山形星、オリオン座にはつづみ星という名前があるよ。

星座の形に注目して名づけられたんだぞ

これがヒミツ！

日本人の生活と結びついているんだよ

①つづみ星とよばれたオリオン座

日本でも、昔から星座や星を独自の名前でよんできました。そのなかで、もっともよく知られているのが、オリオン座のよび名である「つづみ星」です。オリオン座の星のならび方が和楽器のつづみに似ていることから、名づけられました。

つづみ星
（オリオン座）

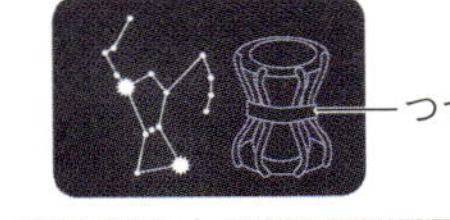

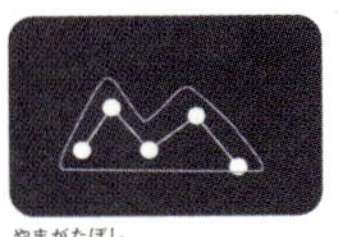

山形星
（カシオペヤ座）

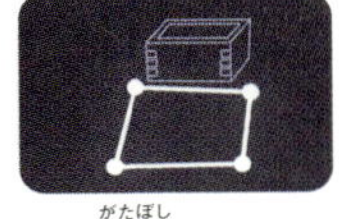

ます形星
（ペガスス座）

②山形星とよばれたカシオペヤ座

Wの形のカシオペヤ座は、その形から「山形星」や「いかり星」などとよばれてきました。また、ペガスス座はおもな星が四角形にならんでいることから「ます形星」とよばれてきました。

③赤いベテルギウスは平家星

星座だけでなく、星にも日本の名前があります。北極星は「心星」、オリオン座の1等星ベテルギウスは「平家星」などとよばれてきました。

12月16日

若田光一

どんな人？

5回も宇宙に行った宇宙飛行士だよ。

2013年の国際宇宙ステーションでは、日本人で初めて船長に選ばれたんだって

こんなスゴイ人！

①飛行機のエンジニアから宇宙飛行士に

宇宙飛行士に選ばれる前は、若田は飛行機のエンジニアとしてはたらいていました。国際宇宙ステーション（ISS）での活動をふくめ、5回の宇宙飛行経験があります。

②日本人初のミッション・スペシャリストとして搭乗した

1996年の初飛行であるスペースシャトル「エンデバー」に、「ミッション・スペシャリスト（技術的作業や科学的任務を担当する専門家）」として参加しました。日本人としては初のミッション・スペシャリストでした。

30年をこえて宇宙飛行士として活動したよ

③ロボットアーム操作で活やくする

ロボットアームを動かす任務を数多くこなしており、2009年の国際宇宙ステーションのミッションでは、ロボットアームを使って実験棟「きぼう」（→P.118）を完成させました。

ガスからできた惑星があるってほんとう？

ギモンをカイケツ！

木星や土星は、ほとんどがガスでできた惑星なんだ。

ガスでできた惑星は大きいものが多いのじゃ

これがヒミツ！

2019年には、初めての「ホットジュピター」を発見したマイヨール（→ P.349）にノーベル物理学賞がおくられたのじゃ

①ガスでできた惑星

太陽系のなかで、木星、土星、天王星と海王星は、「木星型惑星」とよばれています。水素とヘリウムでできたガスからつくられており、中心には鉄などでできた核があります。木星型惑星は、とくに水素やヘリウムが多い木星や土星のような「巨大ガス惑星」と、氷やメタンをふくむ天王星や海王星のような「巨大氷惑星」に分ける場合もあります。

②ガスを引きよせた

「巨大ガス惑星」は、太陽が生まれたときにまわりのチリやガスを引きつけて大きくなった惑星です。太陽から遠いため、ガスはふき飛ばされずに残ることになりました。

③恒星に近いガスの惑星

太陽系の外側に目を向けると、太陽系にはないような、恒星の近くでガスをもつ惑星がたくさん見つかっています。恒星の熱を受けてガスが高温になるため、「熱い木星」の意味である「ホットジュピター」とよばれています。

12月18日

太陽と月

月で宇宙飛行士が初めてしたスポーツはなに？

クイズ

①野球
②バスケットボール
③ゴルフ

9～10時間という短い船外活動の間に、おこなったのよ

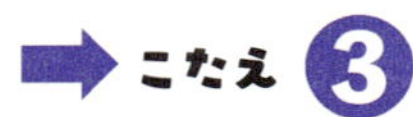

こたえ ③ ゴルフ

これがヒミツ！

① 3度目の月着陸に成功したアポロ14号

アメリカの月着陸船であるアポロ14号は、1971年に月に着陸しました。1969年に初めて月に着陸したアポロ11号から数えて、3度目の着陸でした。

月は重力が地球の約6分の1になるから、ボールは地球では考えられないくらい遠くまで飛んだそうよ

②ゴルフをおこなった船長

このとき、月に降り立ったアラン・シェパード船長は、ゴルフボールとゴルフクラブを使って、ゴルフをおこないました。これは、人間が月でおこなった初めてのスポーツでした。

③ゴルフクラブはサンプル採集器具!?

本来なら、せまい船内に研究やそうじゅうと関係のないものを持ちこむことはできません。しかし、船長は特注のゴルフクラブをつくってもらい、月の石などを集める「サンプル採集器具」ということにして船内に持ちこんだそうです。

12月19日

宇宙の歴史のなかで人間のいる長さはどれくらい？

ギモンをカイケツ！

地球の長い歴史を考えると、人間は生まれて、まだ少ししか経っていないんだ。

地球の生命は38億年前くらいに誕生したのさ

これがヒミツ！

①ヒトの祖先が生まれて約700万年

ヒトの祖先は約700万年前に、いまのチンパンジーのなかまから分かれたと考えられています。約46億年続く地球の歴史のなかでは、とても短い時間です。

②宇宙の歴史を１年に縮めると

宇宙の歴史を1年に縮めて表してみましょう。宇宙が生まれた時間を1月1日午前0時、現在を12月31日の深夜0時になるように考えます。この考えは「宇宙カレンダー」とよばれます。

③人間は生まれて１日も経っていない

宇宙カレンダーでは、地球や太陽は9月に誕生しています。そして、ヒトの祖先は、12月31日の大みそかにやっと生まれたばかりです。

12月20日（はつか）

宇宙エレベーターってなに？

ギモンをカイケツ！

地上から宇宙に向かうエレベーターをつくる考えのことだよ。

ロケットに乗らなくても、宇宙に行けるようになるのですよ

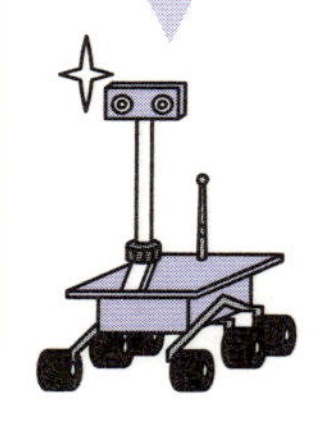

これがヒミツ！

①宇宙と地上をケーブルでつなぐ

宇宙エレベーターは、宇宙に行く方法のひとつとして考えられました。長いケーブルにエレベーターをつけて上がります。宇宙エレベーターのアイデアは1960年ごろからあります。

地球と宇宙を行き来するエレベーターになる予定だよ

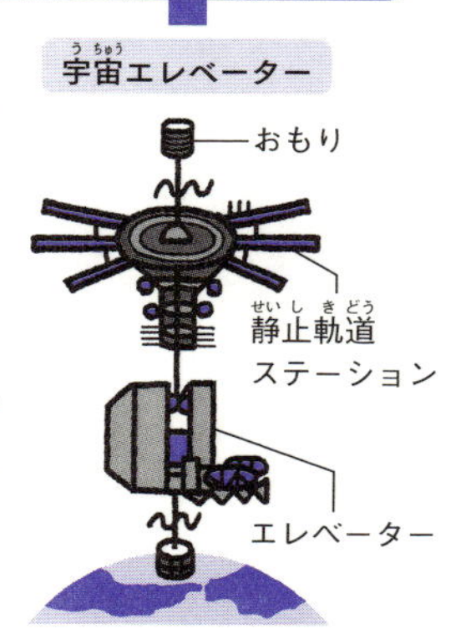

②ケーブルがつくれない

しかし、宇宙エレベーターをつくる計画は、なかなか進まずにいます。上下に引っ張る力にたえ、約10万kmの長さにすることができるケーブルの材料が見つかっていないのです。

③宇宙に行きやすくなる技術

ただし、もし宇宙エレベーターがつくられると、たくさんのよいことがあります。まず、いまよりもかんたんに宇宙に行くことができるようになります。また、宇宙エレベーターからロケットを打ち上げることで、地球の重力を考えずにいろいろな天体に行けます。

12月21日

国際宇宙ステーションから地球にもどるときに宇宙飛行士が必ずしていることはなに？

ギモンをカイケツ！

生理食塩水を1Lほど飲むんだよ。

塩水を飲むことで、宇宙にいる間に減ってしまった血液をおぎなうんだよ

これがヒミツ！

①乗組員の役目を引きつぐ

地球に帰ってくる準備は、2週間ぐらい前にはじまります。準備の内容は、船内での役割を新しい乗組員に引きつぐ作業などです。そして、数日前には船長の役割も引きつがれます。

ジュースやコンソメスープなどを飲むこともあるんだよ

②最後はパラシュートを開いて着陸

国際宇宙ステーション（ISS）から切りはなされた宇宙船は、コースを修正しながら地上に向かい、大気圏にとつ入します。最後はパラシュートを開いて着陸または、着水して地球にもどります。

③生理食塩水を飲む

地球にもどってきた乗組員は、重力がある地球に急にもどることで体調が変化し、気を失ってしまうこともあります。そうならないように、もどってくる前は、生理食塩水（塩水）を1Lほど飲みます。

12月22日

ふたご座は姉妹、兄弟どっち？

ギモンをカイケツ！

ふたご座のふたごは兄弟だよ。

カストルはふたご座の2等星の名に、ポルックスは1等星の名になっているぞ

これがヒミツ！

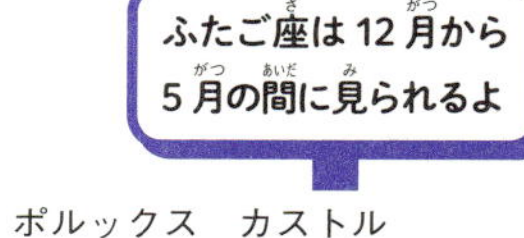

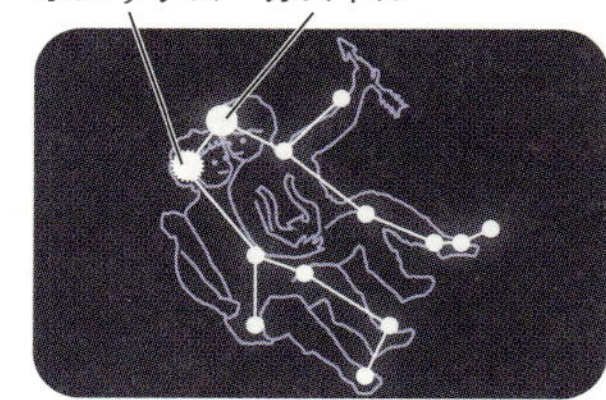

ふたご座

①ふたご座のふたごはギリシャ神話の兄弟

ふたご座は、星うらないに使われる「黄道十二星座」の1つで、おもに冬の夜中に空のま上に近い場所に見られます。このふたご座のふたごは、ギリシャ神話に登場する兄弟です。

②戦いで兄のカストルが死ぬ

兄のカストルと弟のポルックスは大神ゼウスの子で、ポルックスは不死身のからだをもっていました。頭がよくて運動もできた兄弟でしたが、ある日、兄のカストルが戦いで死んでしまいました。

③ゼウスによって星座になった兄弟

悲しんだポルックスは、自分の命と引きかえに兄を生き返らせてほしいと、父のゼウスにたのみます。すると、ポルックスをかわいそうに思ったゼウスは、ふたごを天に上げてふたご座にしたそうです。

12月23日

野口聡一

野口は４度の船外活動をおこなったんだって

どんな人？

３つの宇宙船に乗った日本人宇宙飛行士だよ。

野口は宇宙から撮った地球や宇宙の美しい写真を、SNS で積極的にシェアしているよ

①国際宇宙ステーションの組立ミッションに参加した

航空エンジニアだった野口は、宇宙飛行士に選ばれたあと、2005 年にスペースシャトル「ディスカバリー号」で宇宙へ向かい、スペースシャトルの修復作業などの船外活動をしました。

②日本人として初めてソユーズ宇宙船に搭乗した

2009 年、野口は日本人で初めて「ソユーズ宇宙船」のフライトエンジニアとして搭乗し、国際宇宙ステーションの５か月の滞在で、日本の実験棟「きぼう」のロボットアームの子アームの取りつけや実験をおこないました。

③アメリカ人以外で初めてクルードラゴン宇宙船に搭乗した

2020 年には、アメリカの民間企業であるスペース X 社が開発した「クルードラゴン宇宙船」に乗りこみ、約５か月半のミッションをおこないました。野口は、ことなる３つのタイプの宇宙船で宇宙に行ったはじめての宇宙飛行士となりました。

地球以外で地震は起きるの？

クイズ

❶地震は起きない。
❷地震が起きる天体もある。
❸地球の地震が宇宙に伝わる。

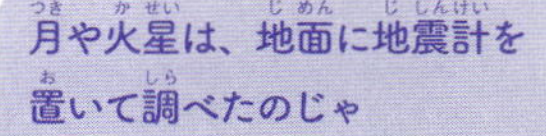

月や火星は、地面に地震計を置いて調べたのじゃ

➡ こたえ 

地震が起きる天体もある。

これがヒミツ！

探査機「インサイト」の地震の記録から、火星の地下に水があることがわかったのじゃ

①惑星の地震

地球以外の惑星でも、地震が起きるところがあります。太陽系の惑星では、金星と火星で観測されています。金星の地震は地すべりといった土砂災害で起きるといわれています。また、火星の地震は火山活動のときに起きたものと考えられています。

②ほかの天体の地震

惑星以外でも地震が観測されます。月の地震は、月が地球に引っ張られる力で起きたり、隕石がぶつかることで起きたりします。

③地震計を使って測る

月や火星では地震計を使うことで、地震の起きたときのようすをさらに細かく調べています。月の地震計はアポロ計画によって宇宙飛行士が月に行ったときにつけられました。また、火星では2018年から2022年までの間、アメリカの探査機「インサイト」が地震計を使って地震を観測しました。

12月25日

月には住めるの？

ギモンをカイケツ！

工夫をすれば、短い期間なら住めるかもしれないよ。

月の砂をかためて建物の材料をつくる技術も研究されているのよ

これがヒミツ！

肉のかけらをばいよう（増やすこと）して、肉をつくる研究などもおこなわれているのよ

①さまざまに利用できる月の氷

月には、空気はありませんが、氷はあることがわかっています。この氷は、飲み水や生きものを育てるための水として利用することができます。また、水を分解してできた酸素は呼吸のために使い、水素は乗りものの燃料に使うこともできます。

②安全な地中に住む

月には空気がないため、宇宙からやってくる隕石や有害な放射線などが、そのまま月面に降りそそぎます。そのため、もし人間が住むなら、月のほらあなの中が安全だと考えられています。

③月の地面の下には人が住める空どうがある !?

日本の月探査機「かぐや」の調査によると、月の地面の下には大きな空どうが広がっているらしいことがわかっています（→ P.328）。この空どうが、人間が住む基地に利用できると考えられています。

12月26日

地球以外の星に生きものはいるの？

太陽系から生きものが見つかる可能性もあるのさ

ギモンをカイケツ！

宇宙の理解が進めば見つかるかもしれないよ。

これがヒミツ！

ハビタブルゾーン（→ P.266）にある天体も生きものが見つかるかもしれないと考えられているのさ

①地球の外の生きもの

現在は、生きものは地球だけにしか見つかっていません。そのため、宇宙に生きものがいるかどうか探すときにも、地球の生きものが参考になります。

②生きものには水が必要

地球の生きものは水をたよりにしています。宇宙でも、水のあるところが生きもののいる場所の候補になります。たとえば、木星の衛星エウロパのような地下に海のある天体は、生きものがいるのではないかと期待されています。

③遠い天体を探る

太陽系の外側の遠くの天体には、文明をもつ宇宙人がいるのではないかと考えられてきました。天文学者はさまざまな計画で、宇宙人の住む星を探したり、メッセージを送ったりすることを試みています。

12月27日

テラフォーミングってなに？

ギモンをカイケツ！

天体を地球のようにつくり変えようとする考え方だよ。

いくつかの惑星について、地球のように変える方法が研究されていますよ

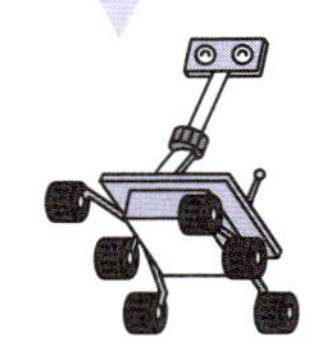

これがヒミツ！

①金星を地球に変える

テラフォーミングは、1961年にアメリカの天文学者によって、金星を地球のような環境にする考え方が発表されたことから始まりました。

巨大な反射鏡で太陽の光を集めて火星の気温を上げるアイデアもありますよ

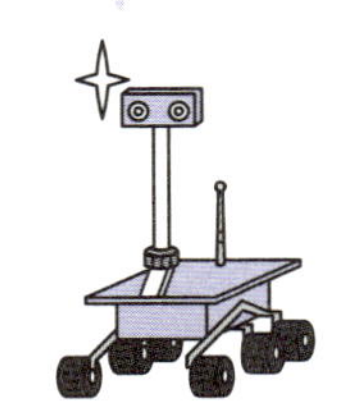

②次は火星が目標に

テラフォーミングは、金星のほかにも、火星が候補です。まずは平均気温約－60℃という低すぎる火星の気温を上げることが必要だとされています。また、火星に植物を送りこむことも考えられています。

③地球に変えるまでには時間がかかる

しかし、テラフォーミングで天体が地球のように変化するためには、どれくらいの時間や費用がかかるかはわかっていません。火星に雨が降るまでには、数十億年かかるともいわれています。そのため、実現することはむずかしいと考えられています。

12月28日

国際宇宙ステーション（ISS）はずっと飛んでいるの？

クイズ

❶ずっと使いつづける。
❷近い将来、月に着陸させる。
❸近い将来、海に落とす。

国際宇宙ステーションは古くなっているんだよ

➡ こたえ ❸ 近い将来、海に落とす。

これがヒミツ！

国際宇宙ステーションのつい落にはふつうよりも強力な宇宙船が使われるんだよ

①二十数年がたって古くなった国際宇宙ステーション

1998年に最初のモジュール（国際宇宙ステーションの一部）が打ち上げられて以来、国際宇宙ステーションは地球や宇宙の観測、研究などをつづけてきました。しかし、最初の打ち上げから二十数年という月日がたち、その設備は古くなりつつあります。

② 2030年までしか使われない

そのため、いまのところ国際宇宙ステーションを使いつづけるのは2030年までと決められています。使い終わった国際宇宙ステーションは、ほかの宇宙船が引っぱることで数年かけて飛行コースを変化させ、海に落とす計画です。

③アメリカの会社が建設する新しい宇宙ステーション

国際宇宙ステーションがなくなるかわりに、アメリカを中心とする新しい宇宙ステーションの建設が計画されています。新しい宇宙ステーションは、民間の会社が中心となって建設される予定です。

12月29日

ぎょしゃ座のぎょしゃってどういう人？

ぎょしゃは、神ヘルメスの子であるミュルティロスという説もあるんだぞ

ギモンをカイケツ！

馬を使って走らせる人のことだよ。

これがヒミツ！

①馬で乗りものを走らせるぎょしゃ

ぎょしゃ座は、12月のま夜中ごろにほぼま上に見える五角形の星座です。黄色くかがやく1等星カペラは、空（天球）のなかで6番めに明るい星です。ぎょしゃとは、馬を使って乗りものを走らせる人のことです。

ヤギのところにかがやくカペラは「小さなメスのヤギ」という意味だよ

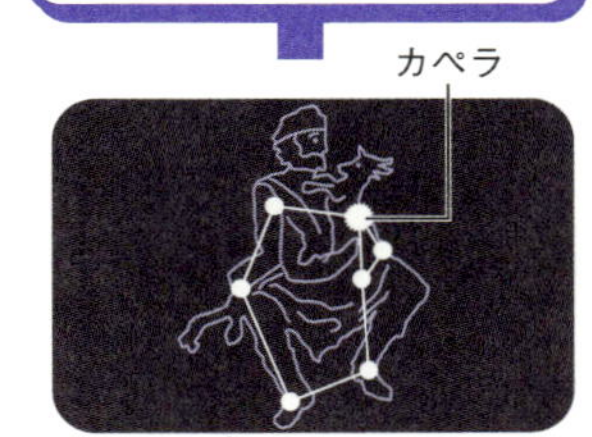

ぎょしゃ座

②戦車に乗って活やくしたエリクトニオス

ぎょしゃ座のぎょしゃはギリシャ神話に登場する、アテナイという地域の王であるエリクトニオスといわれています。エリクトニオスは足が不自由でしたが、馬に引かせた戦車をあやつって、さまざまな戦争で活やくしました。

③ゼウスがエリクトニオスを星座に

エリクトニオスの活やくを知った大神ゼウスは感心し、彼を空に上げて星座にしました。ぎょしゃ座のエリクトニオスは、胸に子ヤギをかかえています。

デニス・チトー

どんな人？

世界初の民間宇宙旅行をしたアメリカの実業家だよ。

ロシアのソユーズ宇宙船で、国際宇宙ステーションに8日間滞在したんだって

こんなスゴイ人！

①世界初の宇宙旅行者

チトーはアメリカの実業家で、もともとはNASAのエンジニアでした。NASAをやめたあと、自らの資金を使って2001年に宇宙へ行きました。

② NASAで断られてロシア宇宙機関と契約した

NASAは安全性や訓練の問題を理由にチトーの計画を断りました。しかし、チトーはロシア宇宙機関と契約をしてソユーズに乗ることになったため、NASAもチトーの国際宇宙ステーション滞在を許可しました。

まだ実現していないけれど、チトーは月のまわりをまわる計画を立てているよ

③商業宇宙旅行の先がけとなった

チトーの宇宙旅行をきっかけに、その後多くの企業や団体が宇宙旅行に行けるようにするための取り組みを始めました。現在までつづく民間企業による一般人の宇宙旅行計画の背景には、チトーの影響があるといえます。

太陽系の果てはどこ？

クイズ

❶ 海王星
❷ 木星
❸ 惑星よりもずっと先

少し前までは、太陽系のはしは冥王星だといわれていたのじゃ

➡ こたえ ❸ 惑星よりもずっと先

これがヒミツ！

「オールトの雲」は、彗星が生まれるところとも考えられているのじゃ

①太陽系の惑星の外側

太陽系の果ては惑星よりも遠いところにあります。太陽系の一番外側の惑星である海王星の外には、冥王星などの天体がたくさん見られます。これらは「太陽系外縁天体」とよばれています。

②太陽系の果て

現在、太陽系の果ては、太陽の重力がとどかなくなるところか、もしくは、太陽系が生まれたときにつくられた惑星の素が残ったところと考えられています。

③もっとも遠い境界

太陽系の材料が残ったところは「オールトの雲」とよばれ、太陽系と外の宇宙の境界とされています。オールトの雲は、地球から太陽までのきょりの約１万倍という遠いところにあります。オールトの雲は研究者たちが推測したものです。しかし、まだ本当に見た人はいません。

ジャンル別索引

地球と惑星

1月1日 地球ってどんなところ？ …… 18
1月8日 太陽系ってなに？ …… 25
1月15日 太陽系の惑星はいくつあるの？ …… 32
1月22日 太陽系は天の川銀河のどのあたりにあるの？ …… 39
1月29日 重力ってなに？ …… 46
2月5日 なぜ惑星は丸いの？ …… 54
2月12日 惑星はなぜ「惑う星」というの？ …… 61
2月19日 ふだん地球を丸く感じないのはなぜ？ …… 68
2月26日 惑星と惑星が近づくのはどんなとき？ …… 76
3月5日 なぜ地球は、昔は星といわなかったの？ …… 84
3月12日 地球はどのように動いているの？ …… 91
3月19日 地球の1日はなぜ24時間で1年は365日なの？ …… 98
3月26日 なぜ地球がまわっていることを感じとれないの？ …… 105
4月2日 なぜ季節が変わるの？ …… 113
4月9日 うるう年はなぜ必要なの？ …… 121
4月16日 昔の日本は、1年が13か月の年もあったってほんとう？ …… 128
4月23日 なぜ地球の空は青いの？ …… 135
4月30日 地球の空気はどうしてなくならないの？ …… 142
5月7日 どうやって地球はできたの？ …… 150
5月14日 地球以外で雨が降る惑星はあるの？ …… 157
5月21日 1年より1日が長い惑星があるってほんとう？ …… 164
5月28日 水星の昼と夜の温度のちがいはどれくらい？ …… 171
6月4日 地球から水星は見えづらいってほんとう？ …… 180
6月11日 「明けの明星」、「宵の明星」ってなんの星のこと？ …… 187
6月18日 「金星に人は住めない」というのはほんとう？ …… 194
6月25日 金星にある、食べものの名前のついた火山はなに？ …… 201
7月2日 方位磁針が北をさすのはなぜ？ …… 209
7月9日 惑星も月みたいに満ち欠けをするの？ …… 216
7月16日 火星はなぜ赤いの？ …… 223
7月23日 太陽系で一番高い山ってどこにあるの？ …… 230
7月30日 昔は火星に水があったってほんとう？ …… 237
8月6日 火星では夕日は何色なの？ …… 245
8月13日 火星の北極と南極にある白いところはなに？ …… 252

8月20日　火星人はいないの？ …… 259
8月27日　ハビタブルゾーンってなに？ …… 266
9月3日　太陽系のなかで一番大きい惑星は？ …… 274
9月10日　木星に見えるもようはなにでできている？ …… 281
9月17日　太陽系のなかで一番衛星を多くもっている天体はなに？ …… 290
9月24日　木星の衛星に水があるってほんとう？ …… 298
10月1日　土星の環はなにでできているの？ …… 306
10月8日　地球から土星は見えるの？ …… 313
10月15日　地球以外でオーロラの見られる惑星はあるの？ …… 320
10月22日　天王星ってどんな星？ …… 327
10月29日　天王星は何年もずっと昼がつづくってほんとう？ …… 334
11月5日　太陽系の惑星で一番風が強いのはどこ？ …… 342
11月12日　冥王星はなぜ惑星ではなくなったの？ …… 350
11月19日　日本語の惑星の名前はどうやってつけられたの？ …… 357
11月26日　太陽系の惑星で一番重い惑星はなに？ …… 364
12月3日　太陽系の惑星で一番寒い惑星はなに？ …… 372
12月10日　地球と似ている惑星はどれ？ …… 380
12月17日　ガスからできた惑星があるってほんとう？ …… 387
12月24日　地球以外で地震は起きるの？ …… 394
12月31日　太陽系の果てはどこ？ …… 401

太陽と月

1月2日　太陽はもえているの？ …… 19
1月9日　太陽の光はなぜあたたかいの？ …… 26
1月16日　太陽はどうやってできたの？ …… 33
1月23日　太陽はどれくらい遠くにあるの？ …… 40
1月30日　太陽はいつできたの？ …… 47
2月6日　どうして太陽は東からのぼって西にしずむの？ …… 55
2月13日　太陽の光は何色？ …… 62
2月20日　太陽は見えない光を出しているってほんとう？ …… 69
2月27日　太陽の表面の温度はどれくらい？ …… 77
3月6日　「日の出」はいつのことをいうの？ …… 85
3月13日　太陽の光をあびるとできる栄養素はなに？ …… 92
3月20日　太陽の表面の黒いところはどうなっているの？ …… 99

3月27日　太陽は動かないの？ …… 106
4月3日　オーロラはどうしてできるの？ …… 114
4月10日　日食のときの天体のならび方は？ …… 122
4月17日　皆既日食になるとどうなるの？ …… 129
4月24日　皆既日食のときに太陽のまわりに見える青白いものはなに？ …… 136
5月1日　日本の神話で太陽の神がかくれたときに起こったことはなに？ …… 144
5月8日　太陽はずっとあるの？ …… 151
5月15日　太陽や日食を観察したいときはどうすればいいの？ …… 158
5月22日　太陽の光で車を走らせることはできるの？ …… 165
5月29日　大昔の人も太陽を観測していたってほんとう？ …… 172
6月5日　どんな星が衛星ってよばれているの？ …… 181
6月12日　月はどうして形が変わるの？ …… 188
6月19日　月が一晩中見えない日があるのはどうして？ …… 195
6月26日　月のよび名ってどれくらいあるの？ …… 202
7月3日　月はなぜ落ちてこないの？ …… 210
7月10日　昼に月が見えることがあるのはなぜ？ …… 217
7月17日　月の中はどうなっているの？ …… 224
7月24日　どうして月には丸い形をしたでこぼこがあるの？ …… 231
7月31日　「月の海」には水はあるの？ …… 238
8月7日　なぜ月は追いかけてくるように見えるの？ …… 246
8月14日　月は地球からどれくらいはなれているの？ …… 253
8月21日　月の温度はどれくらい？ …… 260
8月28日　月では体重がどれくらいになるの？ …… 267
9月4日　中秋の名月ってどんな月？ …… 275
9月11日　月のもようをウサギだと思っている国は日本だけなの？ …… 282
9月18日　月までのきょりはなにを使ってはかるの？ …… 291
9月25日　いつも月が表側を向けているのはなぜ？ …… 299
10月2日　かぐや姫から名前がつけられた探査機があるってほんとう？ …… 307
10月9日　どうして月と太陽は同じ大きさに見えるの？ …… 314
10月16日　月の光で虹が見えることがあるの？ …… 321
10月23日　月に巨大な空どうがあるってほんとう？ …… 328
10月30日　月食ってなに？ …… 335
11月6日　月はどうやってできたの？ …… 343
11月13日　地球の海はなぜ満ちたりひいたりするの？ …… 351
11月20日　月の満ち欠けに合わせて行動をする生きものがいるってほんとう？ …… 358

11月27日 月は衛星のなかでどれくらい大きいの？ …… 365
12月4日 月はいつも同じ大きさなの？ …… 373
12月11日 月はどんどんはなれているってほんとう？ …… 381
12月18日 月で宇宙飛行士が初めてしたスポーツはなに？ …… 388
12月25日 月には住めるの？ …… 395

星と宇宙空間

1月3日 「星」ってなに？ …… 20
1月10日 星はどんな形をしているの？ …… 27
1月17日 星が見えやすいのはどんなところ？ …… 34
1月24日 どこからが宇宙なの？ …… 41
1月31日 恒星はどれくらい遠いところにあるの？ …… 48
2月7日 宇宙空間に空気はあるの？ …… 56
2月14日 宇宙を高速で移動するごみがあるってほんとう？ …… 63
2月21日 宇宙の温度はどれくらいなの？ …… 71
2月28日 なぜ星は時間がたつと、別のところに動いているの？ …… 78
3月7日 恒星がまたたくのはなぜ？ …… 86
3月14日 流れ星はなにでできているの？ …… 93
3月21日 流星群ってなに？ …… 100
3月28日 宇宙で風船をふくらませるとどうなるの？ …… 107
4月4日 隕石ってどんなもの？ …… 116
4月11日 隕石が落ちてくるとどうなるの？ …… 123
4月18日 「はやぶさ2」も向かった小惑星ってどんなもの？ …… 130
4月25日 「たこやき」という名前の小惑星があるってほんとう？ …… 137
5月2日 彗星と流れ星のちがいはなに？ …… 145
5月9日 なぜ彗星は光っているの？ …… 152
5月16日 彗星の名前にはどんなルールがあるの？ …… 159
5月23日 地動説と天動説、地球が動いているのはどっち？ …… 166
5月30日 恒星の明るさはいつも同じなの？ …… 173
6月6日 1等星は6等星よりどれくらい明るいの？ …… 182
6月13日 「何等星」と「等級」はなにかちがうの？ …… 189
6月20日 宇宙にも雲はあるの？ …… 196
6月27日 天の川は川なの？ …… 203
7月4日 天の川銀河はどんな形をしているの？ …… 211

7月11日　夏に天の川がはっきりと見えるのはなぜ？ …… 218
7月18日　天の川銀河のほかにも、目で見える銀河はあるの？ …… 225
7月25日　三大流星群はいつ見ることができるの？ …… 232
8月1日　宇宙服を着ないで宇宙空間に出るとどうなるの？ …… 240
8月8日　地球から目で見える星の数はどれくらい？ …… 247
8月15日　星の数はずっと同じなの？ …… 254
8月22日　どうやって恒星は生まれるの？ …… 261
8月29日　一番星ってなに？ …… 268
9月5日　どうして恒星は光るの？ …… 276
9月12日　恒星にも寿命があるの？ …… 283
9月19日　太陽の次に地球に近い恒星はなに？ …… 292
9月26日　夜空で一番明るい恒星はなに？ …… 300
10月3日　ブラックホールって宇宙にあいたあななの？ …… 308
10月10日　ブラックホールに人がすいこまれるとどうなるの？ …… 315
10月17日　ブラックホールに入る人は外から見るとどうなっているの？ …… 322
10月24日　ブラックホールは地球から見えるの？ …… 329
10月31日　宇宙の中で一番明るくなるものってなに？ …… 336
11月7日　銀河どうしがぶつかるとどうなるの？ …… 344
11月14日　どうやって宇宙はできたの？ …… 352
11月21日　宇宙の年齢はどれくらい？ …… 359
11月28日　宇宙に終わりはあるの？ …… 366
12月5日　宇宙には物質以外なにもないの？ …… 374
12月12日　宇宙ってひとつだけなの？ …… 382
12月19日　宇宙の歴史のなかで人間のいる長さはどれくらい？ …… 389
12月26日　地球以外の星に生きものはいるの？ …… 396

宇宙研究と宇宙開発

1月4日　天文台はなにをするところなの？ …… 21
1月11日　世界の巨大望遠鏡はどんなところにあるの？ …… 28
1月18日　日本がもつ世界最大級の望遠鏡はどこにあるの？ …… 35
1月25日　宇宙に望遠鏡があるってほんとう？ …… 42
2月1日　宇宙飛行士にはどうやったらなれるの？ …… 50
2月8日　宇宙飛行士になるためにプールで訓練をするってほんとう？ …… 57
2月15日　NASAって、なにをしている組織なの？ …… 64

2月22日　JAXAって、なにをしている組織なの？ …… 72
3月1日　宇宙に初めて行った生きものはなに？ …… 80
3月8日　日本でたくさんロケットを打ち上げている島はどこ？ …… 87
3月15日　ロケットの中にはなにが入っているの？ …… 94
3月22日　ロケットはどれくらいの速さで飛ぶの？ …… 101
3月29日　飛行機は宇宙に行けるの？ …… 108
4月5日　日本のロケットの発射前のカウントダウンは何秒前から始めるの？ …… 117
4月12日　ロケットは打ち上がったあとどのように飛ぶの？ …… 124
4月19日　いままでで一番多く打ち上げられたロケットはなに？ …… 131
4月26日　日本のロケットＨ３のＨはなに？ …… 138
5月3日　ロケットと宇宙船はなにがちがうの？ …… 146
5月10日　ロケットの打ち上げが失敗したときはどうしているの？ …… 153
5月17日　宇宙船はどうやって地球にもどってくるの？ …… 160
5月24日　将来「宇宙港」をつくるとどんなことができるの？ …… 167
5月31日　人工衛星ってどんなもの？ …… 174
6月7日　人工衛星は調べたことをどうやって地球にとどけているの？ …… 183
6月14日　テレビに人工衛星が使われているってほんとう？ …… 190
6月21日　人工衛星はどうやって飛んでいるの？ …… 197
6月28日　天気予報に使われる日本の気象衛星はなに？ …… 204
7月5日　人工衛星はどれくらいの高さを飛んでいるの？ …… 212
7月12日　使われなくなった人工衛星はどうなるの？ …… 219
7月19日　地球に人工衛星をたくさん落としている場所があるってほんとう？ …… 226
7月26日　日本が初めて人工衛星を打ち上げたのはいつ？ …… 233
8月2日　「人工衛星」と「探査機」のちがいはなに？ …… 241
8月9日　「はやぶさ2」ってなにをしたの？ …… 248
8月16日　「はやぶさ2」がおこなったサンプルリターンってなに？ …… 255
8月23日　宇宙にヨットがあるってほんとう？ …… 262
8月30日　地球を小惑星から守るための探査機があるってほんとう？ …… 269
9月6日　探査車が行ったことのある惑星は？ …… 277
9月13日　火星でヘリコプターを飛ばしたってほんとう？ …… 286
9月20日　一番遠くまで飛んでいる探査機はなに？ …… 293
9月27日　宇宙飛行士はロケットでどこに向かっているの？ …… 301
10月4日　国際宇宙ステーション（ISS）のほかにも、宇宙ステーションはあるの？ …… 309
10月11日　世界で最初の宇宙ステーションはいつできたの？ …… 316
10月18日　月に降り立った人は何人？ …… 323

国際宇宙ステーション

6月8日　国際宇宙ステーションではふろはどうしているの？ …… 184
6月15日　国際宇宙ステーションの中ではどんなご飯を食べるの？ …… 191
6月22日　国際宇宙ステーションで飲みものをコップに入れるとどうなるの？ … 198
6月29日　国際宇宙ステーションにも塩、こしょう、ケチャップはあるの？ … 205
7月6日　宇宙食以外の食べものを宇宙に持っていけるの？ …… 213
7月13日　無重力でドレッシングをふると水と油はどうなるの？ …… 220
7月20日　国際宇宙ステーションで洗たくはするの？ …… 227
7月27日　国際宇宙ステーションではどうやってねるの？ …… 234
8月3日　国際宇宙ステーションの中でうかないようにできないの？ …… 242
8月10日　国際宇宙ステーションの中で運動はするの？ …… 249
8月17日　無重力で汗をかくとどうなるの？ …… 256
8月24日　無重力では身長がのびるってほんとう？ …… 263
8月31日　国際宇宙ステーションでは髪をどうやって洗うの？ …… 270
9月7日　国際宇宙ステーションではどうやって髪の毛を切るの？ …… 278
9月14日　国際宇宙ステーションにいる宇宙飛行士は朝何時に起きるの？ … 287
9月21日　国際宇宙ステーションにいる宇宙飛行士に自由時間はあるの？ … 295
9月28日　宇宙服を着て、国際宇宙ステーションの外に出たときはなにをしているの？ - 302
10月5日　宇宙服は重くないの？ …… 310
10月12日　宇宙服は着ていて暑くならないの？ …… 317
10月19日　国際宇宙ステーションではどうやってからだの重さをはかるの？ … 324
10月26日　国際宇宙ステーションの中でくつはいているの？ …… 331
11月2日　国際宇宙ステーションで病気になったらどうするの？ …… 339
11月9日　無重力でグランドピアノをひくとどうなるの？ …… 347
11月16日　無重力で紙飛行機を飛ばすとどうなるの？ …… 354
11月23日　無重力でヨーヨーをするとどうなるの？ …… 361
11月30日　無重力の中で植物を育てるとどうなるの？ …… 368
12月7日　国際宇宙ステーションでういたままうで相撲をするとどうなるの？ … 376
12月14日　国際宇宙ステーションで水鉄砲をうつとどうなるの？ …… 384
12月21日　国際宇宙ステーションから地球にもどるときに宇宙飛行士が必ずしていることはなに？ … 391
12月28日　国際宇宙ステーション（ISS）はずっと飛んでいるの？ …… 398

星座

1月6日　星座は全部でいくつあるの？ …… 23
1月13日　なぜ日本から見えない星座があるの？ …… 30

1月20日 しずまない星座があるってほんとう？ …… 37
1月27日 冬の大三角をつくる星座はなに？ …… 44
2月3日 おうし座のおうしはだれが変身したすがた？ …… 52
2月10日 おうし座の「すばる」ってなに？ …… 59
2月17日 なぜ冬の星座は夏に見られないの？ …… 66
2月24日 北極星になる星はいつも同じなの？ …… 74
3月3日 北斗七星の斗ってなんのこと？ …… 82
3月10日 星の観察にあると便利な道具はどんなもの？ …… 89
3月17日 春の大曲線ってなに？ …… 96
3月24日 春の大三角ってなに？ …… 103
3月31日 おおぐま座とこぐま座は関係があるの？ …… 110
4月7日 ヘルクレスに退治された春の星座はなに？ …… 119
4月14日 肉眼で見える星の数が一番多い星座はなに？ …… 126
4月21日 おとめ座のおとめはだれのこと？ …… 133
4月28日 てんびん座はなにをはかる天びんなの？ …… 140
5月5日 かんむり座のかんむりはだれのかんむり？ …… 148
5月12日 星座の星の結び方に決まりはあるの？ …… 155
5月19日 星座に入っていない星はあるの？ …… 162
5月26日 一番大きい星座はなに？ …… 169
6月2日 夏の大三角をつくる星座はなに？ …… 177
6月9日 虫の名前のついた星座があるってほんとう？ …… 185
6月16日 こと座のことはどんな楽器？ …… 192
6月23日 星座の形はずっと同じなの？ …… 199
6月30日 へびつかい座はへびを使ってなにをしていたの？ …… 206
7月7日 七夕の織姫星と彦星はどの星座の星なの？ …… 214
7月14日 いままでになくなった星座があるってほんとう？ …… 221
7月21日 星座早見はどうやって使うの？ …… 228
7月28日 流星群の名前にはどんな星座の名前がついているの？ …… 235
8月4日 さそり座の赤色の星はなに？ …… 243
8月11日 誕生日の星座はどんな星座なの？ …… 250
8月18日 誕生日の星座は、ほんとうに誕生日の月に見えるの？ …… 257
8月25日 星空保護区ってなに？ …… 264
9月1日 秋の四辺形になっている星座はなに？ …… 272
9月8日 なぜ、うお座の魚は２匹いるの？ …… 279
9月15日 みずがめ座のみずがめにはなにが入っていたの？ …… 288

9月22日　星はどれも同じ大きさなの？ …… 296
9月29日　星座はいつからあるの？ …… 303
10月6日　おひつじ座のヒツジの得意なことはなに？ …… 311
10月13日　くじら座のクジラがこわいのはなぜ？ …… 318
10月20日　くじら座のミラという星は明るさが変わるってほんとう？ …… 325
10月27日　南半球のオーストラリアに行くと星座はどうなるの？ …… 332
11月3日　カシオペヤ座のカシオペヤはだれ？ …… 340
11月10日　やぎ座のヤギはなんで後ろあしがひれになっているの？ …… 348
11月17日　川を表した星座の名前はなに？ …… 355
11月24日　南十字星はおもにどんな目印として使われた？ …… 362
12月1日　オリオン座のオリオンってだれ？ …… 370
12月8日　オリオン座は明るい星がたくさんあるってほんとう？ …… 378
12月15日　星座に日本でつけた別の名前があるってほんとう？ …… 385
12月22日　ふたご座は姉妹、兄弟どっち？ …… 392
12月29日　ぎょしゃ座のぎょしゃってどういう人？ …… 399

人物

1月7日　秦の始皇帝の時代 …… 24
1月14日　エラトステネス …… 31
1月21日　ヒッパルコス …… 38
1月28日　クラウディオス・プトレマイオス …… 45
2月4日　藤原定家 …… 53
2月11日　ニコラウス・コペルニクス …… 60
2月18日　ガリレオ・ガリレイ …… 67
2月25日　ヨハネス・ケプラー …… 75
3月4日　ヨハネス・ヘベリウス …… 83
3月11日　クリスティアーン・ホイヘンス …… 90
3月18日　ジョバンニ・ドメニコ・カッシーニ …… 97
3月25日　渋川春海 …… 104
4月1日　アイザック・ニュートン …… 112
4月8日　エドモンド・ハレー …… 120
4月15日　シャルル・メシエ …… 127
4月22日　ウィリアム・ハーシェル …… 134
4月29日　伊能忠敬 …… 141

5月6日　エルンスト・フローレンス・フリードリヒ・クラドニ …… 149
5月13日　デニソン・オルムステッド …… 156
5月20日　ユルバン・ジャン・ジョセフ・ルヴェリエ …… 163
5月27日　ジュール・ヴェルヌ …… 170
6月3日　H・G・ウェルズ …… 179
6月10日　ウジェーヌ・デルポルト …… 186
6月17日　オスカー・フォン・ミラー …… 193
6月24日　コンスタンチン・ツィオルコフスキー …… 200
7月1日　カール・シュバルツシルト …… 208
7月8日　アルベルト・アインシュタイン …… 215
7月15日　山崎正光 …… 222
7月22日　エドウィン・ハッブル …… 229
7月29日　サン＝テグジュペリ …… 236
8月5日　ジョージ・ガモフ …… 244
8月12日　カール・ジャンスキー …… 251
8月19日　クライド・トンボー …… 258
8月26日　糸川英夫 …… 265
9月2日　小山ひさ子 …… 273
9月9日　小柴昌俊 …… 280
9月16日　ベラ・ルービン …… 289
9月23日　フランク・ドレイク／カール・セーガン …… 297
9月30日　ユーリ・ガガーリン …… 304
10月7日　ワレンチナ・テレシコワ …… 312
10月14日　アレクセイ・レオーノフ …… 319
10月21日　ニール・アームストロング …… 326
10月28日　ロジャー・ペンローズ …… 333
11月4日　スティーブン・ホーキング …… 341
11月11日　ミシェル・ギュスターヴ・マイヨール …… 349
11月18日　秋山豊寛 …… 356
11月25日　毛利衛 …… 363
12月2日　向井千秋 …… 371
12月9日　土井隆雄 …… 379
12月16日　若田光一 …… 386
12月23日　野口聡一 …… 393
12月30日　デニス・チトー …… 400

用語索引

あ

秋の四辺形 …… 272
明けの明星 …… 187
アポロ計画 …… 323
天の川銀河 …… 39, 203, 211, 218
アルテミス計画 …… 64, 360
隕石 …… 93, 116, 123
引力 …… 210, 351
宇宙エレベーター …… 390
宇宙港 …… 167
宇宙食 …… 191
宇宙服 …… 302, 310, 317
宇宙望遠鏡 …… 42
宇宙酔い …… 168
宇宙ヨット …… 262
腕（銀河） …… 106, 211
衛星 …… 25, 181, 290
X線 …… 70, 329
遠心力 …… 46, 242
オールトの雲 …… 401

か

外惑星 …… 180, 216
核融合 …… 19, 33, 47, 77, 276
下弦 …… 202
気象衛星 …… 204
クエーサー …… 336
クレーター …… 123, 231
系外惑星 …… 349
ゲートウェイ …… 375
月虹 …… 321
月食 …… 335
月面車 …… 338
恒星 …… 20
公転 …… 66, 78, 91, 98, 113
黄道十二星座 …… 250, 257
光年 …… 48
黒点 …… 99, 273
コロナ …… 77, 136

さ

サンプルリターン …… 255
紫外線 …… 69, 70, 92
自転 …… 55, 74, 78, 91, 98
磁場 …… 209
ジャイアント・インパクト説 …… 343
重力 …… 46, 54, 142, 242, 344
主系列星 …… 47, 151, 276, 296
上弦 …… 188, 202
小惑星 …… 25, 27, 93, 130, 137
新月 …… 188, 195, 202
人工衛星 …… 174, 183, 197, 212, 219
彗星 …… 25, 27, 145, 152, 159
スーパームーン …… 253
スペースデブリ …… 63
星雲 …… 196
星団 …… 59
赤外線 …… 26, 69, 70
赤色巨星 …… 151, 283, 296
船外活動 …… 302

た

ダークエネルギー …… 366, 374
ダークマター …… 289, 366, 374
大気 …… 56, 86, 142
大気圏 …… 36, 41

太陽系 ………… 25, 106, 166
太陽系外縁天体 ………… 350, 401
太陽風 ………… 115, 209, 320
太陽フレア ………… 114
探査機 ………… 241
探査車 ………… 277
地球型惑星 ………… 380
地じく ………… 55, 74
地動説 ………… 60, 67, 166
中性子星 ………… 283
月の海 ………… 238
月の自転、公転 ………… 299
テラフォーミング ………… 397
電磁波 ………… 69, 70
天体 ………… 20
天動説 ………… 45, 166
電波 ………… 70, 251
天文台 ………… 21
等級 ………… 178, 182, 189
ドッキング ………… 51, 58

な

内惑星 ………… 180, 216
夏の大三角 ………… 177
何等星 ………… 178, 182, 189
日食 ………… 122

は

白色矮星 ………… 151, 283
ハビタブルゾーン ………… 266, 396
バルジ ………… 106, 211, 218, 345
春の大曲線 ………… 96
春の大三角 ………… 103
はやぶさ 2 ………… 248, 255
ビッグバン ………… 244, 352, 359, 366
冬のダイヤモンド ………… 44
冬の大三角 ………… 44, 300
ブラックホール
………… 283, 308, 315, 322, 329
変光星 ………… 173, 325
放射点 ………… 232, 235
北斗七星 ………… 82
北極星 ………… 37, 74

ま

マルチバース ………… 382
満月 ………… 188, 202, 275
三日月 ………… 188, 202
無重量状態 ………… 139, 377

や

宵の明星 ………… 187

ら

流星雨 ………… 100
流星群 ………… 100, 232, 235
ロケット ………… 146

参考資料

ウェブサイト

- 天文学辞典
- JAXA HP
- NASA HP
- 国立科学博物館 宇宙の質問箱
- ファン！ファン！JAXA!
- 宇宙科学研究所 キッズサイト／宇宙かがく大好き！ ボクらウチューンズ
- 子どもの科学の WEB サイト KoKaNet

ほか

書籍

- 『宇宙まるごとＱ＆Ａ ーはやぶさ２からブラックホールまでー』（北本俊二、原田知広、亀田真吾 著、理工図書、2021）
- 『NHK 子ども科学電話相談 天文・宇宙スペシャル！』（本間希樹、国司真、永田美絵 監修、NHK 出版、2021）
- 『角川の集める図鑑 GET! 宇宙』（小久保英一郎 総監修、KADOKAWA、2023）
- 『角川の集める図鑑 GET! 星と星座』（永田美絵 総監修、KADOKAWA、2022）
- 『知れば得する宇宙図鑑』（高橋典嗣 著、ワニブックス、2024）
- 『星座と神話大じてん』（永田美絵 著、成美堂出版、2022）
- 『深すぎてヤバい 宇宙の図鑑 宇宙のふしぎ、おもしろすぎて眠れない！』（本間希樹 著、講談社、2023）
- 『夢の仕事場 宇宙飛行士 動画と図解でよくわかる』（鈴木喜生 著、朝日新聞出版、2022）

ほか

監修
自然科学研究機構
国立天文台 准教授　縣 秀彦（あがた・ひでひこ）

国立天文台・准教授。専門は科学コミュニケーション、科学教育。1961年長野県生まれ。東京学芸大大学院修了、博士（教育学）。『面白くて眠れなくなる天文学』（PHP研究所）、『星の王子さまの天文ノート』（河出書房新社）、『ビジュアル天文学史』（緑書房）など多数の著作物を発表。NHKラジオ深夜便「ようこそ宇宙へ」、NHK高校講座「地学基礎」に出演中。

1日1ページで身につく
イラストでわかる宇宙の教養365

2025年3月3日　初版第1刷発行

監　修　縣 秀彦

発行者　出井貴完
発行所　SBクリエイティブ株式会社
〒105-0001　東京都港区虎ノ門2-2-1
装　幀　Q.design（別府 拓）
組　版　クニメディア株式会社
編集・製作　株式会社KANADEL
執筆協力　山内ススム、田中真理
イラスト　たなかのりこ（キャラクター）、坂川由美香、オカダケイコ、タナカケンイチロウ
校　正　有限会社一梓堂
担当編集　鯨岡純一
印刷・製本　三松堂株式会社

本書をお読みになったご意見・ご感想を下記URL、QRコードよりお寄せください。

https://isbn2.sbcr.jp/28437/

乱丁・落丁本が万が一ございましたら、小社営業部まで着払いにてご送付ください。送料小社負担にてお取り替えいたします。本書の内容の一部あるいは全部を無断で複写（コピー）することは、かたくお断りいたします。本書の内容に関するご質問等は、小社学芸書籍編集部まで必ず書面にてご連絡いただきますようお願いいたします。

© SB Creative Corp. 2025 Printed In Japan
ISBN978-4-8156-2843-7